José Luis Navarro Bordonaba

Aprende a formular productos cosméticos

No se permite la reproducción total o parcial de esta obra, ni su incorporación a un sistema informático, ni su transmisión en cualquier forma o por cualquier medio (electrónico, mecánico, fotocopia, grabación u otros) sin autorización previa y por escrito de los titulares del copyright. La infracción de dichos derechos puede constituir un delito contra la propiedad intelectual.

© José Luis Navarro, 2020

Dedicatoria

Dedicado a mi esposa María José por su incondicional apoyo, inagotable curiosidad y espíritu crítico.

Contenido

1 La piel 1
   1.1 Funciones de la piel 1
   1.2 Estructura de la piel 1
      1.2.1 Epidermis 2
      1.2.2 Dermis 3
      1.2.3 Hipodermis 4
   1.3 Biotipos cutáneos 4
   1.4 Fototipo cutáneo 5
   1.5 Factor hidratante natural 6
   1.6 Acné 7
      1.6.1 Signos y síntomas 7
      1.6.2 Cuidados de la piel con acné 8
         1.6.2.1 Higiene 8
         1.6.2.2 Hidratación 8
         1.6.2.3 Protección solar 8
         1.6.2.4 Manipulación de las lesiones 9
      1.6.3 Tratamiento dermocosmético 9
         1.6.3.1 Fitoterapia 10
         1.6.3.2 Principios activos 10
   1.7 Rosácea 11
      1.7.1 Signos y síntomas 11
      1.7.2 Cuidados de la piel con rosácea 12
         1.7.2.1 Limpieza 12
         1.7.2.2 Hidratación 12
         1.7.2.3 Protección solar 13
      1.7.3 Tratamiento dermocosmético 13
         1.7.3.1 Principios activos 14
      1.7.4 Formulaciones 14
         1.7.4.1 Hidrogel 14
         1.7.4.2 Hidrogel con metronidazol 15

2 El cabello 17
   2.1 Estructura 17
   2.2 Tipos 18
      2.2.1 Estructura 18
      2.2.2 Emulsión epicutánea 18
      2.2.3 Resistencia 18
   2.3 Crecimiento 19

- 2.4 Tratamientos dermocosméticos..19
  - 2.4.1 Alopecia..19
  - 2.4.2 Cabello graso..20
    - 2.4.2.1 Formulación..20
  - 2.4.3 Cabello con caspa..21
    - 2.4.3.1 Formulación..21
  - 2.4.4 Cabello seco...22
    - 2.4.4.1 Formulación..22
- 3 Material, equipo y métodos de laboratorio..23
  - 3.1 Medición del volumen...23
    - 3.1.1 Medición aproximada del volumen..24
      - 3.1.1.1 Matraz Erlenmeyer..24
      - 3.1.1.2 Pipeta Pasteur...24
      - 3.1.1.3 Probeta graduada..25
      - 3.1.1.4 Vaso de precipitados...26
      - 3.1.1.5 Cucharas de dosificación..26
    - 3.1.2 Medición precisa del volumen...27
      - 3.1.2.1 Matraz aforado..27
      - 3.1.2.2 Micropipeta..28
      - 3.1.2.3 Pipeta aforada...28
      - 3.1.2.4 Pipeta graduada..29
    - 3.1.3 Ajuste del menisco...29
      - 3.1.3.1 Menisco de un líquido...29
      - 3.1.3.2 Ajuste del menisco en una pipeta graduada.........................30
      - 3.1.3.3 Ajuste del menisco en una bureta...30
      - 3.1.3.4 Lectura del menisco..31
      - 3.1.3.5 Temperatura..31
  - 3.2 Medición de la masa...32
    - 3.2.1 Entorno y requisitos previos...32
    - 3.2.2 Funcionamiento de la balanza...33
    - 3.2.3 Mantenimiento de la balanza...33
      - 3.2.3.1 Limpieza..34
    - 3.2.4 Pesada de líquidos...34
  - 3.3 Medición del pH..34
    - 3.3.1 Material y equipos..36
    - 3.3.2 Medición del pH con tiras reactivas...36
      - 3.3.2.1 Medición..36
    - 3.3.3 Medición del pH con un pH-metro..37
      - 3.3.3.1 Calibración..37
      - 3.3.3.2 Medición..38
    - 3.3.4 Ajustar el pH...38

- 3.4 Filtración..38
  - 3.4.1 Tipos...39
  - 3.4.2 Papel..42
- 3.5 Esterilización..43
  - 3.5.1 Autoclave..43
    - 3.5.1.1 Seguridad..44
    - 3.5.1.2 Funcionamiento..45
    - 3.5.1.3 Limpieza...46
    - 3.5.1.4 Mantenimiento...46
  - 3.5.2 Esterilización por filtración...46
    - 3.5.2.1 Tipos de filtros..47
- 3.6 Condiciones ambientales en el laboratorio..48
- 3.7 Plásticos utilizados en el laboratorio..48
  - 3.7.1 Tipos de plástico...48
- 3.8 Envasado de productos cosméticos...49
  - 3.8.1 Funciones...50
  - 3.8.2 Requisitos...50
  - 3.8.3 Materiales...50
  - 3.8.4 Tipos de envases..51
- 3.9 Limpieza, desinfección y esterilización...52
- 4 Cálculos en formulación..53
  - 4.1 Concentración de una disolución...53
  - 4.2 Concentración cuantitativa...54
    - 4.2.1 Masa y Peso...54
    - 4.2.2 Porcentaje masa-masa (% m/m) o porcentaje peso-peso (%p/p)...................55
    - 4.2.3 Porcentaje volumen-volumen (% v/v)...55
    - 4.2.4 Porcentaje masa-volumen (% m/v) o porcentaje peso-volumen (p/v)..............56
  - 4.3 Densidad de una disolución...56
  - 4.4 Cálculos con la concentración expresada como un porcentaje...........57
    - 4.4.1 Regla de tres..57
  - 4.5 Cálculo del volumen de aceites esenciales...58
    - 4.5.1 Mezcla de aceites esenciales..58
    - 4.5.2 Volumen de la mezcla de aceites esenciales..............................59
- 5 Uso de las plantas en cosmética..61
  - 5.1 Recolección..61
    - 5.1.1 Cómo recolectar...61
    - 5.1.2 Cuando recolectar..62
  - 5.2 Limpieza...63
  - 5.3 Conservación...64
    - 5.3.1 Desecación..64
  - 5.4 Envasado..65

5.5 Almacenamiento..65
5.6 Extracción de los principios activos de las plantas...65
    5.6.1 Destilación...66
        5.6.1.1 Proceso..67
        5.6.1.2 Montaje...67
        5.6.1.3 Puesta en marcha..68
    5.6.2 Maceración...68
        5.6.2.1 Graduación del alcohol..69
        5.6.2.2 Tintura madre...70
        5.6.2.3 Alcoholatura...72
        5.6.2.4 Oleato...73
    5.6.3 Percolación..73
        5.6.3.1 Materiales...74
        5.6.3.2 Procedimiento..75

6 Cosméticos...77
  6.1 Funciones..77
  6.2 Categorías...77
  6.3 Legislación..78
  6.4 Formas dermatológicas..79
    6.4.1 Formas dermatológicas semisólidas..79
        6.4.1.1 Categorías..79
        6.4.1.2 Pomadas..80
        6.4.1.3 Cremas o emulsiones..81
        6.4.1.4 Geles..83
        6.4.1.5 Pastas..83
    6.4.2 Selección de las formas dermatológicas semisólidas...............................84
        6.4.2.1 Grado de absorción...84
        6.4.2.2 Localización de la lesión..84
        6.4.2.3 Estado de la piel..85
        6.4.2.4 Grado de inflamación de la piel...86
    6.4.3 Formas dermatológicas líquidas...86
  6.5 Ingredientes..87
    6.5.1 Funciones..88
  6.6 Penetración...91
    6.6.1 Grados de penetración..92
    6.6.2 Vías de penetración..92
    6.6.3 Factores que influyen en la permeabilidad de la piel................................93
        6.6.3.1 Factores fisiológicos..93
        6.6.3.2 Factores físico-químicos..94
  6.7 Comedogenicidad...95
    6.7.1 Índice de comedonenicidad..96

- 6.7.1.1 Escala de calificación comedogénica...........96
- 6.7.1.2 Aceites...........97
- 6.7.1.3 Alcoholes, esteres, éteres, y azúcares...........100
- 6.7.1.4 Antioxidantes...........101
- 6.7.1.5 Ceras...........102
- 6.7.1.6 Espesantes, emulsificantes, y detergentes...........102
- 6.7.1.7 Ingredientes de origen vegetal...........102
- 6.7.1.8 Minerales...........103
- 6.7.1.9 Vitaminas...........103
- 6.8 INCI...........103
- 6.9 Formulación...........104
  - 6.9.1 Fases...........105
- 6.10 Estabilidad y conservación de los cosméticos...........106
  - 6.10.1 Factores extrínsecos...........107
  - 6.10.2 Factores intrínsecos...........107
    - 6.10.2.1 Actividad del agua (a_w)...........108
    - 6.10.2.2 pH...........109
    - 6.10.2.3 Tipo de emulsión...........110
    - 6.10.2.4 Envasado y almacenamiento...........110
- 6.11 pH de los productos cosméticos...........111
- 6.12 Cosmética natural...........111

7 Principios activos...........113
- 7.1 Aceite esencial...........113
  - 7.1.1 Clasificación...........115
    - 7.1.1.1 Consistencia...........115
    - 7.1.1.2 Origen...........116
    - 7.1.1.3 Tratamientos...........116
    - 7.1.1.4 Naturaleza química o quimiotipo...........117
    - 7.1.1.5 Volatilidad o sus notas...........118
      - Esencias volátiles o notas altas o notas de cabeza...........118
      - Esencias medias o notas medias o notas del corazón...........119
      - Esencias fijas o notas bajas...........119
- 7.2 Aceite vegetal...........120
  - 7.2.1 Aceites vegetales como principios activos...........120
  - 7.2.2 Aceites vegetales como excipientes...........122
  - 7.2.3 Comedogenecidad...........122
  - 7.2.4 Formulaciones...........122
- 7.3 Hidrolato, agua floral y elixir floral...........123
  - 7.3.1 Hidrolato...........123
    - 7.3.1.1 Usos...........124
  - 7.3.2 Agua floral...........124

- 7.3.3 Elixir floral...124
- 7.4 Oligoelemento...125
- 7.5 Vitamina...126
- 7.6 Incorporación de principios activos a emulsiones.................................127
- 8 Excipientes...129
  - 8.1 Propiedades..129
  - 8.2 Funciones...130
  - 8.3 Antioxidantes..130
  - 8.4 Conservantes..131
  - 8.5 Correctores del pH...132
  - 8.6 Espesantes...133
  - 8.7 Gelificantes...134
    - 8.7.1 Tipos...134
  - 8.8 Humectantes...135
    - 8.8.1 Tipos...136
  - 8.9 Emulsionantes...136
    - 8.9.1 Tipos...136
    - 8.9.2 Incompatibilidades con las bases emulsionantes aniónicas........................139
    - 8.9.3 Incompatibilidades con las bases emulsionantes no iónicas.......................140
  - 8.10 Quelantes...140
  - 8.11 Solubilizantes...141
  - 8.12 Tensioactivos...142
    - 8.12.1 Formulación de productos cosméticos con tensioactivos..........................143
    - 8.12.2 Sustancia activa lavante (SAL)..144
  - 8.13 Fragancias..145
  - 8.14 Colorantes..145
- 9 Emulsión..147
  - 9.1 Estabilidad de una emulsión...148
  - 9.2 Tipos de emulsiones...149
    - 9.2.1 Naturaleza iónica...150
    - 9.2.2 Fase externa..150
    - 9.2.3 Tamaño de los glóbulos...150
    - 9.2.4 Consistencia...151
    - 9.2.5 Evanescencia u oclusividad...151
  - 9.3 Formulación...152
    - 9.3.1 Componentes...152
    - 9.3.2 Fórmula..153
    - 9.3.3 Preparación..153
      - 9.3.3.1 Emulsión a temperatura ambiente..154
      - 9.3.3.2 Emulsión con calentamiento...154
  - 9.4 Errores a evitar en la formulación de emulsiones..156

10 Microemulsión..157
10.1 Microemulsión vs emulsión...157
10.2 Ventajas y limitaciones...157
10.3 Estructura...158
10.3.1 Clasificación..159
10.4 Propiedades físico químicas...159
10.5 Formulación..160
10.5.1 Ingredientes..160
10.5.2 Preparación..161

11 Crema...163
11.1 Tipos...163
11.2 Formulación..164
11.2.1 Preparación de una emulsión...165
11.3 Formulaciones...166
11.3.1 Crema hidratante...166
11.3.2 Crema hidratante...167
11.3.3 Crema base natural facial..169
11.3.4 Crema base natural corporal...170
11.3.5 Crema protectora de manos con urea.................................171
11.3.6 Crema facial..172

12 Gel..175
12.1 Tipos...175
12.2 Formulación..176
12.2.1 Fórmula patrón..176
12.2.2 Cremagel base con *Carbopol* 940®...................................177
12.2.3 Cremagel base con Hidroxietilcelulosa...............................178
12.2.4 Cremagel base con Sepigel 305®.......................................179
12.2.5 Gel base de goma xantán..179
12.2.6 Gel base de hidroxietilcelulosa..180
12.2.7 Gel base de metilcelulosa..181
12.2.8 Gel base de metilcelulosa hidroalcohólico..........................181
12.2.9 Gel base de urea..182
12.2.10 Gel base hidroalcohólico de Carbopol...............................182
12.2.11 Gel base neutro de Carbopol...183
12.2.12 Gel antiséptico de etanol para manos...............................184
12.2.13 Gel antiséptico de isopropanol para manos......................184
12.2.14 Gel higienizante de manos..185
12.2.15 Gel de ducha..186

13 Champú..189
13.1 Tipos...189
13.2 Formulación..190

- 13.2.1 Fórmula patrón..........190
- 13.2.2 pH de un champú..........193
- 13.2.3 Champú bebé..........193
- 13.2.4 Champú antigrasa..........193
- 13.2.5 Champú anticaspa..........194
- 13.2.6 Champú frecuencia cabellos delicados..........195
- 13.2.7 Champú aniónico de proteínas (pH= 5,42)..........195
- 13.2.8 Champú de urea..........196
- 13.2.9 Champú sólido..........196
- 13.2.10 Champú sólido para cabello seco..........198
- 13.2.11 Champú sólido hidratante..........199

14 Jabón..........201
- 14.1 Formulación..........202
  - 14.1.1 Jabón sólido (método artesanal en frío)..........202
    - 14.1.1.1 Fórmula patrón..........202
    - 14.1.1.2 Cálculos..........203
    - 14.1.1.3 Elaboración..........204
  - 14.1.2 Jabón de Alepo (30/70)..........206
  - 14.1.3 Jabón de Castilla 80%..........207
  - 14.1.4 Jabón de Marsella 72%..........209
  - 14.1.5 Jabón de Marsella..........210
  - 14.1.6 Jabón líquido (método industrial)..........212
  - 14.1.7 Base de jabón líquido (método industrial)..........213
  - 14.1.8 Jabón líquido de glicerina (método industrial)..........214
  - 14.1.9 Jabón líquido para lavadora..........215

15 Loción..........217
- 15.1 Tipos..........217
- 15.2 Formulación..........217
  - 15.2.1 Loción O/W..........217
  - 15.2.2 Loción desmaquillante facial efecto terciopelo..........218
  - 15.2.3 Loción corporal hidratante y antioxidante..........219

16 Mascarilla..........221
- 16.1 Tipos de mascarilla..........221
- 16.2 Formulación..........222
  - 16.2.1 Mascarilla facial..........222

17 Pomada..........225
- 17.1 Tipos..........225
- 17.2 Formulación..........225
  - 17.2.1 Fórmula patrón..........225
  - 17.2.2 Pomada de urea..........226

18 Bálsamo..........229

- 18.1 Formulación...229
  - 18.1.1 Fórmula patrón..229
  - 18.1.2 Bálsamo labial con propóleo...229
  - 18.1.3 Bálsamo nutritivo para las manos...230
- 19 Solución / Disolución...233
  - 19.1 Características..233
    - 19.1.1 Tipos...234
  - 19.2 Formulación..234
    - 19.2.1 Fórmula patrón..234
    - 19.2.2 Solución tópica con urea..236
    - 19.2.3 Solución de Dakin...237
- 20 Suspensión..239
  - 20.1 Tipos...239
  - 20.2 Agua micelar..240
  - 20.3 Aplicaciones...240
  - 20.4 Estabilidad...241
    - 20.4.1 Suspensión estable..241
    - 20.4.2 Inestabilidad...241
    - 20.4.3 Estabilidad...242
      - 20.4.3.1 Factores que intervienen en la estabilidad de una suspensión...........242
      - 20.4.3.2 Cómo aumentar la estabilidad de una sustpensión......................244
  - 20.5 Formulación...245
    - 20.5.1 Fórmula patrón...245
    - 20.5.2 Agua micelar..246
- 21 Sistema conservante..249
  - 21.1 Exposición de los productos cosméticos a los microorganismos.....................249
  - 21.2 Producto cosmético de bajo riesgo microbiológico...................250
  - 21.3 Producto cosmético de alto riesgo microbiológico....................251
  - 21.4 Control microbiológico de un producto cosmético....................251
  - 21.5 Conservantes...252
    - 21.5.1 Tipos de conservantes...253
    - 21.5.2 Propiedades de un conservante de un producto cosmético.....................253
    - 21.5.3 Conservantes antioxidantes..254
      - 21.5.3.1 Antioxidantes...254
      - 21.5.3.2 Sinérgicos..255
    - 21.5.4 Conservantes antimicrobianos y/o antifúngicos...............255
      - 21.5.4.1 Modo de acción...255
      - 21.5.4.2 Conservantes antimicrobianos.................................256
    - 21.5.5 Concentraciones de los conservantes..............................257
  - 21.6 Prueba de eficacia...257
- 22 Estabilidad..259

- 22.1 Factores de la estabilidad..259
  - 22.1.1 Factores extrínsecos..260
  - 22.1.2 Factores intrínsecos...260
- 22.2 Clasificación de los productos cosméticos según su susceptibilidad microbiológica..261
- 22.3 Evaluación..261
  - 22.3.1 Zona climática..261
  - 22.3.2 Variables de estabilidad..262
  - 22.3.3 Parámetros evaluados..262
  - 22.3.4 Estabilidad preliminar..262
  - 22.3.5 Estabilidad forzada..263
    - 22.3.5.1 Exposición a temperaturas extremas..263
    - 22.3.5.2 Exposición a radiación luminosa..264
  - 22.3.6 Estabilidad a largo plazo..264
    - 22.3.6.1 Compatibilidad con el material de almacenamiento..264
- 22.4 Cuando realizar un estudio de estabilidad..265
- 22.5 Criterios de estabilidad..266
- 22.6 Fecha de caducidad..266
- 22.7 Periodo después de la apertura (PAO)..266

23 Anexos..269
- 23.1 Antioxidantes..269
  - 23.1.1 La vitamina E. Tocoferol..269
  - 23.1.2 Tocobiol® C..270
- 23.2 Bases para champús..271
  - 23.2.1 Base champú Bebé..271
  - 23.2.2 Base champú-B..272
  - 23.2.3 Base N Champú..272
- 23.3 Bases para cremas..274
  - 23.3.1 Base neutre Crème à tout faire BIO..274
  - 23.3.2 Base micellaire concentreé..275
  - 23.3.3 Crema base hidratante..276
  - 23.3.4 Crema base Lanette..277
  - 23.3.5 Crema base piel seca..278
- 23.4 Base para gel de manos..279
  - 23.4.1 Base gel de manos concentrado..279
- 23.5 Base para jabón líquido..280
  - 23.5.1 Jabón base líquido..280
- 23.6 Base para mascarilla..280
  - 23.6.1 Base masque capillaire BIO..280
- 23.7 Conservantes..283
  - 23.7.1 Ácido benzóico..283

- 23.7.2 Ácido caprílico..284
- 23.7.3 Ácido salicílico..285
- 23.7.4 Ácido sórbico..286
- 23.7.5 Alcohol bencílico...287
- 23.7.6 Aminat-CG..288
- 23.7.7 Aminat®-G...289
- 23.7.8 Dermorganics® 1388. Dermosoft® ECO 1388...........................290
- 23.7.9 Dowicil® 200..291
- 23.7.10 Euxyl® K 712...292
- 23.7.11 Euxyl®PE 9010..293
- 23.7.12 Euxyl® K 903...294
- 23.7.13 Geogard® 211. *Cosgard*..294
- 23.7.14 Georgard ECT...295
- 23.7.15 Geogard Ultra™..296
- 23.7.16 Iscaguard® BOA..297
- 23.7.17 Kem BS®...298
- 23.7.18 Kem DHA®..299
- 23.7.19 Kem Nat®..301
- 23.7.20 Leucidal®...302
- 23.7.21 Monolaurato de glicerilo..303
- 23.7.22 NataPres®...303
- 23.7.23 Naticide®...304
- 23.7.24 Optiphen™ BSB-N. Rokonsal™ BSN.......................................305
- 23.7.25 Optiphen™ BSB-W..306
- 23.7.26 Phytocide Elderberry...306
- 23.7.27 Sharomix™ 705...307
- 23.7.28 Sorbato de potasio..308
- 23.7.29 Verstatil® BL..309
- 23.7.30 Spectrastat™ G2 Natural MB..309
- 23.7.31 Verstatil® PC...310
- 23.8 Correctores de pH...311
  - 23.8.1 Ácido cítrico..311
  - 23.8.2 Ácido láctico...311
- 23.9 Dispersantes...314
  - 23.9.1 Disper®...314
  - 23.9.2 Huile de ricin sulfatée..314
  - 23.9.3 Solubol...316
- 23.10 Emulsionantes...318
  - 23.10.1 Alcohol cetílico...318
  - 23.10.2 Alcohol Cetoestearílico..318
  - 23.10.3 BTMS-50..319

23.10.4 Cera Lanette N ... 320
23.10.5 Cera Lanette O ... 321
23.10.6 Cera Lanette SX ... 322
23.10.7 Ecomulse® ... 323
23.10.8 Glicerilo monoestarato autoemulsión ... 324
23.10.9 Lanolina anhidra ... 325
23.10.10 Lanolina etoxilada ... 326
23.10.11 Lecitina fluída Plus ... 326
23.10.12 Montanov® 68 ... 327
23.10.13 Olivem®1000 ... 328
23.10.14 Polawax®NF ... 330
23.10.15 Trietanolamina 85% ... 331
23.10.16 Polisorbato® 20 ... 333
23.10.17 Polisorbato® 80 ... 333
23.10.18 Trietanolamina ... 334
23.10.19 Xyliance® ... 335

23.11 Espesantes ... 337
23.11.1 Ácido esteárico vegetal ... 337
23.11.2 Agar Agar ... 337
23.11.3 Cera de abeja ... 338
23.11.4 Cera de arroz ... 340
23.11.5 Cera candelilla ... 341
23.11.6 Goma esclerocio ... 342
23.11.7 Goma Guar ... 343
23.11.8 Goma Xantana transparente ... 345
23.11.9 Hidroxipropil goma guar ... 347
23.11.10 Metilcelulosa ... 347

23.12 Excipientes ... 350
23.12.1 Vaselina líquida ... 350

23.13 Extractos ... 352
23.13.1 Extracto de lavanda ... 352
23.13.2 Extracto de vainilla ... 352

23.14 Fijador ... 355
23.14.1 Tintura de Benjuí ... 355

23.15 Gelificantes ... 355
23.15.1 Carbopol® 940 Polymer ... 355
23.15.2 Sepigel™ 305 ... 357

23.16 Hidratantes ... 359
23.16.1 Hidrovitón ... 359

23.17 Humectantes ... 361
23.17.1 Glicerina vegetal ... 361

- 23.17.2 Lactato de sodio...........362
- 23.17.3 Propilenglicol...........363
- 23.17.4 Sodio hialuronato...........364
- 23.17.5 Sorbitol líquido 70%...........364
- 23.17.6 Urea...........365
- 23.18 Mantecas...........367
  - 23.18.1 Manteca de karité...........367
- 23.19 Plantas...........369
  - 23.19.1 Jujube...........369
  - 23.19.2 Shikakai...........369
- 23.20 Principios activos...........371
  - 23.20.1 Bisabolol...........371
  - 23.20.2 Cafeína...........371
  - 23.20.3 Concentrado de fitoesteroles...........372
  - 23.20.4 Escualano...........375
  - 23.20.5 Phytokératine...........376
  - 23.20.6 Keratin'protect...........378
  - 23.20.7 Perhidroescualeno...........379
  - 23.20.8 Phyto'Liss...........380
- 23.21 Quelantes...........382
  - 23.21.1 Dermofeel® PA-3...........382
- 23.22 Tensioactivos...........383
  - 23.22.1 Betaína de coco...........383
  - 23.22.2 Decyl glucoside...........384
  - 23.22.3 Disodium cocoanphodiacetate...........385
  - 23.22.4 Lamesoft®PO65...........386
  - 23.22.5 Lauryl glucoside...........387
  - 23.22.6 Plantapon®SF...........388
  - 23.22.7 Pompadolsa...........389
  - 23.22.8 SCI...........390
  - 23.22.9 SCS...........392
  - 23.22.10 SLSA. Lauril sulfoacetato de sodio...........394
  - 23.22.11 Tagat L2...........396
  - 23.22.12 Tegobetaína L-7...........396
  - 23.22.13 Tensioactif base douceur...........397
  - 23.22.14 Tensioactif mousse de babassu...........399
  - 23.22.15 Viscosucre...........401
- 23.23 Viscosizantes...........402
  - 23.23.1 Aerosil 200. Sílice coloidal anhidra...........402
- 23.24 Proveedores...........404
  - 23.24.1 Proveedores de aceites esenciales...........404

23.24.2 Proveedores de agitadores mecánicos..404
23.24.3 Proveedores de cortadoras de jabón..405
23.24.4 Proveedores de envases..405
23.24.5 Proveedores de kits de cosmética...405
23.24.6 Proveedores de material de laboratorio..405
23.24.7 Proveedores de plantas medicinales...406
23.24.8 Proveedores de prensadoras..406
23.24.9 Proveedores de productos de cosmética..406
23.24.10 Proveedores de productos químicos de laboratorio.............................408
23.25 Bibliografía..409
23.26 Glosario...411

Introducción

La necesidad de elaborar productos cosméticos personalizados nace de la dificultad de encontrar productos cosméticos dermatológicamente adecuados a las necesidades específicas de cada persona. De ahí que no tenga ningún sentido una publicación donde únicamente se describan las formulaciones de productos cosméticos.

La finalidad de esta publicación es suministrar la información básica necesaria para que el lector pueda comenzar a elaborar sus propios productos de cosmética. Ello requiere, que el lector conozca los principios y las herramientas necesarias para la elaboración de productos cosméticos.

El preparar cosméticos personalizados puede resultar extremadamente sencillo y barato o extremadamente complicado y caro. Todo depende del grado de control que se desee tener sobre la formulación.

Los lectores que quieran elaborar cosméticos personalizados de una forma sencilla encontrarán formulaciones y productos en la pagina web de *Aroma-Zone*.

Los lectores más avanzados pueden obtener formulaciones de productos cosméticos de acceso libre en las páginas web de los fabricantes y proveedores de las materias primas utilizadas en la elaboración de productos cosméticos. Una fuente inagotable de fórmulas "desde cero" y de productos en la página web de *Making Cosmetics*.

En el anexo de esta publicación se incluye información detallada de las propiedades físicas, las condiciones de uso y la dosificación de los productos utilizados en la elaboración de productos cosméticos. Así mismo, se incluye una lista de proveedores de equipo y productos químicos utilizados en la elaboración de productos cosméticos.

1 La piel

La piel es la cubierta externa del cuerpo humano y uno de los órganos más importantes del mismo tanto por tamaño como por sus funciones. La piel tiene una superficie de alrededor de 2m^2 (dependiendo de la altura y peso de la persona) y un peso de 4 kg, lo que supone aproximadamente el 6% del peso corporal total.

1.1 Funciones de la piel

La piel cumple importantes funciones fisiológicas, entre las cuales cabe destacar las siguientes:

- La piel separa al organismo del medio ambiente externo y, al mismo tiempo, permite su comunicación con él mismo.
- La piel sana es una barrera contra agresiones mecánicas, químicas, tóxicos, calor, frío, radiaciones ultravioletas y microorganismos patógenos. La piel es esencial para el mantenimiento del equilibrio de fluidos corporales actuando como barrera ante la posible pérdida de agua (pérdida transcutánea de agua).
- Termorregulación. Conserva el calor por vasoconstricción y por la estructura aislante de la hipodermis; y enfría por vasodilatación y evaporación del sudor.
- Función sensitiva a través de la información captada por millares determinaciones nerviosas distribuidas sobre su superficie. La transmisión de una gran cantidad de información externa que accede al organismo por el tacto, la presión, temperatura y receptores del dolor.
- Función reparadora de heridas, úlceras y del daño celular producido por la radiación ultravioleta.
- Interviene en el metabolismo de importantes moléculas, como la síntesis de vitamina D.
- Vigilancia inmunológica por medio de las células de *Langerhans*.

1.2 Estructura de la piel

En la piel se distinguen en la piel 3 capas de tejido, cuyo origen embriológico es totalmente distinto, perteneciendo cada capa a una capa embriológica diferente. De afuera a dentro las capas de la piel son las siguientes:

a) La epidermis.
b) La dermis.

c) La hipodermis.

1.2.1 Epidermis

La **epidermis** es la capa de células superior de la piel.

La función de la epidermis es la protección contra los agentes externos (abrasión, agentes infecciosos, contaminantes, irradiación solar) y mantiene hidratada la piel.

La epidermis presenta un espesor variable, con un valor medio de 0,1 mm, pudiendo alcanzar en zonas como las plantas de los pies y las palmas de las manos espesores de hasta 1 o 2 mm.

En las zonas con menor grosor la epidermis consta de 4 capas que de arriba a abajo son: el estrato córneo, el estrato granuloso, el estrato espinoso y el estrato basal.

En las zonas con mayor grosor la epidermis consta de las siguientes 5 capas, de arriba a abajo: el estrato córneo, el estrato lucídico, el estrato granuloso, el estrato espinoso y el estrato basal.

El **estrato córneo** está formado por células aplanadas y restos de células situadas unas sobre otras en forma de tejas y fuertemente empaquetadas, que han perdido núcleo y orgánulos citoplasmáticos quedando compuestas casi exclusivamente por filamentos de queratina agrupados en haces denominados monofilamentos. Está formado por 15 a 20 estratos celulares, de los cuales el último se va perdiendo por descamación. Este proceso de continuo desgaste y reemplazo renueva la totalidad de la capa epidérmica en un periodo aproximado de 30 días, desde que se produce la división celular hasta que la célula cae desprendida de la superficie de la piel.

La **capa lúcida**, que se encuentra normalmente en la parte gruesa de la piel de las palmas de las manos y plantas de los pies, no existe en la piel delgada. Consiste entre tres y cinco filas de células muertas, claras y planas que contienen aún actividad enzimática.

En **la capa granular**, las células sintetizan la queratohialina, la sustancia precursora de la queratina, la cual se acumula en gránulos en el citoplasma dando esta característica la denominación a esta capa.

Las capas de células espinosas y basales están formadas por células vivas que continuamente se reproducen por división mitótica. Estas células ocuparán el espacio de las células erosionadas en la capa córnea y se les llama conjuntamente la capa germinativa.

La epidermis se regenera cada 2 meses.

1.2.2 Dermis

La **dermis** es la capa de células intermedia de la piel.

La dermis es la estructura de soporte de la piel y le proporciona resistencia y elasticidad.

La función de la dermis es dar soporte a la piel y participar en los procesos de: regulación de la circulación sanguínea, suministro de alimentos a las células y eliminación de los deshechos celulares.

Histológicamente, la dermis se divide en dos capas, que desde el exterior al interior son:

   a) La capa papilar (*stratum papillare*).

   b) La capa reticular (*stratum reticulare*).

La **capa papilar** recibe ese nombre por la presencia de proyecciones hacia el interior de la epidermis, estas proyecciones se denominan papilas dérmicas y se alternan con los procesos inter papilares de la epidermis. En las papilas se encuentran las asas capilares (sistema circulatorio) que proporcionan los nutrientes a la epidermis avascular. La capa papilar también contiene numerosas terminaciones nerviosas, receptores sensoriales y vasos linfáticos.

La **capa reticular** es más gruesa que la papilar, y recibe ese nombre por el entramado o retícula de las fibras colágenas que forman gruesos haces entrelazados con haces de fibras elásticas. Esta estructura es la que proporciona elasticidad y capacidad de adaptación a movimientos y cambios de volumen.

La dermis presenta un grosor promedio de 4 mm (máximo de 5 mm) y está formada por un complejo sistema de fibras entrelazadas, embebidas de una sustancia denominada *sustancia fundamental*.

Tipos de fibras de la dermis:

   a) **Fibras de colágeno**. Son el principal componente de la dermis y las que aportan resistencia y firmeza a la estructura de las células que forman nuestra piel.

   b) **Fibras elásticas**. Aunque más escasas que las anteriores, tienen su importancia, pues son las responsables de la elasticidad de la piel.

   c) **Fibras de reticulita**. Son muy escasas y se disponen alrededor de los anejos (pelos, uñas, glándulas) y de los vasos sanguíneos.

1.2.3 Hipodermis

La **hipodermis** es la capa más profunda de la piel.

La hipodermis está constituida por gran multitud de células grasas (adipocitos) cuya misión principal consiste en aislar el cuerpo del frío y del calor exterior así como actúar como una interfaz entre la piel y los órganos como los huesos o los músculos.

1.3 Biotipos cutáneos

Desde el punto de vista cosmético se pueden distinguir los siguientes biotipos cutáneos:

a) **Piel normal o eudérmica**. Piel que no presenta alteraciones. Tiene brillo moderado y aspecto firme. Su coloración es uniforme. Contenido acuoso elevado. Piel flexible de brillo moderado y que presenta un equilibrio de elasticidad, color y aspecto. Piel de tacto suave y aterciopelado. Tamaño pequeño de los poros.

b) **Piel grasa**. Piel con brillos, amarillenta, gruesa, con poros dilatados. Mayor tendencia a puntos negros, acné, dermatitis seborréica y pústulas.

Tipos de piel grasa:

- <u>Piel grasa hidratada</u>. Secreción aumentada de las glándulas sebáceas y normal de las sudoríparas. La emulsión que se forma es agua en aceite y tenemos una piel brillante de tono untuoso. Presenta poros dilatados, es resistente a factores externos y aparece en adolescentes y jóvenes.

- <u>Piel grasa deshidratada</u>. Secreción aumentada de las glándulas sebáceas y normal de las sudoríparas. La emulsión que se forma es agua en aceite y tenemos una piel brillante de tono untuoso. aumenta la secreción sebácea y disminuye el sudor. Entonces se presenta sin brillo y descamada.

Su tratamiento se basa en emulsiones, geles y tónicos astringentes con principios activos que reduzcan la producción sebácea.

c) **Piel seca o alípica**. Piel con menor cantidad de lípidos que la piel eudérmica. Por lo tanto, está más desprotegida frente a agentes externos (agua y frío) y el agua interna se evapora con más facilidad. Presenta un aspecto mate, con ligero eritema. Es una piel muy fina, pero de tacto áspero. Contenido acuoso bajo.

Su cuidado se fundamentará en emulsiones y cremas lipídicas, humectantes / hidratantes y calmantes.

d) **Piel mixta**. Piel intermedia entre la piel normal y la piel grasa. Tiene zonas como las mejillas, de piel normal o incluso seca, y zonas de piel grasa, sobre todo en la región medio facial llamada «zona T».

e) **Piel sensible**. Piel sensible es la piel que reacciona irritándose o congestionándose ante la más pequeña agresión, es decir es una piel predispuesta a reaccionar antes a estímulos externos e internos. La piel sensible se caracteriza por presentar las siguientes características:

La piel sensible se caracteriza por ser:

- Piel muy fina, delicada y blanca, ya que el estrato córneo es extremadamente delgado.
- Apariencia cutánea frágil.
- Piel seca o con tendencia a seca (es propensa a presentar deficiencia de grasa y humedad).
- Frecuentemente aparece cuperosis (ya que los vasos sanguíneos son más reactivos que en las pieles normales).
- Textura no uniforme: escamas, ligero engrosamiento (queratosis), erupciones.
- Con tendencia a manchas, eritema, prurito, calor y tirantez.
- No tiene propensión a los comedones y pústulas.
- Envejecimiento más rápido, aparición prematura de arrugas.

1.4 Fototipo cutáneo

El **fototipo cutáneo** es la capacidad de adaptación de la piel a la exposición del sol. Cuanto más baja sea esta capacidad, menos se contrarrestarán los efectos de las radiaciones solares en la piel. Existen los siguiente 6 fototipos cutáneos

1. **Fototipo I.** <u>Acción del sol sobre la piel (no protegida)</u>: Presenta intensas quemaduras solares, casi no se pigmenta nunca y se descama de forma y con pecas en la piel. <u>Características pigmentarias</u>: Individuos de piel muy clara, ojos azules, pelirrojos. Su piel, habitualmente, ostensible no está expuesta al sol y es de color blanco-lechoso.

2. **Fototipo II.** <u>Acción del sol sobre la piel (no protegida)</u>: Se quema fácil e intensamente, pigmenta ligeramente y descama de forma notoria. <u>Características pigmentarias</u>: Individuos de piel clara, pelo rubio, ojos azules y pecas, cuya piel, que no está expuesta habitualmente al sol, es blanca.

3. **Fototipo III.** Acción del sol sobre la piel (no protegida): Se quema moderadamente y se pigmenta correctamente. Características pigmentarias: Razas caucásicas (europeas) de piel blanca que no está expuesta habitualmente al sol.

4. **Fototipo IV.** Acción del sol sobre la piel (no protegida): Se quema moderada o mínimamente y pigmenta con bastante facilidad y de forma inmediata al exponerse al sol. Características pigmentarias: Individuos de piel morena o ligeramente amarronada, con pelo y ojos oscuros (mediterráneos, mongólicos, orientales).

5. **Fototipo V.** Acción del sol sobre la piel (no protegida): Raramente se quema, pigmenta con facilidad e intensidad (siempre presenta reacción de pigmentación inmediata). Características pigmentarias: Individuos de piel amarronada (amerindios, indostánicos, árabes e hispanos).

6. **Fototipo VI**. Acción del sol sobre la piel (no protegida): No se quema nunca y pigmenta intensamente (siempre presentan reacción de pigmentación inmediata). Características pigmentarias: Razas negras.

1.5 Factor hidratante natural

El factor hidratante natural (NMF, natural moisturizing factor) se define como un conjunto de moléculas hidrosolubles y/o hidrodispersables presentes en los espacios intercelulares del estrato córneo y, particularmente, en la superficie libre de la piel, resultante de los diversos procesos fisiológicos que tienen lugar a nivel cutáneo. Así, en el NMF encontramos:

a) Proteínas y aminoácidos, producto de la degradación de los queratinocitos.

b) Constituyentes de la secreción sudoral: agua, sodio, potasio, cloruros, lactatos, urea, amoníaco y otros aminoácidos.

Por sus características higroscópicas, la mayoría de los componentes del NMF son capaces de absorber y retener agua en el estrato córneo, razón por la que algunas de estas moléculas, así como diferentes mezclas de éstas, se utilizan como agentes hidratantes con el fin de suplir la función del NMF en pieles en los que éste es deficitario cualitativa y/o cuantitativamente.

La industria cosmética elabora productos capaces de emular las funciones del NMF, reconstituyéndolo, especialmente en los casos de uso excesivo de jabones y otros tensioactivos, que pueden provocar una descamación prematura de las células epiteliales, con la consiguiente pérdida del factor de hidratación y reducción de la eficacia de la barrera hidrolipídica cutánea, entendida ésta como filtro selectivo que permite regular el equilibrio hídrico de la piel.

Algunos NMF sintéticos están enriquecidos con sustancias hidratantes de tipo humectante, como la glicina, con lo que se obtiene un NMF «enriquecido» en elementos hidratantes.

1.6 Acné

El acné (acné vulgaris) es una enfermedad de la piel, inflamatoria y crónica que afecta a las glándulas sebáceas asociadas al conducto folicular del pelo. Se caracteriza por obstrucción de los poros y, como consecuencia de ello, aparición de lesiones cutáneas diversas: comedones, pápulas, pústulas, nódulos y cicatrices, que aparecen principalmente en la cara, parte superior del tronco y en ocasiones extremidades.

La patogenia del acné asienta sobre tres parámetros esenciales: hipersecreción sebácea, hiperqueratosis e hiperactividad de la capacidad enzimática bacteriana. De tal forma que la introducción de un elemento extraño, como es el caso un cosmético, puede exacerbar alguno de ellos y desencadenar la acnegenia.

1.6.1 Signos y síntomas

El acné se caracteriza por evolucionar según las siguientes 4 fases:

1. **Acné leve o grado 1**. Las lesiones principales son comedones y hay menos de 5 inflamatorias en una mitad de la cara. Las pápulas y las pústulas pueden aparecer, pero son pequeñas y poco numerosas, generalmente menos de 10.

2. **Acné moderado o grado 2**. En general, hay entre 6 y 20 lesiones inflamatorias en una mitad de la cara. Existe un mayor número (entre 10 y 40) de pápulas, pústulas y comedones. El tronco también puede estar afectado.

3. **Acné severo o grado 3**. En general, hay entre 21 y 50 lesiones inflamatorias en un a mitad de la cara. Existen numerosas (entre 40 y 100) pápulas y pústulas, normalmente con lesiones nodulares infiltrantes y profundas. Las áreas de piel afectada se extienden además de la cara, al torso y espalda.

4. **Acné muy severo o grado 4**. En general, hay más de 50 lesiones inflamatorias en una mitad de la cara. A este grupo pertenece el acné noduloquístico y el acné conglobata caracterizado por muchas lesiones nodulares grandes, dolorosas y lesiones pustulosas, junto con muchas pequeñas pápulas, pústulas y comedones.

1.6.2 Cuidados de la piel con acné

1.6.2.1 Higiene

La higiene del rostro es básica para un buen tratamiento. Se recomienda utilizar detergentes sintéticos o limpiadores al agua, formulados sin jabón, para evitar la irritación y mantener la barrera natural de la piel.

Tras la limpieza, debe efectuarse un secado cuidadoso de la zona, evitando «arrastrar» la toalla sobre el rostro.

De manera periódica, 2 o 3 veces en semana, se pueden utilizar exfoliantes para eliminar las células muertas y desobstruir los poros. También se pueden aplicar mascarillas, 1 o 2 veces por semana para absorber el exceso de grasa.

A veces se ha aconsejado erróneamente el realizar una limpieza enérgica con productos agresivos, siendo perjudicial tal acción por el empeoramiento de la inflamación y disminución de las defensas en una zona ya de por sí inmunodeprimida.

Son especialmente perjudiciales algunos tensioactivos aniónicos tipo lauryl sulfate, así como los tensioactivos catiónicos convencionales.

1.6.2.2 Hidratación

Debido a la sequedad que producen los tratamientos anti acnéicos, se recomienda el uso de emulsiones hidratantes fluidas, no comedogénicas y de base acuosa (oil free), que calmen la irritación y regeneren las pieles agredidas, y de bálsamos labiales nutritivos.

1.6.2.3 Protección solar

Los primeros rayos ultravioleta son beneficiosos y reducen el proceso de forma temporal, pero después de unas semanas se recrudece o agrava, por la hiperqueratosis que origina la exposición continua al sol.

Los tratamientos antiacné suelen aumentar la sensibilización de la piel frente al sol (son fotosensibilizantes), por lo que será recomendable el uso a diario de un protector solar libre de grasa y con elevado factor de protección (>30). Por este motivo se aconseja aplicar los tratamientos tópicos preferentemente por la noche.

Entre los principio activos foto sensibilizantes usados en el tratamiento del acné están: Peróxido de benzoilo, ácido azelaico, tretinoína, isotretinoína, clindamicina y eritromicina.

1.6.2.4 Manipulación de las lesiones

Debe evitarse la manipulación de los comedones, esto empeora la enfermedad al introducirse el material de los comedones en las capas profundas de las dermis, y se producen complicaciones como quistes epidérmicos y abscesos, aparte de favorecer la aparición de cicatrices y de inflamación.

Algunas lesiones, aunque no hayan sido manipuladas, dejan una cicatriz cuando desaparecen. Hay productos con bioflavonoides y oligoelementos que, aplicados directamente sobre las lesiones regeneran los tejidos y ayudan a su cicatrización, previniendo la formación de cicatrices o atenuándolas si son recientes.

1.6.3 Tratamiento dermocosmético

El tratamiento del acné debe ir encaminado a regular la secreción sebácea, evitar la obstrucción del folículo pilosebáceo, mantener controlada la flora microbiana dérmica, disminuir la inflamación y evitar, en la medida de lo posible, que las lesiones acaben provocando cicatrices permanentes.

Los cosméticos utilizados deben ser no comedogénicos y de base acuosa, libres de grasas. En el mercado existe una amplia gama de productos especiales para pieles grasas con tendencia acnéica. Además, todas las noches debe eliminarse el maquillaje con agua y un limpiador adecuado.

La piel con acné necesita un cuidado rutinario habitual usando productos que se hayan formulado específicamente para abordar sus **necesidades particulares**:

a) No deben contener jabón ya que las pieles acnéicas tienden a ser más alcalina y el jabón tiene un pH alcalino que altera aún más el equilibrio natural de la piel, aumentando su propensión a sufrir infecciones.

b) Productos no comedogénicos que no contengan ingredientes que puedan obstruir los poros y que no tengan excesivas grasas, ya que este tipo de piel ya produce demasiado sebo.

c) Productos comedolíticos ayudarán a destruir los comedones (puntos negros y espinillas) y a abrir los poros obstruidos.

d) Productos queratolíticos disuelven los tapones duros de piel y promueven un proceso natural por el cual la piel se desprende de sus células dérmicas muertas.

1.6.3.1 Fitoterapia

Plantas con estudios clínicos positivos **para el tratamiento del acné vulgaris**:

- *Aloe barbadensis*. Actividad antioxidante, antiinflamatoria, antiandrógena y antibacteriana.
- *Aloe vera*. Actividad antiinflamatoria y antibacteriana.
- *Andrographis paniculata*. Actividad antioxidante, antiinflamatoria, antiandrógena y antibacteriana.
- *Azadirachta indica*. Actividad antiinflamatoria y antibacteriana.
- *Butyrospermum paradoxum*. Antibacteriana.
- *Camellia sinensis L*. Actividad antiinflamatoria y actividad inhibidoras de la 5 α-reductasa.
- *Commiphora mukul*. Actividad antibacteriana.
- *Curcuma longa*. Actividad antiinflamatoria y antibacteriana.
- *Hemidesmus indicus*. Actividad antiinflamatoria y antibacteriana.
- *Hippophae rhamnoides L*. Actividad inhibidora de la reductasa tipo 1-α.
- *Lens culinaris*. Actividad antioxidante, antiinflamatoria, antiandrógena y antibacteriana.
- *Melaleuca alternifolia*. Actividad antiinflamatoria y antibacteriana.
- *Salmalia malabarica*. Actividad antioxidante, antiinflamatoria, antiandrógena y antibacteriana.
- *Terminalia chebula*. Actividad antiinflamatoria y antibacteriana.
- *Vitex negundo*. Actividad antioxidante, antiinflamatoria, antiandrógena y antibacteriana.
- *Withania somnifera*. Actividad antiinflamatoria y antibacteriana.

1.6.3.2 Principios activos

Principios activos utilizados en los productos cosméticos para la piel con acné:

- **Antiinflamatorios**. En este grupo se incluyen: *ácido glicirrético*, extracto de caléndula y *niacinamida* o *vitamina PP*, de efectos comparables a los antibióticos, pero sin riesgo de ocasionar resistencias.

- **Antisépticos, antibacterianos y fungicidas**. Evitan la colonización y el desarrollo de las bacterias y los hongos que intervienen en los procesos acnéicos. Incluyen: *peróxido de benzoilo*, *clorhexidina*, *ácido undecilénico*, *piroctone olamina* y *cloruro de benzalconio*.
- **Emolientes**. Suavizan la piel. Un ejemplo es la calabaza (Cucurbia pepo).
- **Queratolíticos**. Eliminan las células muertas e impiden que se acumule la grasa en los poros de los folículos pilosebáceos. Incluyen: *peróxido de benzoilo*, *ácido salicílico* y derivados y ácido glicólico.
- **Refrescantes y calmantes.** Mejoran la sensación en la piel del paciente. Cabe citar el eucalipto y la menta.
- **Seborreguladores**. Regulan la secreción sebácea. Son principios activos como *niacinamida* (derivado de la vitamina B), *aceite de enebro*, *extracto de Sabal serrulata*, *vitamina A palmitato*, *elubiol*, *extracto de hafnia*.

1.7 Rosácea

La rosácea es una afección cutánea que causa inflamación, enrojecimiento y vasos sanguíneos visibles en la cara. También puede ocasionar bultos pequeños y rojos llenos de pus.

La rosácea se puede confundir con el acné, una reacción alérgica u otros problemas de la piel.

1.7.1 Signos y síntomas

La rosácea se caracteriza por evolucionar en las siguientes 3 fases:

1. **Fase prerrosácea.** La piel tiende a ruborizarse con facilidad. Se produce una sensación de escozor y acaloramiento denominada flushings (término inglés), ante diversos estímulos externos como ciertas comidas, emociones y variaciones de temperatura. Se observa enrojecimiento en la zona central de la cara.
2. **Fase eritemato-escamosa.** Dilatación de los vasos sanguíneos subcutáneos. Formación de granos.
3. **Fase pápulo-pustulosa**. Aparecen lesiones papulopustulosas. Las glándulas sebáceas de la piel aumentan considerablemente de tamaño. Se caracteriza por una hipertrofia de la piel, principalmente en la nariz (rinofima) y, ocasionalmente, en las mejillas.

Los signos y síntomas de la rosácea pueden incluir los siguientes:

a) **Enrojecimiento facial.** La rosácea habitualmente provoca el enrojecimiento persistente de la parte central del rostro. Los delgados vasos sanguíneos de la nariz y la mejilla a menudo se hinchan y se vuelven visibles.

b) **Protuberancias inflamadas y rojizas.** Muchas personas que tienen rosácea también presentan granos en la cara que lucen como acné. Estas protuberancias a veces contienen pus. Puede que sientas la piel caliente y sensible.

c) **Problemas en los ojos.** Alrededor de la mitad de las personas que tienen rosácea también sufren de ojo seco e irritado, y párpados inflamados y enrojecidos. En algunas personas, los síntomas de rosácea ocular preceden a los síntomas en la piel.

d) **Agrandamiento de la nariz (hipertrofia nasal).** En raras ocasiones, la rosácea puede engrosar la piel de la nariz y hacer que esta tenga aspecto bulboso (rinofima). Esto es más frecuente en los hombres que en las mujeres.

1.7.2 Cuidados de la piel con rosácea

1.7.2.1 Limpieza

Para la limpieza de la piel utilizar productos de limpieza facial (*syndet*: synthetic detergent) elaborados con detergentes sintéticos tensioactivos suaves respetan el manto lipídico de la piel.

También es aconsejable utilizar productos cosméticos limpiadores que no necesiten aclarado y así evitar la tirantez que provoca el agua en las pieles reactivas.

Evitar la utilización de productos cosméticos que contengan alcohol para evitar la vasodilatación de los vasos sanguíneos.

1.7.2.2 Hidratación

Conviene mantener la piel hidratada. Utilizar productos oil-free y que contengan componentes específicos para pieles reactivas.

Si la rosácea no está en la fase 3, pueden utilizarse cremas para pieles sensibles que no sean de fase externa oleosa.

1.7.2.3 Protección solar

La protección solar en la rosácea es vital para evitar un recrudecimiento de la enfermedad porque la exposición al sol es un factor desencadenante.

Utilizar un fotoprotector con alto índice de protección tanto para la radiación ultravioleta B (UVB), como para la ultravioleta A (UVA).

Aplicar protectores de factor solar (SPF 15-30) durante todo el año.

Usar factor 50+, preferiblemente físicos, durante el verano.

El protector solar puede formularse como un crema-gel o una emulsión O/W. En la formulación no se utilizará alcohol.

1.7.3 Tratamiento dermocosmético

La formulación magistral en la oficina de farmacia tiene especial importancia en el tratamiento de la rosácea. La elección de la base de las cremas es de especial importancia, se recomiendan productos con base:

- Crema-geles.
- Geles acuosos
- Emulsiones glucídicas.
- Emulsiones oil-free como las siliconadas (W/S).
- Emulsiones bajas en contenido graso: Beeler o lociones O/W.
- Crema-geles.

En todos los casos no incluir alcohol en la formación.

1.7.3.1 Principios activos

Principios activos utilizados por vía tópica en la piel con rosácea:

- Principios activos con **actividad venotónica** que favorecen la circulación sanguínea. Por ejemplo, los extractos glicólicos de: hammamelis, castaño de indias, ruscus, mirtilo, meliloto.

- Principios activos con **actividad vasoconstrictora**. Por ejemplo: *Brimonidina tartrato* (0,5%) y *Oximetazolina* (1%).

- Principios activos con **actividad antiinflamatoria** como la *enoxolona* (ácido glicirrético), *alfa-bisabolol* (Dragosantol®, que se encuentra en la manzanilla), *ictiol*, *zinc sulfato* y *biosacáridos*.

- Principios activos con **actividad antibiótica**. Por ejemplo: *Clindamicina HCL* (2%) y *Eritromicina base* (2%).

- Principios activos con **actividad antiparasitaria**. Por ejemplo: *Ivermectina* (1%) y *Metronidazol* (1%).

1.7.4 Formulaciones

<u>Fórmula patrón</u>:

- Principios activos: *c.s.*
- Excipientes: *c.s.*

Los excipientes se eligen en función de la fórmula galénica del preparado cosmético.

1.7.4.1 Hidrogel

FÓRMULA

<u>Fórmula</u>:

- Glicerina 10%.
- Extracto glicólico de Malva silvestre: 8%.
- Extracto glicólico de Manzanilla: 7%.
- Gel *Carbopol*: *c.s.p.*

PROCEDIMIENTO

Procedimiento:

a) Añadir los extractos glicólicos a la glicerina mezclando bien.

b) Incorporar la mezcla al gel *Carbopol* y homogeneizar sin incorporar aire.

Fuente bibliográfica: Laboratorios Guinama.

1.7.4.2   Hidrogel con metronidazol

FÓRMULA

Fórmula:

- Glicerina 10%.
- Extracto glicólico de Malva silvestre: 8%.
- Extracto glicólico de Manzanilla: 7%.
- Metronidazol 1%.
- Gel *Carbopol*: c.s.p.

PROCEDIMIENTO

Procedimiento:

1. Pulverizar el metronidazol y dispersarlo en la glicerina.
2. Incorporar al gel de *Carbopol* y homogeneizamos debidamente.
3. Añadir los extractos glicólicos, y volver a homogeneizar.

Aplicar dos veces al día, mañana y noche sobre la piel afectada.

Fuente bibliográfica: Laboratorios Guinama.

2 El cabello

El cabello es una estructura queratinizada situada en casi toda la superficie de la piel (excepto palmas, plantas, labios, pezones, partes de genitales externos y extremos distales de los dedos) y que asientan en una invaginación epidérmica.

2.1 Estructura

El cabello es una estructura filamentosa implantada en una cavidad de la epidermis denominada folículo piloso.

Cada pelo consiste en una raíz ubicada en un folículo piloso y en un tallo que se proyecta hacia arriba por encima de la superficie de la epidermis

La **raíz** está envuelta por el folículo piloso que se alimenta a través de los vasos sanguíneos que proporcionan los nutrientes necesarios para la fabricación de melanina (que da color al cabello) y queratina (material fibroso que le da resistencia al cabello.

El **tallo** es la parte visible del cabello y está organizada en tres partes:

- La médula es la parte interna del cabello y no tiene relación directa en las alteraciones del tallo. No aparece en todos los cabellos y puede tener pigmentos o no. Estas células están poco queratinizadas y poco unidas entre sí.
- El córtex o corteza forma la mayor parte de la estructura del cabello. De ella dependen la elasticidad y la resistencia del mismo.
- La cutícula está cubierta de escamas, que son células aplanadas, apiladas en 5 o 6 capas sucesivas que constituyen la envoltura protectora del cabello.

Hay dos <u>tipos de melanina</u>: la del marrón rojizo al negro oscuro y la del amarillo al rojo. Una vez más, es nuestra herencia genética la que determina cuál de estas dos melaninas es dominante sobre la otra.

El pelo blanco cuando se debe a la desaparición de la melanina que se realiza en el bulbo con el tiempo.

2.2 Tipos

Los cabellos pueden clasificarse según diferentes criterios:

a) Estructurales.

b) Según la emulsión epicutánea.

c) Según su resistencia.

2.2.1 Estructura

Tipos de cabello según su **estructura**:

a) **Liso, lacio o lisótrico**. La forma del folículo es circular y está orientado verticalmente a la superficie de la piel formando un ángulo recto con ella.

b) **Ondulado o cinótrico**. Tiene forma oval y está orientado formando un ángulo agudo.

c) **Rizado o ulótrico**. Tiene forma elíptica y la orientación es casi paralela a la superficie de la piel.

En los caucásicos suele predominar el cabello liso ondulado, ya que en el folículo generalmente forma un pequeño ángulo agudo con la vertical a la piel. El tipo lisótrico es muy característico de los orientales, mientras que los tipos rizados lo son de las personas de raza negra

2.2.2 Emulsión epicutánea

Tipos de cabello según su **emulsión epicutánea**:

a) **Normal**. La emulsión epicutánea está equilibrada. El aspecto del cabello es brillante, suave y aterciopelado.

b) **Seco**. La emulsión epicutánea contiene poca grasa y poca agua. El aspecto del cabello es áspero y quebradizo.

c) **Graso**. La emulsión epicutánea tiene alto contenido en grasa. El aspecto del cabello es brillante y pegajoso.

2.2.3 Resistencia

Tipos de cabello según su **resistencia**:

a) **Cabello fino** debe su finura a un debilitamiento en la producción de queratina. Se encuentra generalmente en personas rubias o de cabello claro (castaño) y personas que tienen la piel fina.

b) **Cabello grueso** debe su grosor a un aumento en la producción de queratina. Se encuentra normalmente en personas de cabello oscuro y moreno y está asociado a una piel gruesa.

c) **Cabello normal** tiene un grosor normal.

2.3 Crecimiento

El crecimiento o ciclo vital del pelo tiene tres fases:

1. Fase de crecimiento o "anágeno" (80% cabello, entre 2 - 5 años).
2. Fase de transición o "catágeno" (fase corta, 14 días; detención de la mitosis).
3. Fase de reposo o "telógeno" (20% cabello, 3 meses; caída).

2.4 Tratamientos dermocosméticos

2.4.1 Alopecia

Una persona sufre alopecia cuando pierde más de 100 pelos al día. La alopecia se suele manifestar cuando el tiempo de fase anágena se acorta.

En la formulación de los productos de tratamiento de la alopecia se incluyen, habitualmente, los siguientes ingredientes:

- **Antirradicales** como: los flavonoides, los proantocianidoles, las vitaminas A, C y E, etc.
- **Antisépticos** como: la bardana, los aceites esenciales de romero, el eucalipto, la salvia y la lavanda.
- **Estimulantes de la microcirculación local** como: el alcanfor, que actúa como rubefaciente y antiséptico; los aceites esenciales de romero, tomillo y lavanda, que se utilizan al 0,2-2% y extractos vegetales de quina, árnica, ginseng, centella, ginkgo, ruscus, viburnum, etc., en concentraciones del 0,5-5%.
- **Hidrolizados de proteínas** que son filmógenos e hidratantes. Destacamos el colágeno, la queratina, las proteínas de seda, de trigo, de leche y de maíz.
- **Mucopolisacáridos** como: los tricosacáridos, el ácido hialurónico y el condroitín sulfato.
- **Seborreguladores** como: las vitaminas B2, B6 y H, la calabaza, la palmera de Florida, las sales de cinc, etc.

- **Vitaminas del grupo B.** Pantenol (B5) actúa como antiseborreico, queratoplástico, hidratante y emovitaminas del grupo B: pantenol (B5) actúa como antiseborreico, queratoplástico, hidratante y emoliente en champúes al 0,5-5% Piridoxina clorhidrato (B6) actúa como seborregulador y se emplea en champúes al 0,2-1%. La biotina o vitamina H es seborreguladora y se formula en champúes al 0,05-0,1%. También se emplean tiamina (B1), riboflavina (B2) y cianocobalamina (B12).

2.4.2 Cabello graso

El folículo pilosebáceo produce una cantidad excesiva de sebo debido a una hipertrofia de las glándulas sebáceas que son androgeno-dependientes. El contenido lipídico de la glándula pilosebácea sale al cuero cabelludo y llega a impregnar parte del tallo piloso. De esta manera, tanto el cuero cabelludo como el pelo adquieren un aspecto brillante. El cabello presenta falta de volumen y se agrupa por mechas.

En algunas ocasiones, se manifiesta cabello graso por una licuación del sebo, aunque éste se presente en cantidades normales. Por ejemplo, en situaciones de mucho calor.

Una de las principales causas del cabello graso es un aumento de la actividad androgenética, que se manifiesta en un aumento de testosterona. Mediante la enzima 5-alfa-reductasa se transforma en dihidrotestosterona, que provoca un aumento del contenido lipídico en la glándula pilosebácea. El exceso de sebo es liberado al exterior, alcanzando el cuero cabelludo y el tallo piloso.

2.4.2.1 Formulación

En la formulación de los productos de tratamiento de los problemas específicos del cabello graso se incluyen, habitualmente, los siguientes ingredientes:

- **Adsorbentes de grasa** como: la arcilla y el caolín.
- **Astringentes** como: las sales de aluminio y cinc, el extracto de Hammamelis, el té.
- **Principios activos que inhiben competitivamente la dihidrotestosterona** como: el azufre, los aminoácidos azufrados, la tioxolona, el disulfuro de selenio y el extracto de Sabal 1 - 2%.
- **Queratolíticos** como: el ácido salicílico y la urea a altas concentraciones.

- **Seborreguladores** como los extractos de: Ortiga dioica, Bardana, Árnica, Palmera de Florida, Calabaza, etc. La levadura de cerveza no sólo regula la secreción de sebo, sino que también aporta vitamina B.

2.4.3 Cabello con caspa

La caspa se manifiesta como una descamación excesiva en el cuero cabelludo. Una de sus principales causas sería la alteración cualitativa y cuantitativa de la flora del cuero cabelludo. El *Pityrosporum ovale* es un hongo saprofito del ser humano, que al desarrollarse en exceso se comporta como patógeno, provocando irritación y picor. Además, la caspa presenta una aceleración en el proceso de queratogénesis, que implica una eliminación de células queratinizadas de manera incompleta.

Dependiendo de si el cuero cabelludo es graso o seco, cabe diferenciar dos tipos de caspa: caspa grasa y caspa seca. La caspa grasa se caracteriza por escamas grasas y densas que se quedan adheridas al cuero cabelludo, taponando el folículo piloso. De esta manera, pueden provocar una alopecia precoz. Sin embargo, la caspa seca se manifiesta en escamas finas de coloración blanquecina, que caen con facilidad.

2.4.3.1 Formulación

En la formulación de los productos de tratamiento de los problemas específicos del cabello con caspa se incluyen, habitualmente, los siguientes ingredientes:

- **Antisépticos** como los extractos de: Enebro, Capuchina, Lavanda, Eucalipto, Maleleuca, Romero, Mirto, Ciprés. La piroctona olamina se emplea al 0,5 - 1%, los derivados del ácido undecilénico como el undecilenato de Imidazol al 0,2% y el resorcinol al 0,5%. También se emplean compuestos de amonio cuaternario como el cloruro de benzalconio.

- **Calmantes, antiinflamatorios, y antipruriginosos** como: el áloe, la alfabisabolol, la Caléndula, la vitamina E, el extracto de avena, etc.

- **Citostáticos** que reducen la mitosis de las células germinativas epidérmicas. Los más empleados son: piritionato de cinc, con propiedades bactericidas y antiseborreicas, principio activo de elección para caspa seca (en cosmética se emplea al 0,5%); disulfuro de selenio, que en cosmética se emplea al 1% para caspas rebeldes, con precaución porque puede provocar seborrea por efecto rebote.

- **Queratorreductores** que reducen la división celular. Alquitrán de cedro, de pino y de enebro. Otro activo de estas características es el ictiol, que contiene un 4% de azufre orgánico, y que puede ser ligeramente irritante.

- **Queratolíticos** que rompen la unión entre las células de la capa córnea, evitando así la agregación de las placas de escamas. En cosméticos se emplea el ácido salicílico al 0,5%. La urea se comporta como queratoplástica al 0,5-1% y como queratolítica a concentraciones superiores al 10%. En este grupo se incluyen también los alfahidroxiácidos y el ácido láctico.
- **Reequilibrantes** de la flora epicutána como el xilitol y lactitol.

2.4.4 Cabello seco

Ni el cuero cabelludo ni el pelo están adecuadamente protegidos ni lubricados debido a una escasez de lípidos y, por tanto, también de agua. Esta alteración se manifiesta en sequedad y deshidratación, tanto en el cuero cabelludo como en el pelo, que presenta deteriorada la cutícula. Estos cabellos se caracterizan por ser quebradizos, presentar un tono apagado y electrizarse fácilmente al ser peinados. Son ásperos al tacto y las puntas se abren frecuentemente. En el cuero cabelludo suelen observarse escamas e incluso zonas irritadas. Las causas suelen ser endógenas (hiposecreción sebácea y/o carencias nutricionales) y exógenas (agresiones ambientales debidas al sol, al viento, al agua del mar o la piscina, etc., o tratamientos químicos y mecánicos repetidos).

Se recomienda utilizar productos capilares suaves que contengan sustancias reengrasantes, principios activos que hidraten las fibras queratínicas y que regeneren la película hidrolipídica, además de presentar propiedades calmantes.

2.4.4.1 Formulación

En el tratamiento de los problemas específicos del cabello seco se suelen utilizar productos que incorporan los siguientes ingredientes en sus formulaciones:

- **Filmógenos** como: siliconas como la amodimeticona 0,25-1%, extensina llamada colágeno vegetal en un 3-7% ceramidas y escualano.
- **Hidratantes** como: los aminoácidos, el glicerol, la urea, el chitosán, el pantenol (hidratante y acondicionador) y vitaminas A y E.
- **Reengrasantes** como: ceramidas, cera, aceite de almendras dulces, de aguacate, de coco, de visón, de Macasar y de semillas de cártamo. Estos principios activos nutren y reparan los cabellos secos y estropeados.
- **Suavizantes y emolientes** como: el aloe, la avena, la caléndula, la malva y el tilo.

3 Material, equipo y métodos de laboratorio

La elaboración de cosméticos requiere material y equipo diverso para:

a) Medir volúmenes.

b) Medir masas.

c) Mezclar ingredientes.

d) Filtrar.

e) Envasar.

f) Esterilizar (sólo para formulación estéril).

g) Medir el pH.

h) Medir la temperatura.

3.1 Medición del volumen

La medición del volumen de un líquido es parte de la rutina diaria en cada laboratorio.

El material utilizado para la medición del volumen de un líquido suele clasificarse en 2 tipos, en función de su precisión:

a) Material para la medida aproximada del volumen.

b) Material volumétrico para la medida del volumen con gran precisión.

Dependiendo de la cantidad, el volumen de un líquido se indica en:

a) Mililitros representado por el símbolo: mL.

b) Centímetros cúbicos, representado por el símbolo: cm^3.

c) Litros, representado por el símbolo: L.

La relación entre los mililitros y el litro es la siguiente:

- 1 L = 1000 mL
- 1 mL = 0,001 L = 1×10^{-3} L

La relación entre los mililitros y los centímetros cúbicos es la siguiente: 1 mL = 1 cm³

La relación entre los centímetros cúbicos y el litro es la siguiente:

- 1 L = 1000 cm³
- 1 cm³ = 0,001 L

3.1.1 Medición aproximada del volumen

Material para la medida aproximada del volumen:

- Matraz Erlenmeyer.
- Pipeta Pasteur.
- Probeta.
- Vaso de precipitados.
- Cucharas de dosificación.

3.1.1.1 Matraz Erlenmeyer

El matraz de Erlenmeyer es utilizado para realizar cultivos microbiológicos y realizar valoraciones.

Puede fabricarse en vidrio o plástico.

Puede presentar distintos tamaños: 50, 100, 250, 500, 1000, 2000 mL.

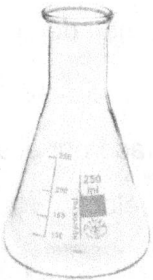

Matarz Erlenmeyer

3.1.1.2 Pipeta Pasteur

La pipeta de Pasteur es similar a un cuentagotas, generalmente formada por un tubo de vidrio con borde cónico. Sirve para hacer la transferencia de pequeñas cantidades de líquidos. Creada por el químico francés Louis Pasteur, fue nombrada en su honor.

Las pipetas Pasteur se utilizan para llevar a cabo técnicas de rutina y experimentación que requieren la medición de volúmenes poco precisos, la aspiración al vacío e incluso la siembra en placas bacteriológicas, según necesidades se destinan para un único uso.

Las pipetas Pasteur están disponibles en cristal y plástico hay diversas medidas con o sin graduación.

Pipeta Pasteur

3.1.1.3 Probeta graduada

La probeta graduada es utilizada para medir líquidos de forma aproximada y trasvasarlos a otros recipientes.

Puede fabricarse en vidrio o plástico.

Puede presentar distintos tamaños: 5, 10, 25. 50, 100, 250, 500, 1000 mL.

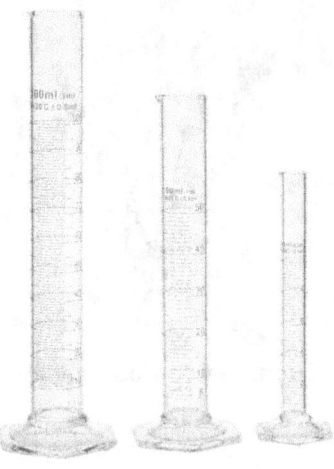

Probetas graduadas

3.1.1.4   Vaso de precipitados

El vaso de precipitados es utilizado para contener líquidos y poder llevar a cabo reacciones químicas.

Puede fabricarse en vidrio o plástico.

Puede presentar distintos tamaños: 50, 100, 250, 500, 1000, 2000 mL.

Vaso de precipitados

3.1.1.5   Cucharas de dosificación

Cucharas de dosificación:

- DROP : 0.08 mL
- SMIGDEN : 0.18 mL
- PINCH : 0.40 mL
- DASH : 0.50 mL
- TAD : 1.20 mL

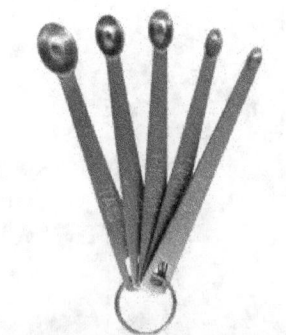

Cucharas de dosificación

3.1.2 Medición precisa del volumen

Material para la medida precisa del volumen:

- Bureta.
- Matraz aforado.
- Micropipeta.
- Pipeta aforada.
- Pipeta graduada.

3.1.2.1 Matraz aforado

El matraz aforado se utiliza para la preparación de disoluciones de concentración conocida.

Un matraz volumétrico o aforado es un recipiente de fondo plano con forma de pera que tiene un cuello largo y delgado.

En el cuello presenta una línea grabada denominada **línea de enrase** que indica el volumen de líquido contenido a una temperatura definida.

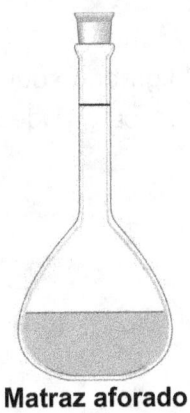

Matraz aforado

El matraz aforado debe llevar un tapón bien ajustado.

Los tamaños más comunes son: 25, 50, 100, 250, 500 y 1000 mL.

3.1.2.2 Micropipeta

La micropipeta permite transferir volúmenes variables de líquido en el rango de lo microlitros.

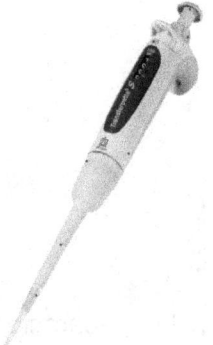

Micropipeta

3.1.2.3 Pipeta aforada

La pipeta aforada se utiliza para transferir un volumen exactamente conocido de disoluciones patrón o de muestra

En la parte superior tienen un anillo grabado que se denomina **línea de enrase**. Si se llena la pipeta hasta dicha línea y se descarga adecuadamente se vierte el volumen que indique la pipeta.

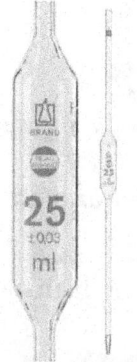

Pipeta aforada

Para absorber el líquido hay que utilizar un auxiliar de pipeteado que puede ser manual o a motor.

3.1.2.4 Pipeta graduada

La pipeta graduada se utiliza para medir el volumen variable de líquido vertido.

Puede medir distintos volúmenes: 0,1 mL, 0,2 mL, 0,5 mL, 1, 2, 5, 10, 25, 50 mL.

Pipeta graduada de vidrio

Para absorber el líquido hay que utilizar un auxiliar de pipeteado que puede ser manual o a motor.

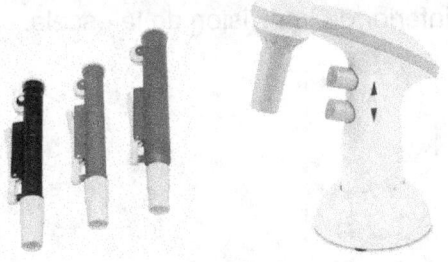

Auxiliar de pipeteado

3.1.3 Ajuste del menisco

3.1.3.1 Menisco de un líquido

El término 'menisco' se utiliza para describir la curvatura de la superficie del líquido.

El menisco adopta forma convexa o cóncava. La formación de la curvatura resulta de la relación de fuerzas entre adhesión y cohesión.

- Si las moléculas del líquido experimentan mayor atracción hacia la pared de vidrio (fuerza de adherencia) que entre si mismas (fuerza de cohesión), <u>el menisco adoptará forma cóncava</u>. Es decir: hay un pequeño aumento en el ángulo de contacto del líquido con la pared. Esto ocurre en el caso de las soluciones acuosas, por ejemplo. Si el diámetro de una pipeta es adecuadamente pequeño, por ej. el de una pipeta capilar, la fuerza de adherencia es suficiente no solamente para elevar el líquido en los puntos de contacto con la pared, sino también para hacer ascender el nivel del líquido (efecto capilar).

- Si la fuerza de cohesión entre las moléculas del líquido es mayor que la fuerza de adherencia que ejercen las moléculas de la pared de vidrio sobre las moléculas del líquido, <u>el menisco adoptará forma convexa</u>. Esto ocurre en el caso del mercurio, por ejemplo.

3.1.3.2 Ajuste del menisco en una pipeta graduada

Un prerrequisito para la medición exacta de volúmenes es el ajuste exacto del menisco.

- En el caso de un <u>menisco cóncavo</u>, la lectura del volumen se realiza a la altura del punto más bajo de la superficie del líquido. El punto más bajo del menisco debe tocar el borde superior de la división de la escala.

- En el caso de un <u>menisco convexo</u>, la lectura del volumen se realiza a la altura del punto más alto de la superficie del líquido. El punto más alto del menisco debe tocar el borde inferior de la división de la escala.

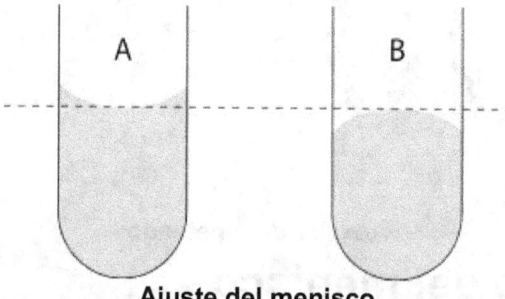

Ajuste del menisco

3.1.3.3 Ajuste del menisco en una bureta

La franja de Schellbach es una estrecha franja azul en el centro de una franja blanca. Se aplican en la parte posterior de buretas para mejor legibilidad.

Debido a la refracción de la luz, la franja azul aparece en forma de dos puntas de flecha a la altura del menisco. La lectura se realiza a la altura del punto de contacto de las dos puntas.

Si la fuerza de cohesión entre las moléculas del líquido es mayor que la fuerza de adherencia que ejercen las moléculas de la pared de vidrio sobre las moléculas del líquido, el menisco adoptará forma convexa. Esto ocurre en el caso del mercurio, por ejemplo.

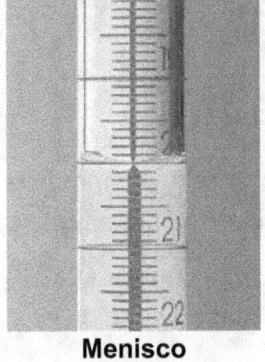
Menisco

3.1.3.4 Lectura del menisco

Para leer el menisco sin error de paralaje, el aparato volumétrico debe estar en posición vertical y los ojos del operador deben encontrarse a la altura del menisco. En esta posición, el aforo se visualiza como una línea.

Colocando un papel oscuro inmediatamente por debajo del aforo, o una división de la escala detrás del aparato, el menisco se observará más oscuro y podrá leerse más fácilmente contra un fondo claro.

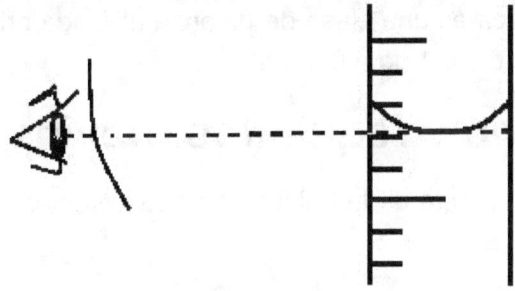
Lectura del menisco

3.1.3.5 Temperatura

Durante la utilización, la temperatura del líquido y del entorno es importante. Mientras que la dilatación de los aparatos volumétricos de vidrio es despreciable, la dilatación de los líquidos a distintas temperaturas debe tenerse en cuenta.

Para mantener el error de volumen lo más pequeño posible, los volúmenes de todos los líquidos interrelacionados deben medirse a una temperatura habitual (la que predomine todos los días). En especial para la preparación de soluciones estándar. Por ejemplo, el pipeteado y la valoración de la muestra deben realizarse a la misma temperatura. También deberán evitarse grandes diferencias de temperatura entre el aparato de medición y el líquido.

3.2 Medición de la masa

Una balanza de laboratorio va a permitir medir la masa de un cuerpo o sustancia química, por medio de la comparación de fuerza que ejerce la gravedad que actúa sobre un determinado cuerpo.

Dependiendo de la cantidad, la masa se indica en:

d) Gramos representado por el símbolo: g.

e) Kilogramos, representado por el símbolo: kg.

La relación entre los gramos y el kilogramo es la siguiente:

- 1 kg = 1000 g
- 1 g = 0,001 kg = 1×10^{-3} kg

Tipos de balanzas de laboratorio:

a) La balanza granataria tiene una sensibilidad máxima de 0,01 g.

b) La balanza analítica es una clase de balanza utilizada principalmente para medir pequeñas masas de: 0,1 µg a 0,1 mg.

3.2.1 Entorno y requisitos previos

Para el buen funcionamiento de la balanza hay que prestar atención a los siguientes requisitos:

a) Instalar la balanza sobre una superficie plana, fija y estable.

b) Evitar fluctuaciones bruscas de temperatura.

c) Evitar la exposición directa al sol o situarla junto a una calefacción.

d) Evitar las corrientes de aire producidas por puertas y ventanas abiertas.

e) Evitar situarla en zonas en las que existan turbulencias (por ejemplo: debajo de una campana de extracción, de un ventilador o de un aparato de aire acondicionado).

f) Evitar exponer la balanza a vibraciones durante la pesada.

g) Evitar exponer la balanza durante largo tiempo a humedad alta. Si se deja la balanza permanentemente conectada a la red, queda prácticamente descartada la influencia de la humedad debido a la diferencia de temperatura entre el interior del aparato y el medio ambiente.

3.2.2 Funcionamiento de la balanza

Antes de realizar la pesada tener en cuenta los siguientes puntos:

a) Para pesar correctamente, la balanza requiere un calentamiento previo de al menos 30 minutos, después de conectarla a la red o después de una interrupción de la corriente, una vez transcurrido este tiempo la balanza alcanza la temperatura de funcionamiento necesaria. La situación ideal de la balanza en reposo debería ser conectada a la red con el adaptador/estabilizador de corriente que recomiende la marca comercial correspondiente.

b) Encender la balanza. En la mayoría de modelos después de encender la balanza se realiza un control automático de las funciones de la electrónica de la balanza que termina con la indicación cero.

c) Cada modelo y marca tienen sus especificaciones propias. Por tanto, seguir las instrucciones de uso del fabricante.

d) Comprobar la nivelación de la balanza; si tiene indicador de burbuja de aire, ésta debe estar en el centro del círculo del nivel. Si no lo está, se centrará girando las patas de ajuste.

e) Según la balanza y modelo se realiza un ajuste interno o externo (mal llamado calibración interna o externa) en el lugar de instalación y después del calentamiento previo, al principio de la jornada, antes de que se inicie una tanda de pesadas si no se pesa diariamente y siempre que se cambie de lugar o varíen las condiciones ambientales, en especial la Tª. El ajuste interno se hace simplemente presionando la tecla adecuada, y el externo con la pesa que indique el fabricante, pero en ambos casos debe consultar previamente las indicaciones del fabricante.

3.2.3 Mantenimiento de la balanza

Las operaciones de mantenimiento de la balanza son principalmente dos: la calibración de la balanza y la limpieza de la balanza.

3.2.3.1 Limpieza

La limpieza tanto de la balanza como de los utensilios de pesadas constituye una parte importante en el mantenimiento de la balanza.

<u>Limpieza de la balanza:</u>

a) Antes de comenzar la limpieza es conveniente desconectar la balanza de la red eléctrica.

b) Retirar de la balanza todos los restos de producto con ayuda de un pincel o de un papel que no libere fibras y procurando que no penetre polvo en las ranuras.

c) No utilizar detergentes agresivos, solventes o similares, sino un paño humedecido en el agua jabonosa, poniendo especial cuidado de que no entre líquido en las ranuras de la balanza.

d) Secar cuidadosamente con un paño seco las superficies.

<u>Limpieza de los utensilios de pesada:</u>

a) Lavar todos los utensilios de pesada con agua y detergente apropiado, aclarando con abundante agua del grifo primero y luego destilada.

b) En caso de utilizar un sistema automático de lavado seguir las indicaciones del fabricante.

3.2.4 Pesada de líquidos

La forma más adecuada para pesar una pequeña cantidad de líquido es utilizar una jeringuilla previamente taradas. Para ello:

1. Se enciende la balanza.
2. Poner la jeringuilla en el platillo de la balanza y presionar el botón de "tarar". Es decir, se descuenta el peso de la jeringuilla vacía.
3. Utilizar la jeringuilla para tomar una cantidad de líquido.
4. Pesar la jeringuilla con el líquido.
5. Repetir los pasos 3 y 4 hasta obtener el peso de líquido deseado.

3.3 Medición del pH

La medida del pH puede realizarse por métodos colorimétricos con indicadores (tiras reactivas), o por métodos potenciométricos (pH-metro).

El pH puede determinarse utilizando:

a) <u>Tira de papel indicador de pH</u>. La tira de papel indicadora se sumerge en la disolución cuyo pH se desea determinar. Al paso de 10 o 15 segundos se podrá comparar el color que obtuvo con la de la escala de colores que mide el pH.

b) <u>pH-metro</u>. El pH-metro realiza la medida del pH por un método potenciométrico. Para ello se utiliza un electrodo de pH. Cuando el electrodo entra en contacto con la disolución se establece un potencial a través de la membrana de vidrio que recubre el electrodo. Este potencial varía según el pH.

Los métodos colorimétricos se basan en la utilización de indicadores que cambian de color según estén o no disociados, dependiendo esta disociación del pH del medio. En definitiva, el indicador cambia de color con el pH del medio. Sin embargo, el viraje de color no es brusco y se extiende casi siempre sobre un rango: de dos unidades de pH. Las tiras para medir el pH son tiras de papel impregnadas con la solución del indicador.

El **pH-metro** es en realidad una pila formada por dos electrodos: un electrodo de referencia de potencial conocido y fijo y un electrodo cuyo potencial depende de la actividad de protones. Ambos electrodos se introducen en la solución cuyo pH queremos conocer y al medir la fuerza electromotriz de esta pila se está midiendo indirectamente el pH de la solución. Este tipo de medida es la más precisa y exacta.

Para la utilización y conservación del pHmetro deberán seguirse las instrucciones del fabricante. En cualquier caso, todos los pHmetros deberán calibrarse con regularidad o cada vez que vaya a realizarse una tanda de medidas, con las soluciones tampón adecuadas.

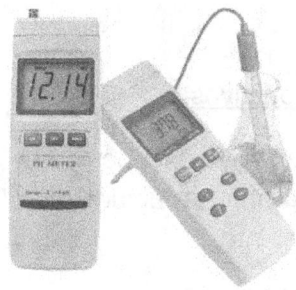

pHmetro

3.3.1 Material y equipos

Material y equipos:

- Sistema de medida de pH: tiras reactivas o pH-metro.
- Papel que no libere fibras.
- Agua desionizada.

CONDICIONES AMBIENTALES

Condiciones ambientales:

a) Humedad relativa: 60%.

b) Temperatura: 25 ± 5ºC.

3.3.2 Medición del pH con tiras reactivas

Las tiras reactivas, se utilizarán cuando la determinación del pH no requiera gran exactitud.

En el mercado existen tiras reactivas con cualidades muy diferentes respecto a la capacidad de determinar rangos mayores o menores de pH, pero deberán utilizarse aquellas que sean capaces de determinar rangos de pH lo más estrechos posibles para minimizar el error inherente al método.

Antes de utilizar las tiras reactivas debe comprobarse que no ha caducado su vigencia. En caso de duda, comprobar su validez con soluciones tampón de distintos pH.

3.3.2.1 Medición

Medición del pH con las tiras reactivas:

1. Preparación de la muestra: salvo excepciones y en cuyo caso se especificará en la correspondiente monografía, la lectura del pH se realizará sobre la muestra problema sin previo tratamiento.

   Disolver 1 gr de la muestra en 10 gr de agua y mezclar bien.

2. Introducir una varilla de vidrio completamente limpia y seca en la muestra problema.

3. Humedecer con ella la tira reactiva de pH.

4. Esperar el tiempo indicado en las instrucciones del fabricante y comparar el color de la tira reactiva con la carta de colores de la caja de tiras.

5. Anotar el resultado en el Cuaderno de Trabajo.

3.3.3 Medición del pH con un pH-metro

Seguir siempre las instrucciones del fabricante del pH-metro.

3.3.3.1 Calibración

En el caso de utilizar el aparato con frecuencia deberá calibrarse periódicamente, en caso contrario deberá calibrarse antes de realizar cada determinación o tanda de determinaciones.

Procedimiento para calibrar el pH-metro.

1. Lavar el electrodo con agua destilada y secarlo suavemente con papel de celulosa.

2. Introducir el electrodo en tampón de pH 4 y comprobar que marca 4 ±0,05 unidades de pH (En caso contrario ajustarlo según instrucciones del fabricante).

3. Lavar el electrodo con agua destilada y secarlo suavemente con papel de celulosa.

4. Introducir el electrodo en tampón de pH 7 y comprobar que marca 7 ±0,05 unidades de pH (En caso contrario ajustarlo).

5. Lavar el electrodo con agua destilada y secarlo suavemente con papel de celulosa.

6. Introducir el electrodo en tampón de pH 10 y comprobar que marca 10±0,05 unidades de pH (En caso contrario ajustarlo).

7. Lavar el electrodo con agua destilada y secarlo suavemente con papel de celulosa.

8. Proceder a medir.

Nota: Si el electrodo se mantiene en buenas condiciones es suficiente utilizar sólo dos tampones, cuyos pH sean los más próximos al posible pH de la solución cuyo pH vamos a medir.

Cada vez que se calibre el instrumento deberá registrarse en el Cuaderno de Trabajo o en la ficha de mantenimiento del mismo si la hubiese, especificando los tampones que se han utilizado.

3.3.3.2 Medición

Procedimiento para medir el pH:

1. Lavar el electrodo con agua destilada y secarlo suavemente con papel de celulosa.

2. Introducir el electrodo en la solución cuyo pH desea medirse agitando suavemente al principio y esperar el tiempo suficiente hasta que los números que aparecen permanezcan fijos.

3. Lavar el electrodo con agua destilada y secarlo suavemente con papel de celulosa.

4. Repetir el punto 1 y el 2 y comprobar que los resultados coinciden, si así no fuese repetir 1 y 2 una tercera vez.

5. Anotar el resultado definitivo en el Cuaderno de Trabajo.

6. Finalmente dejar el electrodo en la solución que el fabricante indica para su mantenimiento.

3.3.4 Ajustar el pH

Para subir el pH de un producto cosmético se usa una solución al 20 % de bicarbonato, hidróxido sódico o hidróxido potásico.

Para bajar el pH de un producto cosmético se usa una solución al 20% de ácido cítrico o ácido láctico.

El procedimiento para ajustar el pH es el siguiente:

1. Medir el pH inicial del producto del producto cosmético.

2. Añadir gota a gota de la solución adecuada para subir o bajar el pH.

3. Medir el pH tras la adición de la solución adecuada para subir o bajar el pH.

3.4 Filtración

Filtración es el proceso de separación de partículas sólidas de un líquido utilizando un material permeable y poroso llamado filtro. La técnica consiste en verter la mezcla sólido-líquido que se quiere tratar sobre un filtro que permita el paso del líquido pero que retenga las partículas sólidas. El líquido que atraviesa el filtro se denomina filtrado.

Antes de proceder a filtrar es necesario seleccionar la porosidad del filtro según el diámetro de las partículas que se quieren separar.

3.4.1 Tipos

Según la fuerza impulsora que ayuda a que el líquido pase a través del filtro, la filtración puede clasificarse en:

a) **Filtración por acción de la gravedad** en la que la fuerza impulsora para que el líquido atraviese el filtro es la gravedad.

   Los materiales necesarios son:

   - Soporte metálico.
   - Aro con nuez.
   - Varilla.
   - Papel de filtro.
   - Embudo cónico de vidrio.
   - Vaso de precipitados.

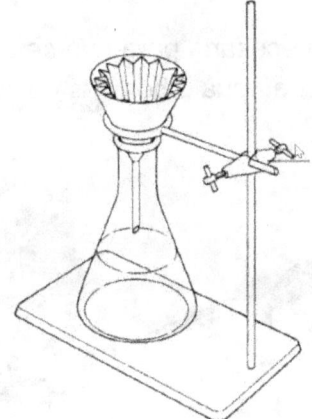

b) **Filtración por acción del vacío** o **filtración por succión** en la que la fuerza impulsora para que el líquido atraviese el filtro es la que ejerce la presión atmosférica cuando aplicamos vacío.

   En este caso, se emplean embudos tipo Buchner o crisoles Gooch.

   Los **embudos Buchner** son de porcelana y están provistos de una placa perforada. Sobre la placa se colocan discos de papel de filtro del tamaño de la placa.

Embudo Buchner

Los **crisoles tipo Gooch** son de porcelana o cristal, comercializándose numerados para indicar la porosidad de la placa; a menor número, mayor rapidez de filtración.

Crisol Gooch

c) La depresión (**vacío**) necesaria para que se produzca la filtración, se realiza con el empleo de trompas de agua o bombas de vacío.

Trompa de agua.   **Bomba de vacío**

d) Los receptores del líquido filtrado son matraces provistos de una tubuladura lateral, llamados **kitasatos**.

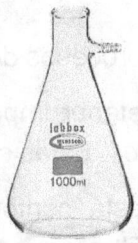

Kitasato

e) Entre el kitasato y la trompa de agua se suele disponer de un colector de seguridad para evitar la entrada de agua.

Los materiales necesarios son:

- Soporte metálico.
- Kitasatos.
- Embudo Buchner.
- Papel de filtro.
- Gomas de conexión.
- Bomba de vacío.

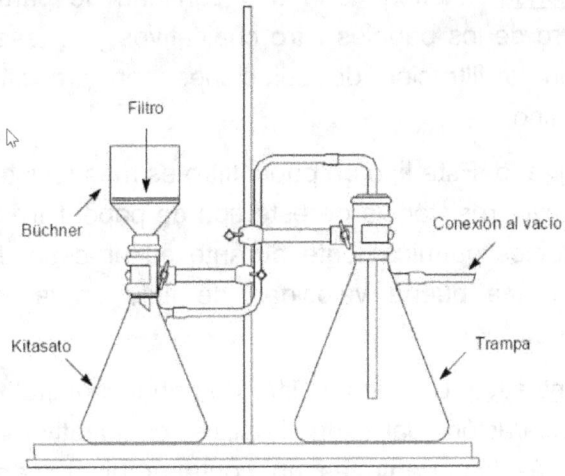

Filtración al vacío

3.4.2 Papel

El papel filtro es utilizado en los procesos de filtración en los laboratorios.

Lo que hace el papel filtro es retener impurezas insolubles y permitir el paso de la solución filtrada a través de sus poros. Estas soluciones son homogéneas.

Por lo general, el papel filtro está conformado por derivados de celulosa. Estos materiales permiten que el papel filtro soporte pH de 0 hasta 12 y temperaturas que podrían llegar hasta los 120°C.

Los principales **tipos de papel filtro** son:

a) <u>Papel filtro cualitativo</u>. Este tipo de papel filtro tiene un nivel muy bajo de cenizas, por debajo del 1% y casi un 100% de celulosa de grado alfa. Se utiliza en los procesos de análisis de mezclas para identificar las partículas presentes mediante un estudio cualitativo.

El filtro de papel cualitativo tiene alguna cualidad o característica específica que lo hace adecuado para la separación que pretendemos. Esta característica específica o selectiva puede ser muy variada: grosor, tamaño de poro, resistencia en húmedo, velocidad de filtración y dos muy importantes: retención y tipo de productos para el que están indicados (fosfatos, azucares, fertilizantes, metalúrgicos, precipitados voluminosos, mucilaginosos, ácidos, álcalis, grasas…).

b) <u>Papel filtro estándar</u>. Retiene una alta cantidad de partículas muy finas. Se encuentra dentro de los papeles filtro cualitativos y en esa clasificación son los que ayudan en la filtración de soluciones con precipitados que tienen un granulado muy fino.

c) <u>Papel filtro reforzado</u>. Este tipo de papel filtro es más resistente que el papel filtro estándar. La mayor resistencia de este tipo de papel filtro responde a la adición de resinas estables químicamente durante su proceso de fabricación. Por lo regular permite una buena velocidad de flujo en las filtraciones y retiene partículas grandes.

d) <u>Papel filtro cuantitativo</u>. Usamos el filtro de papel cuantitativo en las operaciones previas de separación para un análisis cuantitativo. Por esta razón su característica más importante es no contener el elemento o sustancias que pretendemos determinar.

Se utiliza para análisis de gravimetría donde el precipitado se recoge sobre un papel de filtro que luego se calcina y se pesa, la aportación de cenizas del papel debe ser nula o muy baja (y conocida) para un resultado correcto.

También tiene aplicaciones en las preparaciones de muestras antes de que sean analizadas con instrumentos especializados.

e) <u>Papel filtro sin cenizas</u>. La nula presencia de cenizas les otorga un alto nivel de pureza y permite su uso en procesos críticos de filtración.

f) <u>Papel filtro endurecido sin cenizas</u>. A diferencia del papel filtro reforzado, que utiliza resinas químicamente estables, el papel filtro endurecido sin cenizas tiene un alto grado de pureza y debe su endurecimiento a la aplicación de ácido.

Para filtrar extractos de plantas se recomienda utilizar un filtro cualitativo

Principales fabricantes de papel de filtro:

- Sartorius.
- Whatman.

3.5 Esterilización

3.5.1 Autoclave

Una autoclave es un recipiente metálico de paredes gruesas con cierre hermético que permite trabajar con vapor de agua a alta presión y alta temperatura que sirve para esterilizar material de laboratorio.

Una autoclave está constituida básicamente por una cámara rígida y hermética que incluye una puerta con dispositivos de seguridad para permitir introducir los objetos a esterilizar. Esta cámara lleva adosados dispositivos para medida de presión y temperatura y elementos calefactores para mantenerla caliente. Las autoclaves precisan de un cierto tiempo desde el momento de conectarlos a la red con el fin de estar preparados térmicamente para los ciclos.

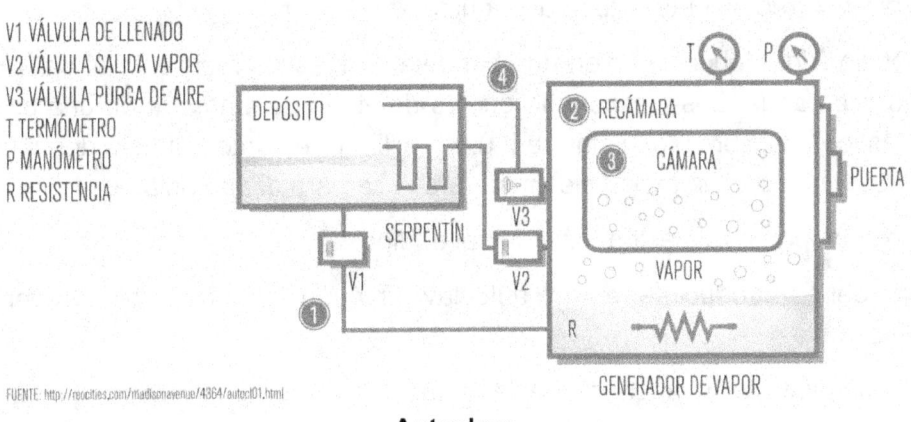

Autoclave

El autoclave inactiva todos los virus y bacterias, aunque se ha llegado a saber que algunos microorganismos, así como los priones, pueden soportar las temperaturas de la autoclave.

La esterilización con vapor es el método más efectivo, actúa coagulando las proteínas de los microorganismos llevando así a su destrucción.

3.5.1.1 Seguridad

- Con carácter previo al uso de ls autoclave, se deberá verificar, que la autoclave está vacía, y que no ha quedado ningún objeto de la utilización anterior.
- Llenar la cubeta de la autoclave con agua (preferentemente descalcificada) hasta el nivel de la gradilla inferior.
- Se comprobará que las gomas de sellado no estén deterioradas.
- Se debe verificar que las válvulas de vapor y desagüe están cerradas.
- No debe de cargarse en exceso la bandeja, gradillas o cestos, debiendo dejar siempre una separación de 2 cm. entre los diferentes elementos. Seguir las instrucciones del fabricante.
- Única y exclusivamente, debe utilizarse material que pueda soportar la temperatura de esterilización y diseñado para este fin. Usar solamente vidrio borosilicato.
- En el caso de autoclaves de laboratorio, no deben cerrarse herméticamente las botellas con rosca. Las tapas de los envases con líquidos deben aflojarse antes de cargarlos en la autoclave. Tapar los recipientes con papel de aluminio o algún tipo de material que facilite la salida de aire.
- Llenar los recipientes sobre 2/3 de su capacidad.
- Cerrar correctamente la tapa del equipo.
- Los líquidos deben estar en una bandeja de plástico resistente al calor y con un poco de agua. Las piezas individuales de vidrio deben estar en una bandeja de plástico resistente al calor, en una rejilla o estante, nunca debe colocarse directamente en la superficie inferior de la cámara dla autoclave.
- No sobrepasar la presión máxima del equipo.
- No debe introducirse en la autoclave ningún tipo de material corrosivo o inflamable.
- Previamente a la apertura de la autoclave deberá verificarse que la presión interior no es superior a la presión atmosférica y que ha transcurrido un tiempo suficiente para que la temperatura se haya reducido.

- El material que se retire de la autoclave se colocará en un lugar adecuado, de tal manera que esté perfectamente señalizado el riesgo de contactos térmicos, en el caso de que pueda ocasionar quemaduras.

- No abrir jamás si el manómetro no está a "0" y la purga no ha sido abierta.

- En caso de que la autoclave no esté funcionando correctamente, desconectar el equipo, advertir de la avería para que ningún compañero haga uso del equipo y avisar a la empresa que realiza su mantenimiento.

3.5.1.2 Funcionamiento

La autoclave funciona permitiendo la entrada o generación de vapor de agua pero restringiendo su salida, hasta obtener una determinada presión interna de lo cual provoca que el vapor alcance una determinada temperatura.

Los ciclos más habituales que los fabricantes incorporan en estos equipos son:

- Ciclo de 105ºC, para la desinfección de líquidos y objetos delicados. No olvidemos que por debajo de los 120ºC sólo se puede hablar de desinfección, nunca de esterilización.

- Ciclo de 120ºC, para la esterilización general del instrumental, guantes y tejidos clínicos.

- Ciclo de 134ºC, para la esterilización de material quirúrgico o con riesgo.

- Ciclo de 143ºC, llamado también ciclo rápido. Para esterilizar fundamentalmente instrumental cuyo uso pueda ser inmediato o urgente.

Un tiempo típico de esterilización a esta temperatura y presión es de 20 minutos.

A todos estos ciclos se le asocia otro llamado de secado que no es tal, ya que en sí mismo no es un ciclo, sino una parte de él. Por tanto, deberíamos denominarlo más bien como periodo de secado. Este periodo de secado nace de la necesidad de eliminar por evaporación a media temperatura de la inevitable condensación de agua al finalizar el ciclo.

3.5.1.3 Limpieza

Procedimiento de limpieza:

1. Limpiar el filtro del drenaje de la cámara de esterilización. Retirar cualquier residuo retenido en él.

2. Limpiar internamente la cámara de esterilización, utilizando productos de limpieza que no contengan cloro. Incluir en la limpieza las guías de las canastas usadas para colocar los paquetes.

3. Limpiar con una solución acetificada, si se esterilizan soluciones con cloro. El cloro causa corrosión incluso en implementos de acero inoxidable. Lavar a continuación con agua abundante.

4. Limpiar las superficies externas inoxidables con un detergente suave.

5. Eventualmente, podría utilizarse un solvente como el cloro etileno, procurando que este no entre en contacto con superficies que tengan recubrimientos de pintura, señalizaciones o cubiertas plásticas.

6. Nunca utilizar lana de acero para limpiar internamente la cámara de esterilización.

3.5.1.4 Mantenimiento

Mantenimiento:

1. Limpiar todos los filtros.

2. Efectuar un proceso general de esterilización comprobando en detalle: presión y temperatura. Verificar que el funcionamiento se encuentre dentro de las tolerancias definidas por el fabricante.

3.5.2 Esterilización por filtración

La esterilización por filtración se logra por el paso de un líquido o un gas a través de un material capaz de retener los microorganismos presentes.

La esterilización por filtración se emplea con materiales sensibles al calor (termolábiles).

3.5.2.1 Tipos de filtros

Tipos de filtros:

a) **Filtros de profundidad** utilizados como prefiltros porque no permiten eliminar la totalidad de los microorganismos.

b) **Filtros de superficie** o de membrana con un tamaño de poro de 0,22 µm.

Los micoplasmas no son retenidos por filtros con un tamaño de poro de 0,22 µm. Por ello, para eliminarlos hay que utilizar filtros con un tamaño de poro inferior a 0,1 µm.

Los virus no son retenidos por ningún tipo de filtro.

Thermo Scientific™ Unidades de filtración analítica estéril Nalgene™

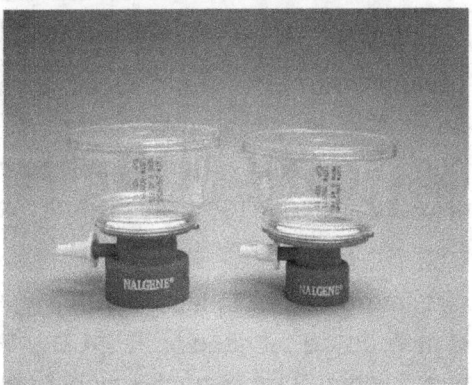

Filtros para parte superior de frasco estériles desechables Nalgene™ Rapid-Flow™ con membrana de poliétersulfona (PES)

Para la realizar la filtración es necesario aplicar vacío por debajo del filtro.

3.6 Condiciones ambientales en el laboratorio

Condiciones ambientales:

a) Humedad relativa: 60%.

b) Temperatura: 25 ± 5°C.

Excepto los casos en que las especificaciones de la formulación requieran otras condiciones.

3.7 Plásticos utilizados en el laboratorio

En el laboratorio encontraremos fundamentalmente dos tipos de plásticos, los elastómeros como el caucho natural o silicona usados como tapones, tetinas y tubos y los termoplásticos que son los habituales en aparatos y equipos de laboratorio.

3.7.1 Tipos de plástico

Tipos de plásticos utilizados en equipos de laboratorio:

a) **Acrilobutadieno-Estireno (ABS)**. Copolimero de acronitrilo, butadieno y estireno. Es más fuerte que el poliestireno por los grupos nitrilo de la molécula y presenta una muy buena estabilidad dimensional. No puede autoclavarse.

b) **Poliamida (PA)**. Polímero formado por enlaces amida, aunque hay poliamidas naturales como la lana o la seda, nos referimos a las poliamidas técnicas artificiales como el nylon o kevlar. Tienen muy buena resistencia mecánica al desgaste y abrasión y buena resistencia térmica. Puede esterilizarse en autoclave (121°C).

c) **Polietileno (PE)**. Polímero termoplástico del etileno, puede ser de alta o baja densidad según el método de fabricación (PE-LD y PE-HD respectivamente). El PE-LD tiene es más flexible con buena resistencia química salvo con solventes orgánicos. El PE-HD es más rígido con mejor resistencia química y mayor temperatura de trabajo. No puede autoclavarse.

d) **Polipropileno (PP)**. Polímero del propeno, parecido al polietileno pero con mejor resistencia térmica. Utilizado en materiales y equipos de laboratorio por su muy buena resistencia a los ácidos y los álcalis. Puede esterilizarse en autoclave (121°C).

e) **Polimetilpenteno (PMP)**. Polímero termoplástico del 4-metil-1-penteno, en ocasiones aparece referenciado como TPX, marca comercial de Mitsui Chemicals. Es un plástico muy ligero y por su excelente transparencia en visible y ultravioleta se usa en células espectroscópicas. Muy buena resistencia térmica y química, puede esterilizarse con vapor.

f) **Teflón (Politetrafluoroetileno, (PTFE)**. Polímero del tetrafluoetileno de gran estabilidad e inercia química. Las variedades teflón-PFA y teflón-FEP, comparten sus características. Es resistente a la mayoría de los reactivos y tiene el mayor rango de trabajo de todos los plásticos (-200ºC a +300ºC). En el laboratorio se usa para llaves por sus propiedades antifricción que no necesitan lubricación. Puede esterilizarse en autoclave (121ºC).

	PA	PE-LD	PE-HD	PMP	PP	PTFE
Ácidos fuertes	N	A	A	A	A	A
Ácidos débiles	P	A	A	A	A	A
Bases	P	A	A	A	A	A
Alcoholes alifáticos	N	A	A	A	A	A
Aldehídos	B	B	B	B	B	A
Cetonas	A	B	B	P	B	A
Hidrocarburos alifáticos	A	P	B	P	B	A
Hidrocarburos aromáticos	A	P	B	P	P	A
Hidrocarburos halogenados	B	N	P	N	P	A
Oxidantes fuertes	N	P	P	P	P	A

Resistencia química a 20ºC.

- A: Resistencia ALTA, no se aprecian daños en exposición prolongada.
- B: Resistencia BUENA, efectos mínimos o nulos en exposición prolongada.
- P: POCA resistencia, la exposición prolongada puede provocar daños (grietas, decoloración).
- N: Resistencia NULA, el contacto puede causar deformaciones o degradación del material.

3.8 Envasado de productos cosméticos

El **acondicionamiento** es el conjunto de operaciones (incluidos el envase y el etiquetado) a que debe someterse un producto a granel para convertirse en un producto terminado.

Material de acondicionamiento es cualquier material debidamente autorizado que se emplea en el acondicionamiento de los productos cosméticos, a excepción de los embalajes utilizados para su transporte o envío.

El acondicionamiento puede ser primario y/o secundario.

- **Acondicionamiento primario** es el envase o cualquier otra forma de acondicionamiento que se encuentra en contacto directo con el producto cosmético y que se denomina **envase primario** o inmediato. El envase primario es el embalaje que protege al medicamento frente a cualquier contacto externo.

- **Acondicionamiento secundario** es el embalaje exterior en el que se encuentra el embalaje primario.

3.8.1 Funciones

Funciones del acondicionamiento:

a) **Protección**. Mantiene la estabilidad e integridad del medicamento protegiéndolo frente a diferentes tipos de riesgos:

- Riesgos ambientales (humedad, luz, temperatura, etc.).
- Riesgos físicos o mecánicos (golpes, caídas, etc.).
- Riesgos biológicos (crecimientos de bacterias, hongos, etc.).

b) **Información e identificación**. Presenta toda la información que identifica el producto cosmético como su composición, la fecha de caducidad y el modo de uso.

3.8.2 Requisitos

Requisitos del envase primario:

a) Tener resistencia física.
b) Asegurar la estabilidad, la potencia y la calidad del preparado.
c) No interaccionar de ninguna forma con el medicamento, ni cediendo componentes ni modificando las características del mismo.
d) Ser impermeable a los componentes del producto que guarda.

3.8.3 Materiales

Materiales utilizados en el envase primario:

a) Materiales elastoméricos.
b) Metal (aluminio).
c) Plástico.

d) Vidrio.

Todo producto cosmético debe envasarse en condiciones que aseguren su estabilidad a lo largo del tiempo evitando cualquier alteración biológica, física o química.

El **etiquetado** lo constituyen las informaciones que constan en el acondicionamiento primario y secundario y que han de estar ajustadas a los requisitos de la normativa vigente.

3.8.4   Tipos de envases

Los envases para cosméticos tienen como fin proteger y presentar al cliente el producto.

Tipos de envases:

- **Doy pack**. Envase flexible y de gran resistencia con boquilla o con cierre zipper. Diseñado para sostenerse de pie y para todo tipo de productos tanto en estado sólido como en líquido.

- **Frasco o vial**. Pequeño envase de vidrio alargado indicado para contener productos cosméticos tales como perfumes o cremas.

- **Flow pack**. Bolsa sellada por triple costura (en forma de almohada). Ideal para envasar productos sólidos o semi sólidos.

- **Sachet**. Bolsa hermética descartable de tamaño reducido (doble o simple). Una vez abierta, debe utilizarse en la mayor brevedad posible. Puede contener producto en estado sólido, liquido, polvo, en crema o incluso en toallita.

- **Stick pack**. Bolsa de forma tubular y alargada de fácil apertura, diferente a las monodosis planas tradicionales. Puede contener producto en estado sólido, liquido, polvo, o en crema.

- **Tarro**. Recipiente ovalado o cuadrado de plástico, aluminio o vidrio para envasar polvos, granulados, sólidos y cremas.

- **Tubo**. Recipiente de forma cilíndrica que se cierra con un tapón. Puede contener substancias semilíquidas o semisólidas.

3.9 Limpieza, desinfección y esterilización

Los envases de vidrio se limpian con agua y detergente a alta temperatura y posteriormente se esterilizan en autoclave. También pueden esterilizarse por ebullición en el agua de la siguiente manera:

1. Introducir un trapo de cocina limpio en el fondo de la olla. Así los recipientes no se moverán al hervir el agua, evitando que puedan golpearse y romperse.
2. Añadir los tarros de cristal en posición vertical. Colocar también sus respectivas tapas por separado.
3. Cubrir todo con agua, comprobando que el líquido sobresalga al menos 5 cm por encima de los botes.
4. Encender el fuego y tapar la cazuela.
5. Cuando hierva, dejarlo unos 10 minutos.

Los envases de materiales distintos al vidrio se limpian y desinfectan de la siguiente manera:

1. Lavar con abundante alcohol de 70º puro sin desnaturalizar.
2. Enjuagar con chorro a presión de agua estéril y apirógena.
3. Lavar con alcohol de 96º puro sin desnaturalizar.

4 Cálculos en formulación

4.1 Concentración de una disolución

Una **disolución** es una mezcla homogénea de dos o más sustancias. La especie minoritaria se llama soluto y la especie mayoritaria disolvente.

La **concentración de una disolución** es la proporción o relación que hay entre la cantidad de soluto y la cantidad de disolución o, a veces, de disolvente; donde el soluto es la sustancia que se disuelve, el solvente es la sustancia que disuelve al soluto, y la disolución es el resultado de la mezcla homogénea de las dos anteriores

La concentración de una disolución puede clasificarse, en términos de la solubilidad. Dependiendo de si el soluto está disuelto en el disolvente en la máxima cantidad posible, o menor, o mayor a esta cantidad, para una temperatura y presión dados, se dice:

- **Disolución insaturada** es aquella disolución en la cual el soluto no llega a su concentración máxima que puede diluir. Por tanto, una disolución insaturada contiene menor cantidad de soluto de la que es capaz de disolver.
- **Disolución saturada** es aquella disolución en la cual existe un equilibrio entre el soluto y el disolvente. Por tanto, una disolución saturada contiene la máxima cantidad de soluto que se disuelve en un disolvente en particular, a una temperatura específica.
- **Disolución sobresaturada** es aquella disolución que tiene más soluto que el máximo permitido en una disolución saturada. Por tanto, una disolución sobresaturada contiene más soluto que la cantidad soportada en condiciones de equilibrio por el disolvente, a una temperatura dada.

Cuando se calienta una disolución saturada, se le puede disolver una mayor cantidad de soluto. Si esta disolución se enfría lentamente, puede mantener disuelto este soluto en exceso si no se le perturba. Sin embargo, la disolución sobresaturada es inestable, y con cualquier perturbación, como por ejemplo, un movimiento brusco, o golpes suaves en el recipiente que la contiene, el soluto en exceso inmediatamente se precipitará, quedando entonces como una disolución saturada.

4.2 Concentración cuantitativa

Existen diversas maneras de expresar la concentración cuantitativamente, basándose en la masa, el volumen, o ambos.

La concentración de la disolución puede expresarse cuantitativamente como:

a) Porcentaje masa-masa (% m/m) o porcentaje en peso-peso (% p/p).

b) Porcentaje volumen-volumen (% v/v).

c) Porcentaje masa-volumen (% m/v).

d) Molaridad (M).

e) Molalidad (m).

f) Formalidad.

g) Normalidad (N).

h) Fracción molar (X).

i) Partes por millón (PPM o ppm).

j) Partes por billón (PPB o ppb).

k) Partes por trillón (PPT o ppt).

En la formulación de productos de cosmética se expresa la concentración de una disolución, principalmente como:

- Porcentaje masa-masa (% m/m).

- Porcentaje volumen-volumen (% v/v).

- Porcentaje masa-volumen (% m/v).

> La mayoría de las disoluciones vendrán expresadas en peso/volumen si son líquidas o peso/peso si son sólidos, el soluto o principio activo habitualmente se expresa en peso.

4.2.1 Masa y Peso

Al expresar la concentración de una disolución, con frecuencia se utiliza el concepto de peso para referirse a la masa, y esto aun cuando es incorrecto es muy común.

La **masa** es la cantidad de materia. La masa se mide en kilogramos(kg) o en gramos(g).

El **peso** es la fuerza que ejerce la gravedad sobre una masa.

4.2.2 Porcentaje masa-masa (% m/m) o porcentaje peso-peso (%p/p)

Porcentaje masa-masa (% m/m) es la masa de soluto (sustancia que se disuelve) por cada 100 unidades de masa de la solución:

$$\% \text{ masa} = 100 \cdot \left(\frac{\text{masa del soluto en gramos}}{\text{masa de la disolución en gramos}}\right)$$

Como la masa se mide mediante el peso, con frecuencia de denomina porcentaje peso-peso (% p/p) al porcentaje masa-masa (% m/m).

EJEMPLO

Por ejemplo, si se disuelven 20 g de glicerina en 80 g de agua, el porcentaje en masa será:

$$100 \cdot \left(\frac{20}{20+80}\right) = 20\%$$

Suele expresarse como 20% p/p o 20% w/w

4.2.3 Porcentaje volumen-volumen (% v/v)

Porcentaje volumen-volumen (% v/v) es el volumena de soluto (sustancia que se disuelve) por cada 100 unidades de volumen de la solución:

$$\% \text{ volumen} = 100 \cdot \left(\frac{\text{volumen del soluto en mL}}{\text{volumen de la disolución en mL}}\right)$$

Suele expresarse como 20% v/v.

Por ejemplo, si se tiene una disolución del 40% en volumen (40 % v/v) de alcohol en agua quiere decir que hay 40 mL de alcohol por cada 100 mL de disolución.

La graduación alcohólica de las bebidas se expresa precisamente así: un vino de 12 grados (12°) tiene un 12% v/v de alcohol.

4.2.4 Porcentaje masa-volumen (% m/v) o porcentaje peso-volumen (p/v)

Porcentaje masa-volumen (% m/v) es la masa de soluto (sustancia que se disuelve) por cada 100 unidades de volumen de la solución:

$$\% \, m/v = 100 \cdot \left(\frac{masa \, del \, soluto \, en \, gramos}{volumen \, de \, la \, disolución \, en \, mL} \right)$$

EJEMPLO

Solución ácido bórico al 5 %. Es decir, 5 g de ácido bórico en 100 mL de solución (etanol 70°).

4.3 Densidad de una disolución

La **densidad** o **densidad absoluta**, es la magnitud que expresa la relación entre la masa y el volumen de una sustancia o un objeto sólido.

La unidad de la densidad en el Sistema Internacional es kilogramo por metro cúbico (kg/m^3), aunque frecuentemente también es expresada en g/cm^3 o g/mL.

La densidad es una magnitud intensiva que no depende de la cantidad de materia que posee la sustancia.

Por tanto la densidad es el cociente entre la masa de una sustancia y el volumen que ocupa.

$$D = \frac{m}{v}$$

Si bien la densidad no es propiamente una forma de expresar la concentración, es proporcional a la concentración (en las mismas condiciones de temperatura y presión), por ello en ocasiones, de manera práctica y con disoluciones ampliamente utilizadas, se expresa la densidad de la disolución en lugar de indicar la concentración.

Conociendo la densidad de una disolución podemos calcular su masa o peso si conocemos su volumen o viceversa (podemos calcular su volumen si conocemos su masa o peso).

4.4 Cálculos con la concentración expresada como un porcentaje

Para realizar cálculos con las concentraciones de disoluciones expresadas como un porcentaje hay que conocer los siguientes tres conceptos:

a) La suma de la masa del soluto más la masa del disolvente es igual a la masa de la disolución. Es decir, disolución = soluto + disolvente.

b) El uso de la regla de tres simple para calcular la proporcionalidad.

c) La densidad expresa la relación entre la masa (peso) y el volumen de un sustancia.

4.4.1 Regla de tres

La **regla de tres** es la operación de hallar el cuarto término de una proporción conociendo los otros tres.

En la regla de tres simple, se establece la relación de proporcionalidad entre dos valores conocidos A y B, y conociendo un tercer valor X, calculamos un cuarto valor Y.

La relación de proporcionalidad puede ser directa o inversa. Será directa cuando a un mayor valor de A habrá un mayor valor de B, y será inversa cuando a un mayor valor de A corresponda un menor valor de B.

REGLA DE TRES SIMPLE DIRECTA

La regla de tres simple directa se fundamenta en una relación de proporcionalidad, por lo que rápidamente se observa que:

$$\frac{B}{A} = \frac{Y}{X} = K$$

Donde K es la constante de proporcionalidad

Para que esta proporcionalidad se cumpla tiene que ocurrir que a un aumento de A le corresponde un aumento de B en la misma proporción. Esto, se puede representar de la siguiente forma:

Si:

$$A \rightarrow B$$
$$X \rightarrow Y$$

Entonces:

$$Y = \frac{X \cdot B}{A}$$

4.5 Cálculo del volumen de aceites esenciales

4.5.1 Mezcla de aceites esenciales

En general, el porcentaje de aceite esencial utilizado en cosmética y perfumería varía del 0,5% al 10%.

La cantidad de aceite esencial en preparado cosmético depende del tipo de aceite esencial, del objetivo terapéutico y de la parte del cuerpo para la cual se prepara el aceite de masaje o crema.

Normalmente suelen emplearse más de un aceite esencial en un preparado cosmético o de perfumería. Por ello:

1. Se determina qué aceites esenciales van a incluirse en la formulación del preparado cosmético y en qué proporción (%).

2. Se prepara una mezcla con todos los aceites esenciales incluidos en formulación del preparado cosmético. A esta mezcla se la denomina: **mezcla de aceites esenciales**.

   A la mezcla de aceites esenciales podría considerarse como un aceite esencial en sí mismo, debido a que los aceites esenciales integrantes se mezclan sin diluir.

Al calcular el volumen de aceite esencial (Vae) que hay que añadir a un preparado de cosmética o de perfumería lo que se calcula en realidad es el volumen de la mezcla de aceites esenciales (Vmae). Dicho de otro modo, a efectos prácticos:

$$Vae = Vmae$$

Normalmente, los aceites esenciales se guardan en frascos de topacio cuentagotas. Por ello, a la hora de preparar mezclas de aceites esenciales se utiliza el término "gotas de aceite esencial" en lugar de "mls de aceite esencial".

Para un frasco cuentagotas estándar se acepta como válida la siguiente expresión:

20 gotas de aceite esencial equivalen a 1 ml de aceite esencial.

Si la mezcla pura de aceites esenciales va a utilizarse para preparar un perfume, se recomienda utilizar 3 aceites esenciales cada uno con una nota distinta: alta, media y baja.

4.5.2 Volumen de la mezcla de aceites esenciales

A la hora de preparar cualquier preparado cosmético o de perfumería hay que decidir:

a) El volumen total del preparado (Vt)

Vt = volumen de excipientes + volumen de aceites esenciales.

Este valor es el más importante porque determinará la cantidad (volumen) de los demás integrantes.

b) El porcentaje de aceites esenciales (%ae). En general, el porcentaje de aceite esencial utilizado en cosmética y perfumería varía del 0,5% al 10%.

Conocidos Vt y %ae es fácil calcular el volumen de la mezcla básica de aceites esenciales (Vae) necesaria:

$$Vae = \%ae \times Vt$$

Normalmente, los aceites esenciales se guardan en frascos de topacio cuentagotas. Por ello, a la hora de preparar mezclas de aceites esenciales se utiliza el término "gotas de aceite esencial" en lugar de "mls de aceite esencial".

Para un frasco cuentagotas estándar se acepta como válida la siguiente expresión:

20 gotas de aceite esencial equivalen a 1 ml de aceite esencial.

1 gota = 0,05 mL

Por ello:

$$Nae = 20 \ast Vae$$

donde:

- Vae = Volumen de la mezcla básica de aceites esenciales
- %ae = Porcentaje de la mezcla de aceite esencial
- Nae = número de gotas de la mezcla de aceites esenciales

Así los valores de la siguiente tabla se obtuvieron utilizando las expresiones anteriores.

Cálculo de la Mezcla Básica de Aceites Esenciales			
Volumen total del preparado de aromaterapia (Vt)	Porcentaje de la mezcla básica de aceites esenciales (%ae)	Volumen de la mezcla básica de aceites esenciales (Vae)	Gotas de la mezcla básica de aceites esenciales (Nae)
15 ml	2,5%	0,375 ml	7,5
15 ml	3%	0,45 ml	9
30 ml	2,5%	0,75 ml	15
30 ml	3%	0,90 ml	18
50 ml	2,5%	1,25 ml	25
50 ml	3%	1,50 ml	30
100 ml	2,5%	2,50 ml	50
100 ml	3%	3 ml	60

¿Cuántos aceites esenciales pueden incorporarse en la mezcla básica de aceites esenciales? Todos los que quepan en el Vae adecuado para el Vt que desee preparar.

Imaginemos que desea elaborar un preparado de aromaterapia con un volumen total de 50 ml ($Vt = 50$) y desea que la mezcla básica de aceites esenciales sea del 3% (%ae = 3).

Según la tabla el volumen de la mezcla básica de aceites esenciales debe ser de 1,50 ml ($Vae = 1,50$ mL) lo que equivale a 30 gotas de la mezcla básica de aceites esenciales.

De acuerdo con esto, en la preparación de la mezcla básica de aceites esenciales puede utilizar:

a) un máximo de 30 aceites esenciales, siempre y cuando añada sólo una gota de cada aceite esencial (30 x 1 gota = 30 gotas).

b) un máximo de 6 aceites esenciales si va a añadir 5 gotas de cada aceite esencial (6 x 5 gotas = 30 gotas).

c) 8 aceites esenciales si añade 2 gotas de aceite esencial a, 3 gotas de aceite esencial b, 5 gotas de aceite esencial c, 4 gotas de aceite esencial d, 4 gotas de aceite esencial f, 3 gotas de aceite esencial g, 4 gotas de aceite esencial h, 5 gotas de aceite esencial i. Compruebe el número total de gotas de aceite esencial en la mezcla = 2 + 3 +5 +4 +4 +3+4 +5 = 30 gotas.

5 Uso de las plantas en cosmética

Los principios activos de las plantas se han utilizado en la elaboración de productos cosméticos desde la antigüedad.

El material vegetal debe recolectarse y conservarse adecuadamente previamente a la extracción de sus principios activos para su utilización posterior en un producto cosmético.

En general el material vegetal se manipula de la siguiente manera:

1. Recolección.
2. Limpieza.
3. Conservación.
4. Envasado.
5. Almacenamiento.
6. Extracción de principios activos.

5.1 Recolección

5.1.1 Cómo recolectar

El material vegetal se recolecta siguiendo el siguiente proceso:

1. Evitar recolectar las plantas de los lugares contaminados. Los lugares más contaminados que deben evitarse, son los siguientes:

    - Las orillas de las carreteras: Ahí abunda la carbonilla, el plomo y otros tóxicos procedentes de los tubos de escape de los automóviles, que pueden impregnar a los vegetales.

    - Los linderos y lugares próximos a los campos de cultivo: Si estos han sido rociados con pesticidas y herbicidas, es prácticamente seguro que las plantas de alrededor también habrán recibido salpicaduras de esas sustancias químicas.

    - Los lugares próximos a chimeneas o vertidos de industrias contaminantes.

2. Recolectar plantas sanas y limpias. Evitar las plantas que presenten signos de haber sido atacadas por insectos o parásitos, o que hayan sido roídas por gusanos o caracoles. Evitar plantas las con alguna alteración visible y con signos de enfermedad o coloración café. Evitar las plantas con deposiciones de animales.
3. Recolectar sin destruir.
4. No mezclar especies distintas en una misma cesta.
5. Recolectar la parte de la planta más rica en los principios activos que deseen extraerse.

5.1.2 Cuando recolectar

La recolección óptima es la que se realiza en el momento en que la planta tiene el máximo contenido en principios activos.

- Las plantas **anuales** se recolectan durante el momento de la floración, en primavera.
- Las plantas **bienales** se recolectan durante el segundo año de vida.
- Las plantas **polianuales** o **perennes** se recolectan cuando llegan a su madurez. Por ejemplo, la genciana tarda 10 años en empezar a dar flores y en producir una raíz rica en sustancias medicinales; el alcanforero no produce alcanfor hasta pasados los 30 años de edad; y el castaño no empieza a fructificar hasta los 25 años, y hasta los 100 no alcanza la madurez.

El contenido de principios activos tiene oscilaciones al largo del día. El momento óptimo será por la mañana, procurando que la planta no esté mojada por el rocío o la lluvia, pues en los momentos de máxima insolación la esencia de la planta sufre una evaporación intensa.

No se aconseja recolectar con lluvia, humedad o niebla, condiciones que dificultan la conservación.

Como regla general se admiten las siguientes directrices:

- Recolección de las **flores**. Recolección en la época de floración. Hay variaciones a considerar para cada una de las especies.

Las flores se recolectan antes de que la corola se encuentre completamente abierta, que es cuando los pétalos contienen más sustancias activas. Al transportarlas hay que evitar el calor y las bolsas de plástico

Una recomendación básica es recolectar por la mañana, ni muy pronto ni muy tarde.

- Recolección de los **frutos carnosos**. Recolección en el momento de madurez o un poco antes en los casos en los que la pulpa se altera con facilidad.

- Recolección de los **frutos secos**. Recolección cuando inicia el periodo de madurez del mismo.

- Recolección de las **hojas**. Recolección en el momento vegetativo anterior a la floración de la planta. Hay excepciones como el tomillo, el hisopo o el espliego por ejemplo cuya mejor época de recolección es después de la floración.

  Las hojas se recogen al comienzo de la floración, pero antes de que las flores se hayan desarrollado; puesto que es entonces cuando contienen mayor cantidad de jugos.

  No cortarlas todas, pues la planta moriría.

  Se desechan las hojas manchadas (puede ser signo de una infección por virus).

  No se deben amontonar ni arrugar, sino que han de almacenarse extendidas en un lugar plano.

- Recolección de los **tallos**. El momento ideal para recolectar los tallos es después de que han brotado las hojas, pero antes de que hayan salido las flores.

- Recolección de la **corteza**. En general, la corteza se recolecta al principio de la primavera, siempre antes de la floración, que es cuando circula más savia por los tallos y las ramas, y es además cuando mejor se puede separar del tronco.

- Recolección de **raíces**, **rizoma**s, **tubérculos** y **bulbos**. Recolección de en otoño o a principios de invierno.

5.2 Limpieza

Limpiar el material vegetal con agua potable a temperatura ambiente.

Las raíces y los rizomas hay que lavarlos bien con el fin de eliminar la tierra y los insectos que puedan llevar adheridos. No conviene rascarlas con cepillo, porque se eliminan las capas de células superficiales que pueden contener principios activos, como ocurre con la raíz de la valeriana.

5.3 Conservación

Existen dos maneras de conservar el material vegetal recolectado:

a) Secado. Puede dejarse al aire o bien en estufa. En ningún caso superar los 35ºC.

b) Congelación. Adecuado para conservar plantas aromáticas que pierden o se alteran sus principios activos por secado.

c) Oleatura.

5.3.1   Desecación

La desecación consiste en eliminar progresivamente la humedad. Una planta húmeda es fácil presa de bacterias y hongos, que la atacan alterando sus principios activos. Además, estas bacterias u hongos pueden producir sustancias tóxicas. Las bacterias necesitan más de un 40% de humedad para poder reproducirse, y los hongos del 15% al 20%. Una planta bien seca no suele contener más de un 10% de humedad, lo cual impide la reproducción de tales microorganismos

La desecación nunca debe hacerse al sol, pues se perderían muchos de los principios activos de las plantas, especialmente las esencias. Tiene que realizarse siempre a la sombra, en lugares bien aireados y exentos de polvo.

El material vegetal recolectado se extiende sobre un papel o cartón situado en el suelo, o bien encima de estanterías. No hay que colocarlo directamente sobre el cemento o ladrillos.

El material vegetal recolectado debe colocarse en capas finas, y removerlas una o dos veces al día.

No debe usarse papel impreso, como el de periódico, pues los productos químicos de las tintas pueden pasar a la planta.

Las sumidades y las flores que no pierdan fácilmente sus pétalos, se cuelgan, atadas en ramilletes boca abajo a lo largo de una cuerda, en un lugar a la sombra y bien aireado (por ejemplo, cerca de una ventana abierta). Estos ramilletes pueden protegerse con un cono de papel, para evitar la exposición directa a la luz.

Los frutos pueden secarse extendidos sobre bandejas o ensartados a lo largo de un hilo.

5.4 Envasado

Conviene envasar los productos vegetales sin triturar, pues de esta manera ofrecen menor superficie sobre la que puedan actuar las bacterias, los hongos y las enzimas que los corrompen o enrancian. Es preferible triturarlos inmediatamente antes de su consumo.

Emplear recipientes de vidrio, cerámica, hojalata (latas), tela o cartón. Debe evitarse el plástico. No es preciso que el cierre sea hermético.

Rotular los recipientes con el nombre de la planta, y también conviene indicar el lugar de recolección, así como la fecha de envasado.

5.5 Almacenamiento

Los recipientes que contienen los productos de las plantas deben conservarse en un lugar oscuro, fresco y seco. La luz, el calor y la humedad son las principales causas de deterioro.

Comprobar periódicamente el estado de las plantas almacenadas, para detectar a tiempo insectos, hongos, mohos o putrefacciones que pudieran alterar su valor medicinal.

Como regla general, las plantas medicinales no se deben conservar durante más de dos años.

5.6 Extracción de los principios activos de las plantas

Los métodos más comunes para extraer los principios activos de las plantas son:

a) Destilación.

b) Maceración.

c) Percolación.

La maceración y la percolación permiten obtener tinturas y extractos fluidos.

Un **extracto fluido** es un preparado o extracto hidroalcohólico de material vegetal con una proporción 1:1 (P/V, g/mL, kg/L) o 1:2 (P/V, g/mL, kg/L) de peso en seco de material vegetal a volumen de menstruo (disolvente o solución hidroalcohólica).

- En un extracto fluido 1:1 (P/V, g/mL, kg/L), 1 parte del extracto equivale a 1 parte del material vegetal.

- En un extracto fluido 1:2 (P/V, g/mL, kg/L), 2 partes del extracto equivale a 1 parte del material vegetal.

Los extractos fluidos suelen obtenerse por percolación.

Una **tintura** es un preparado o extracto hidroalcohólico de material vegetal con una proporción 1:5 (P/V, g/mL, kg/L) o 1:10 (P/V, g/mL, kg/L) de peso en seco de material vegetal a volumen de menstruo (disolvente o solución hidroalcohólica).

5.6.1 Destilación

La destilación por arrastre con vapor es una técnica usada para separar sustancias orgánicas insolubles en el agua y ligeramente volátiles, de otras no volátiles que se encuentran en la mezcla, como resinas o sales inorgánicas, u otros compuestos orgánicos no arrastrables.

La destilación por arrastre con vapor se emplea para separar aceites esenciales de tejidos vegetales. Los aceites esenciales son mezclas complejas de hidrocarburos, terpenos, alcoholes, compuestos carbonílicos, aldehídos aromáticos y fenoles y se encuentran en hojas, cáscaras o semillas de algunas plantas.

Existen los siguientes métodos de extracción de aceites esenciales por destilación:

- **Hidrodestilación** cuando el material vegetal a destilar se halla sumergido en el agua. La generación de vapor se produce dentro del propio recipiente de destilación.

- **Destilación con agua y vapor** cuando el vapor se genera en el mismo recipiente donde se introduce la materia prima y el agua, pero estas no están en contacto directo. El producto a destilar se dispone en rejillas o placas perforadas y la parte inferior del recipiente se llena de agua hasta un nivel por debajo de dichas rejillas.

- **Destilación en corriente de vapor** cuando la materia prima y el agua no se encuentran en contacto. El vapor usado para la destilación se genera externamente y se inyecta por la parte inferior del recipiente de destilación en el que se encuentra la materia vegetal.

De los tres tipos, la destilación en corriente de vapor es el método convencional más usado en la actualidad a nivel industrial debido a la sencillez del proceso y los buenos resultados que proporciona en cuanto a cantidad, calidad y pureza de los aceites esenciales.

5.6.1.1 Proceso

El proceso de destilación por arrastre de vapor consiste en:

1. Hacer pasar el vapor de agua por el recipiente que contiene las plantas aromáticas.
2. El vapor de agua arrastra el aceite esencial volátil.
3. El vapor de agua enriquecido con aceite esencial pasa por un serpentín, refrigerado con agua fría en constante renovación, donde se condensa.
4. El destilado compuesto por agua y el aceite esencial se recoge en un recipiente. Debido a la diferencia de densidad entre el agua de destilación y el aceite esencial, éste último flota sobre el primero y se recoge por desbordamiento. El agua de destilación, recuperada en un momento concreto, se denomina hidrolato, agua floral, agua de destilación aromática.

5.6.1.2 Montaje

Montaje de un sistema de destilación:

1. **Zona de generación de vapor.** En ella se produce el vapor de agua que alimenta el proceso. Consta de un matraz redondo de tres bocas, que se ha denominado matraz generador, y de una manta calefactora que proporciona la energía necesaria.

2. **Zona de destilación**. Aquí se encuentra la materia prima de cual se desea extraer los aceites esenciales haciendo uso del vapor generado en la zona anterior. Consiste en un matraz de 1 litro, llamado matraz destilador, conectado al generador de vapor mediante unas piezas de vidrio acodadas. El codo de vidrio mencionado, que está unido al matraz, posee en su interior un tubo colector de vidrio que sirve, inicialmente, para adaptar un tubo de silicona de forma que el vapor consiga llegar a la parte inferior del matraz.

El posicionar bien la salida de vapor es clave para este tipo de destilación, ya que el vapor ha de distribuirse uniformemente de abajo a arriba tratando de estar en contacto con toda la materia prima y así poder arrastrar el aceite que esta contiene.

3. **Zona de condensación**. Sirve para condensar los vapores procedentes del matraz de destilación. Se utiliza un tubo refrigerante Liebig con un diseño sencillo, por el que circula el líquido refrigerante, que en este caso es agua, en contracorriente.

4. **Zona de recogida** en la que se recolecta el destilado. En un principio se dispone de un matraz de recogida de fondo redondo. El codo de vidrio final cuenta con una pequeña abertura al ambiente que permite que el sistema trabaje a presión atmosférica.

5.6.1.3 Puesta en marcha

Tras la ejecución del montaje, el siguiente paso consiste en la puesta en marcha para comprobar el correcto funcionamiento, colocando únicamente agua en el matraz generador de vapor. Con ello se pretende detectar posibles fugas de vapor, localizar pérdidas de calor significativas, comprobar que el flujo de vapor es suficiente y que además este sigue el camino adecuado hasta llegar a condensarse.

5.6.2 Maceración

La **maceración** es un proceso de extracción sólido-líquido. El producto sólido (materia prima) posee una serie de compuestos solubles en el líquido extractante que son los que se pretende extraer.

Durante la maceración el material vegetal está en contacto con el menstruo o disolvente durante un cierto tiempo. El menstruo o disolvente disuelve los principios activos de la materia vegetal hasta alcanzarse una concentración en equilibrio con la del contenido celular.

El disolvente utilizado puede ser: una solución hidroalcohólica, un aceite vegetal o glicerina. En cuyo caso se obtiene: una tintura o alcoholatura, un oleato o un glicerato.

Durante la maceración al conjunto material vegetal más disolvente se le protege de la luz directa y se agita unas 3 veces al día.

El tiempo de maceración es diverso, las distintas Farmacopeas prescriben tiempos que oscilan entre 4 y 10 días.

Cuanto mayor sea la relación entre el líquido extractivo y la droga, tanto más favorable será el rendimiento. Sin embargo, la maceración no permite la extracción completa de los principios activos.

La maceración es adecuada para extraer principios activos de tallos y raíces.

5.6.2.1 Graduación del alcohol

La graduación del alcohol que vayamos a utilizar y **el tiempo** de maceración dependen del tipo de planta. Siempre es conveniente consultar la bibliografía especializada para cada caso, pero en líneas generales podemos guiarnos por los siguientes datos:

- **Flores y partes delicadas:** alcohol de 60º maceradas entre 48 horas y una semana.
- **Hojas y tallos:** alcohol de 70º macerados entre 2 - 3 semanas.
- **Cortezas y raíces:** alcohol de 80º maceradas entre 3 - 4 semanas.
- **Resinas:** alcohol de 90º - 96º maceradas durante 7 - 10 días.

Cuando se dice que un alcohol tiene 96º lo que quiere decir es que de cada 100 gr de alcohol. 96 g son etanol y 4 g de agua. Por lo que con unas operaciones matemáticas podemos calcular las cantidades de alcohol y agua que necesitamos para cambiar la graduación partiendo del alcohol de 96º.

Por ejemplo, para preparar 100 mL de alcohol de 40º a partir de alcohol de 96º, hay que añadir 41,7 mL de alcohol de 96º a 58,3 mL de H$_2$O.

Cálculo:

$$0{,}96 * V_{96} = 0{,}40 * 100$$

$$V_{96} = \frac{0{,}40 \cdot 100}{0{,}96} = 41{,}7 \text{ mL}$$

$$V_{H20} = 100 - 41{,}7 = 58{,}3 \text{ mL}$$

Quiero 100 mL de alcohol de:	mL que necesito de alcohol de 96°	mL que necesito de agua
40°	41,7	58,3
50°	52,1	47,9
60°	62,5	37,5
70°	73	27
80°	83	17
90°	93,7	6,3

5.6.2.2 Tintura madre

En líneas generales, para hacer las tinturas utilizaremos plantas secas molidas, lo que nos permitirá reducir de un modo importante su volumen para poder cubrirlas bien con el alcohol.

La proporción habitual planta/alcohol según la farmacopea tradicional es de 1:5 (P/V, g/mL, kg/L). ¿Qué quiere decir esto? Pues que por 1 parte de planta pondremos 5 partes de alcohol (del grado que le convenga a cada planta).

Supongamos que queremos hacer una tintura de romero. Para ello pesamos 20 g (una parte) de romero molido y añadimos 100 g (5 partes) de alcohol de 70° que es el adecuado para hojas y tallos. Si no tenemos alcohol de 70° lo preparamos con 73,5 g de alcohol de 96° y 26,5 g de agua destilada o mineral, como se indica en la tabla.

PROCEDIMIENTO

Procedimiento:

1. Si se va a utilizar material vegetal fresco determinar su extracto seco restarlo al peso inicial de la planta fresca.

2. Si se va a utilizar material vegetal seco proceder al siguiente paso.

3. Determinar la concentración final de la tintura. Es decir, la relación entre la cantidad de material vegetal seco y el menstruo o disolvente. Puede ser 1:5 (P/V, g/mL, kg/L) o 1:10 (P/V, g/mL, kg/L). Por lo tanto, la cantidad de menstruo será 5 o 10 veces la del material vegetal seco.

4. Humectar uniformemente el material vegetal seco hasta esponjamiento y dejar macerar 14 horas.

5. Adiciona el solvente sobrante y dejar macerar durante 3 semanas.

6. Filtrar el contenido del macerado y guardar en el frigorífico a 4°C.
7. Prensar el macerado y recoger el líquido.
8. Mezclar ambos líquidos y dejar reposar en el frigorífico durante 48 h.
9. Filtrar y envasar en frasco ámbar.

DETERMINACIÓN DEL EXTRACTO SECO EN PLANTAS FRESCAS

La **materia seca** o **extracto** seco es la parte que resta de un material tras extraer toda el agua posible a través de un calentamiento hecho en condiciones de laboratorio.

Inicialmente se pesa una cantidad exacta de la planta fresca, pulverizada o troceada. El peso inicial de la planta fresca se denomina P_i.

La cantidad pesada de planta fresca se pone en una estufa a unos 105°C, pesándola cada media hora hasta peso constante.

El peso del residuo seco, materia seca o extracto seco se denomina P_d.

Contenido en el agua o humedad aparente = $P_i - P_d$

$$\%. \text{ materia seca} = \frac{P_d}{P_i} * 100$$

EJEMPLO

Imaginemos que deseamos preparar una tintura con 100 gr de planta húmeda. Tomamos unos 10 g de la planta húmeda y determinamos su residuo seco.

Si el residuo seco (diferencia planta fresca y seca) es de 2 gr a los 100 gr deberemos descontar 20 gr.

Entonces los cálculos para la cantidad de disolvente a añadir se harán sobre 80 g de planta.

Dado que la proporción planta seca: disolvente = 1:10, entonces la cantidad necesaria de disolventes es = 10 * 80 = 800 mL de alcohol de 70°.

5.6.2.3   Alcoholatura

Una **alcoholatura** es una tintura realizada con plantas frescas. Se realiza con partes iguales en peso de plantas frescas y de alcohol de graduación elevada, para evitar una excesiva dilución a consecuencia del agua aportada por las plantas.

Una alcoholatura se obtiene por maceración de plantas frescas en alcohol etílico.

La concentración de una alcoholatura está determinada por la proporción entre el peso de planta y el volumen de alcohol con el que se mezcla. Está indicada por el ratio. Por ejemplo, una tintura de Jengibre al 1:2 (P/V, g/mL, kg/L) significa que por una parte de Jengibre (100 g) se agrega dos partes de alcohol (200 Ml).

PREPARACIÓN

Preparación:

1. Lavar y desinfectar todo el material.

    La mejor forma de desinfectar es mediante autoclavado.

    Si no es posible utilizar una autoclave, entonces introducir el material en el agua hirviendo durante 5 minutos.

    Si no es posible utilizar una autoclave o agua hirviendo, entonces desinfectar utilizando lejía para las superficies y alcohol 70º para el material.

2. Trocear las plantas frescas y se ponen en el bote de cristal, hasta que cubra 3/4 partes del mismo.

3. Añadir el alcohol 96º o vodka hasta cubrir totalmente las plantas.

4. Cerrar herméticamente y se guarda durante 21 días en un lugar oscuro y cálido.

5. Remover cada día.

6. Filtrar, transcurridos 21 días.

7. Sacar las hierbas y se vuelve a añadir más plantas frescas a gusto de cada uno con el mismo alcohol de la anterior maceración.

8. Dejar en maceración durante 14 días, removiendo a diario.

9. Filtrar y añadir algunas gotas de aceite esencial si se quiere reforzar.

10. Este perfume goza de propiedades si se aplica sobre la piel, al contrario de los perfumes sintéticos.

11. Envasar en un recipiente ámbar hermético.

12. Etiquetar.

13. Almacenar en lugar fresco y alejado de la luz directa del sol.

5.6.2.4 Oleato

Un **oleato** es un macerado de plantas en un aceite vegetal.

PREPARACIÓN

<u>Preparación:</u>

1. Lavar y desinfectar todo el material.

    La mejor forma de desinfectar es mediante autoclavado.

    Si no es posible utilizar una autoclave, entonces introducir el material en el agua hirviendo durante 5 minutos.

    Si no es posible utilizar una autoclave o agua hirviendo, entonces desinfectar utilizando lejía para las superficies y alcohol 70º para el material.

2. Trocear las plantas frescas y se ponen en el bote de cristal, hasta que cubra 3/4 partes del mismo.

3. Añadir el aceite vegetal hasta cubrir totalmente las plantas.

4. Cerrar herméticamente y se guarda durante 21 – 40 días en un lugar oscuro y cálido.

5. Remover cada día.

6. Filtrar utilizando una gasa de algodón estéril.

7. Añadir vitamina E (1%. respecto al volumen total) como antioxidante.

8. Envasar en un recipiente ámbar hermético

9. Etiquetar.

10. Almacenar en lugar fresco y alejado de la luz directa del sol.

5.6.3 Percolación

La **percolación** es un método que consiste en que el menstruo (generalmente alcohólico o mezcla hidroalcohólica) atraviesa la masa de droga pulverizada siempre en un solo sentido, alcanzando concentraciones crecientes de tal modo que el equilibrio entre el solvente dentro y fuera del marco nunca se alcanza, por lo que la droga bañada siempre por nuevas proporciones de menstruo acaba por ceder todos sus componentes solubles de manera progresiva.

Este tipo de extracción se realiza en recipientes (percoladores) cilíndricos o cónicos que poseen dispositivos de carga y descarga, lográndose una extracción total de los principios activos (prácticamente se obtiene hasta el 95% de sustancias extraíbles); se debe tomar en cuenta que el tiempo en el que la droga permanece en contacto con el menstruo y la relación existente entre la droga y el líquido extractivo (cantidad de disolvente), son dos factores decisivos dentro de la percolación.

La percolación es el método extractivo menos adecuado en el caso de gran gelificación o si las drogas son muy voluminosas.

La percolación permite la extracción completa de los principios activos y permite conocer su concentración.

Previo a la extracción es necesario humectar la droga con el disolvente, permitiendo su esponjamiento con el fin de facilitar la entrada del menstruo en las membranas celulares durante la percolación.

5.6.3.1 Materiales

Materiales:

- Balanza.
- Embudo.
- Equipo percolador.
- Espátulas de metal.
- Estufa eléctrica.
- Frascos de vidrio ámbar de 1 litro.
- Papel de filtro.
- Probetas.
- Vaso de precipitado.

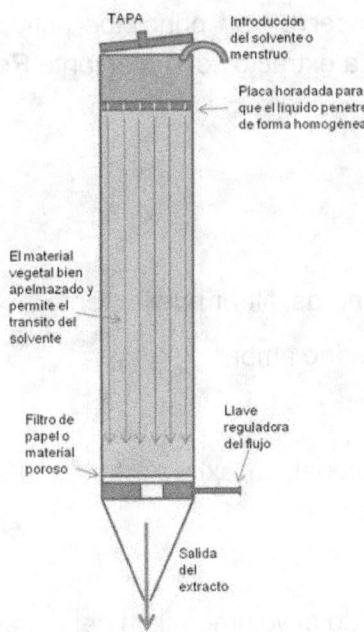

Equipo percolador

5.6.3.2 Procedimiento

Procedimiento:

1. Cuidadosamente humectar la droga pulverizada y pesada con suficiente cantidad de disolvente prescrito o mezcla de disolventes hasta obtener una humedad uniforme.

2. Macerar por 14 horas, transferir a un percolador adecuado y presionar la droga firmemente sin llegar a compactar.

3. Verter el solvente o mezcla de solventes hasta saturar la droga (1 cm sobre el nivel de la droga).

4. Cubrir la parte superior del percolador y cuando el líquido esté a punto de gotear del percolador cerrar el orificio inferior y permitir la maceración de la droga por 24 horas o por el tiempo especificado en la monografía correspondiente.

5. Sin ningún ensayo previo permitir la percolación despacio (1 mL por minuto).

6. Recolectar un volumen de extracto correspondiente al 75% del peso inicial de la droga, acondicionar y rotular (volumen 1).

7. Continuar la percolación hasta agotamiento de la droga, lo cual se comprueba mediante cromatografía en capa fina hasta reacción negativa para quercetina. El volumen resultante se mezcla con el volumen 1 dando como resultado el volumen 2.

8. Con la finalidad de conservar los principios activos el extracto fluido obtenido (volumen 2), se reduce a extracto seco mediante Rotavapor.

Fuente bibliográfica: USP.

A estos pasos se añadirían:

9. Dejar en reposo por 24 horas, filtrar nuevamente.
10. Envasar en frascos de vidrio ámbar.

EJEMPLO

Supongamos que desea obtener un extracto fluido 1:1 (p/v; g/mL, kg/L) a partir de 100 g de un material vegetal seco.

Para obtener un extracto fluido el volumen final del extracto fluido será de 100 mL.

La cantidad de disolvente (solución alcohólica al 70°) utilizada para obtener el extracto es la necesaria para asegurar la extracción de los principios activos. Al final se concentrará utilizando un Rotavapor de tal forma que el volumen final del extracto fluido es de 100 mL.

Puede comenzarse humectando el material vegetal seco con 200 mL de disolvente y dejarla durante 2 horas.

Posteriormente se añade el material vegetal humectado al percolador.

Luego, se añaden 400 mL de disolvente y se deja en maceración durante 24 horas.

Recolectar una fracción de 85 mL y guardarla en el frigorífico.

Recolectar una segunda fracción hasta que no salga más líquido del percolador.

Utilizando un Rotavapor concentrar la segunda fracción hasta un volumen de 15 mL.

Unir ambas fracciones, la primera de 85 mL y la segunda concentrada de 15 mL.

Por tanto, se obtendrán 100 mL (85 +15) de extracto fluido 1:1.

6 Cosméticos

Cosmético es *toda sustancia o preparado destinado a ser puesto en contacto con las diversas partes superficiales del cuerpo humano (epidermis, sistema capital y piloso, uñas, labios y órganos genitales externos) o con los dientes y las mucosas bucales, con el fin exclusivo o principal de limpiarlos, perfumarlos, modificar su aspecto, y/o corregir los olores corporales, y / o protegerlos o mantenerlos en buen estado.* R.D. 1599/1997.

No se consideran cosméticos aquellos preparados destinados a la prevención, diagnóstico y tratamiento de las enfermedades. Tampoco los destinados a ser ingeridos, inhalados, inyectados o implantados.

6.1 Funciones

Funciones principales de los productos cosméticos:

a) **Higiénica**. Propiedad que tienen ciertos cosméticos de limpiar la superficie de la piel

b) **Eutrófica**. Propiedad que tienen ciertos cosméticos de conservar el estado de los tejidos sobre los que se aplican, en las mejores condiciones anatómicas y funcionales.

c) **Estética**. Propiedad que tienen ciertos cosméticos de alterar la percepción sensorial de la piel.

6.2 Categorías

Categorías de productos cosméticos:

1. Cremas, emulsiones, lociones, geles y aceites para la piel.

2. Máscaras de belleza (con exclusión de los productos de abrasión superficial de la piel por vía química).

3. Maquillaje (líquidos, pastas, polvos).

4. Polvos de maquillaje, polvos para utilizar después del baño y para la higiene corporal.

5. Jabón de tocador, jabón desodorante.

6. Perfumes, aguas de tocador, aguas de colonia.

7. Productos para baño y ducha (sales, espumas, aceites, geles).

8. Depilatorios.

9. Desodorantes y antitranspirantes.
10. Productos capilares:

    - Tintes y decolorantes.
    - Productos para moldear, para desrizar y fijar.
    - Productos que ayudan a mantener el peinado.
    - Productos de limpieza (lociones, polvos, champús).
    - Productos acondicionadores (lociones, lacas, brillantinas).
    - Otros productos para el peinado.

11. Productos para el afeitado (jabones, espumas, lociones).
12. Productos para el maquillaje y desmaquillaje de la cara y los ojos.
13. Productos para los labios.
14. Productos para cuidado bucal y dental.
15. Productos para cuidado y maquillaje de las uñas.
16. Productos para cuidado íntimo externo.
17. Productos solares.
18. Productos para bronceado sin sol.
19. Productos blanqueadores de la piel.
20. Productos anti-arrugas.

6.3 Legislación

Los productos cosméticos en España están regulados por:

- *Reglamento (CE) Nº 1223/2009 sobre productos cosméticos* y modificaciones posteriores.
- *Real Decreto 85/2018 por el que se regulan los productos cosméticos* y modificaciones posteriores.

El anexo II del *Reglamento (CE) Nº 1223/2009 sobre productos cosméticos* contiene **la lista de las sustancias prohibidas en los productos cosméticos**.

El anexo III del *Reglamento (CE) Nº 1223/2009 sobre productos cosméticos* contiene **la lista de las sustancias que no podrán contener los productos cosméticos salvo con las restricciones establecidas**. En esta lista se indica la concentración máxima de sustancia permitida en el producto cosmético preparado para su uso.

El anexo IV del *Reglamento (CE) Nº 1223/2009 sobre productos cosméticos* contiene **la lista de colorantes admitidos en los productos cosméticos**. En esta lista se indica la concentración máxima de sustancia permitida en el producto cosmético preparado para su uso.

El anexo V del *Reglamento (CE) Nº 1223/2009 sobre productos cosméticos* contiene **la lista de conservantes admitidos en los productos cosméticos**. En esta lista se indica la concentración máxima de sustancia permitida en el producto cosmético preparado para su uso.

El anexo VI del *Reglamento (CE) Nº 1223/2009 sobre productos cosméticos* contiene **la lista de los filtros ultravioleta admitidos en los productos cosméticos**. En esta lista se indica la concentración máxima de sustancia permitida en el producto cosmético preparado para su uso.

6.4 Formas dermatológicas

Existe una gran variedad de formulaciones para uso dermatológico, ya sea con fines terapéuticos o cosméticos, que se corresponden con diferentes formas dermatológicas de diversa naturaleza físico-química. Así podemos distinguir tres grupos principales:

a) Formas dermatológicas sólidas. Como por ejemplo: barritas, sticks, lapiceros, los polvos.

b) Formas dermatológicas de consistencia semisólida. Como por ejemplo las pomadas y las cremas.

c) Formas dermatológicas líquidas. Como por ejemplo las soluciones, las suspensiones y las leches.

6.4.1 Formas dermatológicas semisólidas

6.4.1.1 Categorías

Categorías de formas dermatológicas semisólidas:

a) Pomadas propiamente dichas que constan de una base o excipiente en una sola fase en la que se pueden dispersar sólidos o líquidos.

b) Cremas o emulsiones son preparaciones multifásicas constituidas por una fase lipófila y una fase acuosa.

c) Geles formados por líquidos gelificados con ayuda de agentes gelificantes adecuados.

d) <u>Pastas</u> que contienen un alto porcentaje de sólidos finamente dispersos en el excipiente que puede ser lipófilo (pastas grasas) o hidrófilo (pastas acuosas). Generalmente su consistencia es bastante elevada.

La diferencia básica entre las diferentes formas semisólidas es el contenido de agua, de forma que:

a) Un ungüento no contiene nada de agua.

b) Una pomada contiene más cantidad de agua que un ungüento, pero menos que una crema.

c) La crema es, de todas las fórmulas semisólidas, la que contiene más cantidad de agua. Generalmente tiene más de un 50%.

6.4.1.2 Pomadas

Las pomadas se componen de un excipiente monofase graso con bajo contenido acuoso (menor al 20%). Posee capacidad oclusiva que dificulta la evaporación del agua.

Pomadas propiamente dichas que constan de una base o excipiente en una sola fase en la que se pueden dispersar sólidos o líquidos. Se distinguen los siguientes tipos de pomadas:

a) <u>Pomadas hidrófobas (lipófilas)</u> conocidas tradicionalmente como <u>ungüentos</u>. Sólo pueden absorber pequeñas cantidades de agua. Las bases que se emplean con más frecuencia en su formulación son la vaselina, parafina: parafina líquida, aceites vegetales, grasas animales, glicéridos sintéticos, ceras y polialquilsiloxanos líquidos.

Las pomadas hidrófobas reciben los siguientes nombres según su composición:

- <u>Bálsamo</u> elaborado utilizando la siguiente fórmula: mezcla de mantecas vegetales + mezcla de aceites vegetales + cera(s) vegetal(es) + antioxidante antioxidante (vitamina E).

- <u>Manteca</u> elaborado utilizando la siguiente fórmula: mezcla de mantecas vegetales + mezcla de aceites vegetales + antioxidante antioxidante (vitamina E).

- <u>Ungüento</u> elaborado utilizando la siguiente fórmula: macerado de plantas en mezcla de aceites vegetales + cera(s) vegetal(es) + antioxidante (vitamina E).

Los ungüentos son los que poseen una capacidad más oclusiva, ya que forman una capa impermeable sobre la piel que dificulta la evaporación del agua. Por esta capacidad para retener el agua interna y el sudor, suavizan e hidratan la piel. No absorben exudados acuosos. Debido a estas propiedades, los ungüentos están indicados en dermatosis muy secas, en áreas don-de la piel es gruesa como las palmas, las plantas, codos y rodillas. Son la base ideal para lesiones muy secas, como por ejemplo la psoriasis. También son excelentes para ablandar y retirar las costras o descamaciones. Por lo contrario, están contraindicados en zonas infectadas y lesiones exudativas, ya que su efecto oclusivo empeora-ría la infección

b) <u>Pomadas que absorben agua</u>. Pueden absorber grandes cantidades de agua. Los excipientes son los de las pomadas hidrófobas a los que se incorporan emulgentes de tipo W/O, como la lanolina, los alcoholes de grasa de lana, los ésteres del sorbitano, los monoglicéridos y los alcoholes grasos.

c) <u>Pomadas hidrófilas</u> son preparaciones cuyas bases son miscibles con agua, tales como los polietilenglicoles líquidos y sólidos (macrogoles). Pueden contener cantidades apropiadas de agua.

Poseen capacidades emolientes, pero no son tan oclusivas como los ungüentos. Tienen una cierta capacidad de absorber agua y exuda-dos. Están indicadas en dermatosis escamosas y en piel seca y agrietada, pero empeoran la piel inflamada por su efecto congestivo. Tampoco se recomiendan en áreas infectadas ni zonas pilosas.

En general, las pomadas poseen capacidad oclusiva dificultando la evaporación del agua. Esta propiedad se encuentra más acentuada en los ungüentos que en las pomadas hidrófilas.

6.4.1.3 Cremas o emulsiones

Cremas o emulsiones son preparaciones multifásicas constituidas por una fase lipófila y una fase acuosa. Son una mezcla de agua y sustancias grasas (no miscibles entre sí), que se consiguen mezclar gracias a la acción de emulgentes para producir una mezcla estable.

TIPOS

En función de su excipiente "principal" se pueden clasificar en cremas lipófilas e hidrófilas. Por tanto, se distinguen los siguientes tipos de cremas:

a) **Cremas lipófilas** en las que la fase continua o externa es la fase lipófila debido a la presencia en su composición de emulgentes tipo W/O.

Cremas lipófilas o emulsiones de agua dispersa en grasa, llamadas cremas water in oil (W/O). Ideales para formular cosméticos liposolubles.

Cuando se aplican sobre la piel, y por el efecto del cambio de temperatura, se evapora el agua incorporada, provocando una sensación refrescante y la parte grasa se absorbe.

No se mezclan con exudados de la piel y sudor, pero sí los absorben parcialmente.

Poseen un efecto oclusivo moderado, pero no congestivo, como las pomadas y ungüentos. Se recomiendan en casos de piel seca o dermatosis crónica.

Son adecuadas para liberar principios activos en la piel.

Debido a su mayor proporción de grasa, no se quitan con agua.

Un ejemplo de crema W/O es la cold cream, utilizada en cosmética y como excipiente en dermatología, que está hecha con aceite de ballena, aceite de almendras dulces, agua y cera de abeja como emulsionante

b) **Cremas hidrófilas** en las que la fase externa es la fase acuosa y contienen emulgentes tipo O/W.

Cremas hidrófilas o emulsiones de grasa en agua o crema oil in water (O/W). Son las más adecuadas para formular fármacos hidrosolubles. Tienen efecto evanescente: después de su aplicación, pierden el agua rápidamente sin dejar ningún residuo apreciable.

Por la pequeña cantidad de grasa, tienen poco efecto oclusivo, y esta grasa se absorbe rápidamente en la piel.

Se mezcla bien con exudados cutáneos. Son ideales para protege la piel de la suciedad, pues se mezclan muy bien con las secreciones de la superficie cutánea.

Debido a su pequeña proporción de grasa, no manchan y se lavan rápidamente con agua.

Las "leches" son de este tipo de cremas, pero con una gran cantidad de agua.

6.4.1.4 Geles

Geles formados por líquidos gelificados con ayuda de agentes gelificantes adecuados. A la temperatura de la piel disminuye su viscosidad (útil en zonas pilosas) y pierde rápido el agua (efecto evanescente). No contienen lípidos, por lo que están recomendado en pieles grasas.

TIPOS

Se distinguen los siguientes tipos de geles:

a) **Geles hidrófobos** (lipogeles u oleogeles): están constituidos por excipientes como la parafina líquida adicionada de polietileno, aceites grasos gelificados con sílice coloidal o por jabones de aluminio o zinc.

b) **Geles hidrófilos** (hidrogeles): se elaboran con excipientes hidrófilos como el agua, el glicerol, los propilenglicoles, gelificados con sustancias como goma tragacanto, almidón, derivados de la celulosa, polímeros carboxivinílicos, silicatos de magnesio y aluminio.

6.4.1.5 Pastas

Generalmente de consistencia elevada, contienen un alto porcentaje de sólidos absorbentes finamente dispersos (ya que no se pueden disolver) en el excipiente, que, según sus caracte-rísticas químicas se pueden clasificar en pastas grasas (excipiente lipófilo) y pastas acuosas (excipiente hidrófilo).

Su principal acción se basa en la disminución de la temperatura de la zona inflamada, así como en aumentar la función de barrera física, impidiendo la acción de irritantes locales (aires, fricción de la ropa, contaminación...) sobre la piel. Así se consigue una ligera sensación de frescor en la zona afectada y una disminución del picor y escozor característico de estas lesiones.

TIPOS

Se distinguen los siguientes tipos de pastas:

a) **Pastas grasas**. La temperatura de fusión de los componentes grasos suele ser próxima a la temperatura fisiológica de la piel. Están formadas por una fase grasa de vaselina, aceites o lanolina, sobre la cual se dispersa la mezcla de polvos que forman parte de la formulación.

Una de las más conocidas es la pasta Lassar, con óxido de cinc, pero podemos encontrar combinaciones con antralina o brea de hulla. Generalmente está indicada para el tratamiento de casos severos de psoriasis.

b) **Pastas acuosas**. La evaporación de la fase acuosa es la que provoca que se absorban por el calor de la piel. También llamadas lociones de agitación, sus excipientes ha-bituales son glicerina, sorbitol, polioles y otras sustancias líquidas hidromiscibles a las cuales se les incorpora un alto porcentaje de polvos inertes.

Son muy poco oclusivas y se secan rápidamente sin engrasar la piel ni la ropa, manteniéndose adheridas durante un largo periodo. Por esto son útiles en eccemas crónicos y lesiones exudativas, pero no deben usarse en zonas pilosas, infecciones o dermatosis muy secretantes.

La más conocida es la pasta al agua con óxido de cinc, pero es frecuente encontrar variaciones con antifúngicos (ketoconazol), antibióticos (clindamicina), azufre, mentol, acetónido de triamcinolona o ácido retinoico.

6.4.2 Selección de las formas dermatológicas semisólidas

La indicación preferente de cada forma o presentación farmacéutica para un tipo de lesiones específicas se hace en función del grado de absorción que se desea, de la localización de las lesiones, del estado de la piel y del grado de inflamación de la patología a tratar.

6.4.2.1 Grado de absorción

Grado de absorción. A igualdad de principio activo, dosis y concentración, la potencia o grado de absorción disminuye en el siguiente orden: ungüento > pomada > crema > gel > loción > polvo.

Por ejemplo, si se busca una acción en una capa profunda de la piel, se necesita un vehículo oclusivo para aumentar la hidratación de la piel y así potenciar la absorción del principio activo aplicado.

6.4.2.2 Localización de la lesión

En función de la localización de la lesión, por el diferente grosor de la capa córnea y el grado de vascularización de la zona a tratar, se debe elegir el vehículo más adecuado:

a) Facial. Conviene usar excipientes con la menor grasa posible para evitar la aparición de comedones: lociones, geles, emulsiones y cremas de poco contenido lipídico.

b) Pliegues. En este caso son de elección los fomentos, pastas o polvos, para que absorban la humedad. También son úti-les las emulsiones y cremas.

c) Capilar y zonas vellosas. Las lociones y geles son los vehículos indicados.

d) Palmoplantar. Las pomadas y los ungüentos grasos son la mejor opción. Es necesario un vehículo que proporcione hidratación y permita al fármaco atravesar la capa córnea. Si la dermatosis es vesiculosa o exudativo primero se aplicarán fomentos hasta que se seque.

El grado de absorción de mayor a menor es: mucosas > escroto > párpados > cara > torso > extremidades > palmas de las manos y plantas de los pies > uñas.

6.4.2.3 Estado de la piel

Hay que tener en cuenta el estado del estrato córneo: si está ausente, dañado o engrosado o si la lesión es seca o con exudado.

Las lesiones cutáneas que provocan la pérdida del estrato córneo (eccemas, erosiones y quemaduras) hacen que aumente el grado de absorción.

Las enfermedades hiperproliferativas (psoriasis, dermatitis exfoliativas) generan un estrato córneo patológico que es más permeable al paso de los fármacos.

La hidratación del estrato córneo incrementa la penetración de los fármacos a través de la piel. La hidratación antes de la aplicación tópica de un corticoide aumenta hasta diez veces la penetración.

También se puede conseguir un aumento de la absorción mediante vendaje oclusivo (plástico), fricción, aplicación de ungüentos o pomadas, inmersión previa en agua o formulaciones tópicas con humectantes y promotores de absorción. Cuando se indiquen medicamentos para aplicar en la zona cubierta con el pañal, se debe recordar que este funciona como un vendaje oclusivo.

El aumento de temperatura de la piel incrementa la vasodilatación y la difusión pasiva a nivel dérmico.

Además, hay que considerar que la absorción por vía cutánea en los niños, sobre todo en los recién nacidos y más aún en pretérminos, puede ser significativamente mayor que en adultos, por la amplia superficie corporal en relación con el peso (tres veces más un neonato que un adulto), por su menor efecto barrera, por poseer un estrato córneo más delgado (cinco veces más delgado que un adulto) además de presentar un pH más ácido con baja capacidad tampón, que le hace más sensible a las infecciones.

6.4.2.4 Grado de inflamación de la piel

Los preparados acuosos no oclusivos (leche, cremas) son de elección para los procesos agudos que suelen cursar con lesiones húmedas, inflamación y vesiculación, pues ejercen una acción de secado de la piel y las heridas. Por el contrario, las lesiones crónicas, que suelen presentarse secas, con costras y fisuras, con formación de escamas y prurito, requieren tratamientos oclusivos para favorecer la rehidratación de la zona afectada, por lo que se usan excipientes más grasos, como pomadas y ungüentos. En lesiones subagudas con zonas secas y otras húmedas cubiertas con costras, se tratan con cremas.

6.4.3 Formas dermatológicas líquidas

Preparaciones dermatológicas de consistencia líquida más o menos viscosa o untuosa. Los vehículos utilizados para su preparación son generalmente agua, mezclas hidroalcohólicas y aceites.

Entre las denominaciones que se han utilizado para diferenciar los diversos preparados en función de la naturaleza del vehículo se encuentran las lociones, linimentos, embrocaciones, leches, etc.

Sin embargo en nuestro país existe una cierta tendencia a asignar el término loción a los preparados elaborados con un vehículo acuoso o ligeramente hidroalcohólico que contiene las sustancias activas disueltas o en forma de suspensión.

Linimentos se aplica generalmente a preparados líquidos cuyo vehículo es un aceite de viscosidad variable, en el que se disuelven o interponen en forma de emulsión (W/O) las sustancias medicinales.

La denominación de "leches dérmicas" mas utilizadas en cosmética, se utilizan generalmente para emulsiones O/W de consistencia fluida.

Otras formas liquidas para administración tópica son los baños, soluciones acuosas y tinturas.

6.5 Ingredientes

Los componentes o ingredientes de los cosméticos se clasifican, atendiendo a su función, en:

a) **Sustancia activa** es el componente o ingrediente responsable de realizar la función a la que está destinada el cosmético.

b) **Vehículo** o **excipiente** (base) es el conjunto de ingredientes de un cosmético en los que se incorporan los demás componentes. Su importancia radica en que debe transportar el principio activo a través de la piel y sus apéndices, y liberarlo fácilmente allí donde debe hacer su efecto. La elección del excipiente depende de la naturaleza de la sustancia activa. Los más frecuentemente utilizados en cosmética son: agua (mezclada a veces con otros disolventes), grasas y mezclas de ambos.

c) **Aditivos** que cumplen distintas funciones (conservación, integración de ingredientes, etc) en el producto cosmético. Así por ejemplo:

- Los <u>conservantes</u> (antioxidantes y antimicrobianos) que evitan el deterioro del producto y el desarrollo de microorganismos, alargando la vida del cosmético y protegiendo al consumidor de los posibles efectos adversos asociados a su degradación.

- Los <u>emulsionantes</u> favorecen la integración de los ingredientes acuosos y lipídicos.

- Las <u>fragancias</u> enmascaran el mal olor de los ingredientes.

- Los <u>colorantes</u> colorean el producto cosmético y/o dan color a la piel y/o sus apéndices.

Los ingredientes autorizados empleados en los productos cosméticos están regulados por la *Decisión de la Comisión 2006/257/CE por la que se establece un inventario y una nomenclaturacomún de ingredientes empleados en los productos cosméticos.*

En general, en la legislación sobre los productos cosméticos no se distingue entre principio activo y excipiente y simplemente se utiliza el término ingrediente. Así mismo, a cada ingrediente se le atribuye una o más funciones.

Aun cuando no sea del todo académicamente correcto y con la simplificación en mente, en esta publicación los ingredientes se incluyen en unos de los siguientes 2 grupos:

a) Principio activo o sustancia activa.
b) Excipiente.

Por tanto, en este caso el término "excipiente" incluye los aditivos.

En una palabra, el producto cosmético es un preparado que tiene la finalidad de transferir a la piel principios activos. Para ello, precisa de unos excipientes que favorecen la integración de los principios activos con otros ingredientes como los conservantes, las fragancias y colorantes.

6.5.1 Funciones

En la legislación sobre productos cosméticos se mencionan las siguientes funciones de los ingredientes:

- ABRASIVO. Elimina sustancias en diversas superficies corporales o ayuda a la limpieza dental mecánica o mejora el brillo.

- ABSORBENTE. Recoge (empapa) agua y/o sustancias liposolubles disueltas o finamente dispersadas.

- ABSORBENTE UV. Protege el producto cosmético de los efectos de la radiación UV.

- ACONDICIONADOR CAPILAR. Deja el cabello fácil de peinar, flexible, suave y brillante y/o imparte volumen, ligereza, brillo, etc.

- ACONDICIONADOR DE LA PIEL. Mantiene la piel en buenas condiciones.

- ACONDICIONADOR DE UÑAS. Mejora las características cosméticas de las uñas.

- ACRECENTADOR DE ESPUMA. Aumenta la calidad de la espuma producida por un determinado sistema, incrementando una o más de las siguientes propiedades: volumen, textura y/o estabilidad.

- ALISANTE. Busca conseguir una piel lisa, disminuyendo la rugosidad o las irregularidades.

- ANTIAGREGANTE. Permite el libre flujo de partículas sólidas y así evita la aglomeración de los cosméticos en polvo en grumos o masas endurecidas.

- ANTICASPA. Ayuda a controlar la caspa.
- ANTICORROSIVO. Previene la corrosión de los envases.
- ANTIESPUMANTE. Suprime la espuma durante el proceso de fabricación o reduce la tendencia de los productos terminados a producir espuma.
- ANTIMICROBIANO. Ayuda a controlar el crecimiento de microorganismos en la piel.
- ANTIOXIDANTE. Inhibe las reacciones provocadas por el oxígeno, evitando de esta forma la oxidación y el enranciamiento.
- ANTITRANSPIRANTE. Reduce la transpiración.
- ANTIPLACA. Ayuda a proteger contra la placa dental.
- ANTISEBORREICO. Ayuda a controlar la producción de sebo.
- ANTIESTÁTICO. Reduce la electricidad estática, neutralizando la carga eléctrica superficial.
- ASTRINGENTE. Contrae la piel.
- AGLUTINANTES. Proporcionan cohesión a los cosméticos.
- BLANQUEANTE. Aclara el tono del cabello o la piel.
- BRONCEADOR. Oscurece la piel con o sin exposición a lo rayos UV.
- CALMANTE. Ayuda a disminuir las molestias en la piel o el cuero cabelludo.
- COLORANTE COSMÉTICO. Colorea el producto cosmético y/o da color a la piel y/o sus apéndices. Todos los colorantes listados son sustancias incluidas en la lista positiva de colorantes (anexo IV de la Directiva de cosméticos).
- CONSERVANTES. Inhibe primariamente el desarrollo de microorganismos en los cosméticos. Todos los conservantes listados son sustancias en la lista positiva de conservantes (anexo VI de la Directiva de cosméticos).
- CONTROLADORES DE VISCOSIDAD. Aumentan o disminuyen la viscosidad de los cosméticos.
- CUIDADO ORAL, Proveer de efectos cosméticos a la cavidad oral, por ejemplo, limpieza, desodorización, protección.
- DESNATURALIZANTE. Hace al cosmético desagradable al gusto. Generalmente añadido a los cosméticos que contienen alcohol etílico.
- DESODORANTE. Reduce o enmascara los olores corporales desagradables.
- DEPILATORIO. Elimina el vello corporal no deseado.

- DESENREDANTE. Reduce o elimina el entrelazado del cabello producido por alteraciones de su superficie o daños, ayudando de esa forma al peinado.
- DISOLVENTE. Disuelve otras sustancias.
- EMOLIENTE. Alisa y suaviza la piel.
- EMULSIFICANTE. Promueve la formación de mezclas muy estrechas de líquidos no miscibles por alteración de su tensión superficial.
- ENMASCARANTE. Reduce o inhibe el olor o sabor básicos del producto.
- ESPUMANTE. Atrapa pequeñas y númerosas burbujas de aire u otro gas en un pequeño volumen de aire modificando la tensión superficial del líquido.
- ESTABILIZADOR DE EMULSIONES. Ayuda al proceso de emulsificación y mejora su estabilidad y la vida útil.
- ESTABILIZANTE. Mejora la estabilidad y vida útil de los ingredientes o la fórmula.
- FIJADORES CAPILARES. Permiten un control físico del estilo de peinado.
- FILTRO UV. Filtra ciertas radiaciones UV con el fin de proteger la piel o el cabello de los efectos perjudiciales de esta radiación. Todos los filtros listados son sustancias en la lista positiva de filtros solares (anexo VII de la Directiva de cosméticos).
- FORMADORES DE PELÍCULA. Forma tras su aplicación una película continua en la piel, cabello o uñas.
- GELIFICANTE. Da la consistencia de un gel (preparación semisólida con cierta elasticidad) a una preparación líquida.
- HIDRATANTE. Aumenta el contenido de agua de la piel y la mantiene suave y lisa.
- HIDRÓTROPO. Intensifica la solubilidad de una sustancia que es sólo ligeramente soluble en agua.
- HUMECTANTE. Mantiene y retiene la humedad.
- LIMPIADOR. Ayuda a mantener limpia la superficie del cuerpo.
- NACARANTE. Da un aspecto nacarado a los cosméticos.
- ONDULADOR O ALISADOR DEL CABELLO. Modifica la estructura química del cabello, permitiendo que adopte el estilo requerido.
- OPACIFICANTE. Reduce la trasparencia o traslucidez de los cosméticos.
- OXIDANTE. Cambia la naturaleza química de otra sustancia, añadiendo oxígeno o eliminando hidrógeno.

- PLASTIFICANTE. Ablanda y da flexibilidad a otra sustancia que de otra forma no podría ser fácilmente deformada, extendida o trabajada.

- PROPELENTE. Genera presión en un envase aerosol, expeliendo el contenido cuando se abre la válvula. Algunos propelentes líquidos pueden actuar como disolventes.

- PROTECTOR DE LA PIEL. Ayuda a evitar en la piel los efectos perjudiciales producidos por factores externos

- QUELANTE. Reacciona y forma complejos con los iones metálicos que podrían afectar la estabilidad y/o el aspecto de los cosméticos.

- QUERATOLÍTICO. Ayuda a eliminar las células muertas del estrato córneo.

- REDUCTORES. Cambia la naturaleza química de otra sustancia, añadiendo hidrógeno o eliminando oxígeno.

- REENGRASANTE. Repone los lípidos del cabello o de las capas superficiales de la piel.

- REFRESCANTE. Imparte una agradable frescura a la piel.

- TAMPONANTE. Estabiliza el pH de los cosméticos.

- TENSOACTIVO. Rebaja la tensión superficial de los cosméticos y ayuda a una mejor distribución del producto cuando se aplica.

- TINTES CAPILARES. Colorean el pelo.

- TÓNICO. Produce una sensación de bienestar en la piel y el cabello.

- VOLUMINADOR. Controla la densidad del cosmético terminado.

6.6 Penetración

La penetración de los cosméticos es uno de los mayores retos a los que se enfrentan las formulaciones cosméticas.

La piel representa una barrera lipófila muy selectiva al paso de sustancias.

6.6.1 Grados de penetración

Grados de penetración:

a) **Contacto** o **imbibición** es la acción más superficial. El preparado se queda en la superficie sin poder penetrar prácticamente. Muchos cosméticos no deben penetrar en la piel pues su acción es superficial. Por ejemplo, las leches limpiadoras, los geles de baño, las mascarillas. La imbibición supone la impregnación, como si de una esponja se tratara, de la zona más superficial de la capa córnea.

b) **Penetración** cuando los cosméticos pasan a zonas más profundas de la epidermis, incluso a los anejos, pero no alcanzan la dermis.

c) **Absorción percutánea** cuando las sustancias pasan al torrente sanguíneo y por tanto pueden tener acción generalizada y no solo local, es decir, tiene acción sistémica. Este tipo de penetración está reservada a los principio activos. La absorción es un grado de penetración indeseado y prohibido en cosmética. Es uno de los parámetros que se miden para considerar cosmético a un producto.

En teoría, un cosmético nunca debería actuar más allá de la epidermis pues su función es trabajar a nivel local y no sistémico ya que eso lo convertiría en un principio activo.

6.6.2 Vías de penetración

Vías de penetración de un producto cosmético a través de la piel:

a) Vía trans-epidérmica a través de la epidermis. Existen dos vías posibles:

- Vía intracelular o a través de las células.
- Vía intercelular o entre las células.

b) Vía trans-anexial o trans-apendicular a través de los anejos cutáneos. Existen tres vías posibles:

- Vía folicular a través de folículo piloso.
- Vía sebácea a través de la glándula sebácea.
- Vía sudorípara a través de la glándula sudorípara.

La vía transepidérmica es el camino más importante y fundamental para la absorción de principios activos vía cutánea puesto que los anejos representan solamente un 1% de la superficie total de la piel.

En ambos casos, el principio activo debe difundir primero a través del vehículo o excipiente en el cual está incorporado y posteriormente depositarse en la superficie de la piel y disolverse en las capas que la forman.

6.6.3 Factores que influyen en la permeabilidad de la piel

En este proceso influyen una serie de factores que dependen tanto de las características de la forma farmacéutica y naturaleza de sus componentes como de factores biológicos y propiedades de la piel.

Los **factores que influyen en la penetración de los cosméticos en la piel** son de dos tipos:

a) Factores fisiológicos relativos al estado de la piel. Como el grosor y el estado de hidratación.

b) Factores físico-químicos del producto cosmético. Por ejemplo, los aceites penetran mejor que los extractos acuosos.

6.6.3.1 Factores fisiológicos

Factores fisiológicos que influyen en la permeabilidad de la piel:

a) **Edad**. La absorción es mayor en la infancia. La piel de los niños, y sobre todo la de los recién nacidos, es mas permeable que la de los adultos, lo que se debe al menor espesor de la capa cornea. Los primeros días después del nacimiento la piel constituye una barrera muy deficiente con un aumento de la pérdida de líquidos, una mala regulación de la temperatura y un aumento de la absorción de principios activos, lo que puede tener implicaciones toxicológicas.

b) **Zona corporal / región anatómica**. La absorción de medicamentos a través de la piel varía según el grosor de la capa córnea (mínimo en mucosas y máximo en palmas y plantas), el contenido en anejos y el grado de vascularización de la zona a tratar. (Absorción: mucosas > escroto > párpados > cara > torso > extremidades > palmas de las manos y plantas de los pies > uñas).

c) **Grado de hidratación de la piel**. La hidratación del estrato córneo incrementa la penetración de los principio activos a través de la piel. Esto se puede conseguir mediante oclusión física, aplicación de un ungüento oclusivo o incluyendo humectantes y promotores de la absorción en las formulaciones tópicas.

d) **Patologías cutáneas**. Las lesiones cutáneas que provocan la pérdida del estrato córneo hacen que aumente el grado de absorción. Las placas epidérmicas engrosadas propias de la psoriasis pueden obstaculizar la absorción de medicamentos por vía tópica, mientras que la superficie rota del eczema puede permitir una absorción excesiva.

e) **Temperatura de la piel**. Al aumentar la temperatura se incrementa la vasodilatación y la difusión pasiva a nivel dérmico.

6.6.3.2 Factores fisico-químicos

Factores inherentes a la composición y forma farmacéutica:

a) **Principio activo**. La difusión de un principio activo a través de la piel se realiza mediante un proceso de difusión pasiva y por lo tanto es proporcional a su concentración, peso molecular, coeficiente de reparto del principio activo entre el estrato córneo y el vehículo y el coeficiente de difusión del principio activo en el estrato corneo. Se debe de establecer un gradiente de concentración que proporcione una fuerza impulsora para el movimiento de principio activos a través de la piel. La concentración presenta una correlación directa en cuanto a la velocidad de penetración siempre que no se supere el límite de solubilidad del principio activo en el vehículo. El coeficiente de reparto es importante para que un principio activo no quede retenido en el vehículo y determina la liberación del medicamento desde el vehículo hacia la piel. Teniendo en cuenta que el estrato córneo es lipófilo los principio activos liposolubles tendrán facilidad para atravesarlo. A mayor coeficiente lípido / agua aumenta el grado de absorción. El coeficiente de difusión es la magnitud con que la piel se opone al paso del principio activo y determina la difusión del principio activo a través de las capas de la piel. Las moléculas de tamaño grande tienen un coeficiente de difusión pequeño. Las sustancias no polares se disuelven bien en los lípidos y por lo tanto son capaces de penetrar más fácil-mente en el estrato córneo. Por el contrario las moléculas ionizadas penetran mal. Los principio activos lipófilos, no ionizados y de relativamente poco peso molecular atraviesan con más facilidad el estrato corneo.

b) **Tipo de vehículo**. Los vehículos o bases tienen como función principal poner en contacto al fármaco con la piel y aunque suelen ser farmacológicamente inactivos pueden tener importantes propiedades físicas que pueden alterar la penetración del medicamento.

La naturaleza del vehículo influye en el proceso de absorción percutánea del principio activo ya sea modificando su liberación, o alterando la permeabilidad del estrato córneo por un aumento de la hidratación o por la incorporación de promotores de la absorción.

El vehículo puede aumentar o disminuir el grado de hidratación de la piel. La interacción vehículo / principio activo influye en la mayor o menor liberación del medicamento.

Los excipientes más grasos tienen propiedades oclusivas lo que se traduce en un aumento de la absorción del principio activo. Son adecuados para fármacos de lipofilia moderada o baja.

Los excipientes o vehículos hidrófilos no son oclusivos no favorecen la penetración, ceden las moléculas directamente al estrato córneo y el fármaco penetra de acuerdo con su lipofilia. Los vehículos hidrófilos son adecuados para fármacos de lipofilia moderada o elevada.

Existen también lo que se conoce como promotores de la absorción que son sustancias que actúan modificando reversiblemente la estructura del estrato córneo aumentando su permeabilidad al paso de diferentes medicamentos. Entre ellos cabe mencionar al propilenglicol, dimetilsulfóxido, ácido oleico y linoleico, urea, ácido salicílico y lauracaprama.

c) **Técnica de aplicación**. El uso de vendajes oclusivos y la fricción o el masaje aumentan la absorción percutánea.

6.7 Comedogenicidad

La **comedogenicidad** es un término que describe el potencial de una sustancia para causar comedones.

Comedón es un grano sebáceo que se forma generalmente en la piel del rostro o de la espalda debido a la obstrucción del conducto excretor de una glándula sebácea.

Existen dos tipos de comedones:

(a) Comedones blancos o comedones cerrados.

(b) Comedones negros o comedones abiertos o "puntos negros". El color negro es consecuencia de la oxidación de la queratina.

Se dice que un ingrediente es comedogénico si su aplicación sobre la piel origina la aparición de comedones.

Para que una sustancia sea comedogénica debe ser lipofílica.

Un ingrediente puede ser comedogénico por varias razones:

- Puede obstruir los poros. Cuando se obstruyen es más fácil que aparezca acné ya que las bacterias crecen en el folículo y conduce a la inflamación.

- Si provoca una reacción y/o inflamación alérgica. Por ejemplo, sustancias como el SLS (sodio lauril sulfato) puede causar reacciones alérgicas en algunas personas y por lo general se considera comedogénico.

- Una sustancia puede servir como una fuente directa de alimento para las bacterias responsables de la aparición de granitos.

- Algunas sustancias que normalmente no son comedogénicas se pueden transformar por las enzimas presentes en la piel, o incluso por la luz ultra violeta.

En general, se considera un cosmético no acnegénico, cuando la suma de todos sus ingredientes comedogénicos no supera el 5% de la concentración total del mismo. Cosméticos que contengan más de un 15% de materias primas consideradas comedogénicas deben ser considerados acnegénicos.

6.7.1 Índice de comedonenicidad

6.7.1.1 Escala de calificación comedogénica

Debido a que cada piel presenta una sensibilidad específica, no podemos afirmar que un ingrediente sea o no comedogénico como un valor absoluto: debemos hablar de probabilidad de obstrucción del poro y posterior aparición de comedones.

Escala comedogénica:

- 0. Probabilidad nula de obstruir los poros. No tapa los poros de la piel.
- 1. Probabilidad Baja de obstruir los poros.
- 2. Probabilidad Moderadamente baja de obstruir los poros.
- 3. Probabilidad Media de obstruir los poros.
- 4. Probabilidad Alta de obstruir los poros.

- 5. Probabilidad Muy alta de obstruir los poros.

Los ingredientes cosméticos considerados «no comedogénicos» son aquellos que tienen una calificación nº 2 o inferior.

6.7.1.2 Aceites

Aceites:

- Abyssinian Seed Oil: 0 – 1.
- Acai Berry Oil: 2.
- Almond Oil: 2.
- Amaranth Seed Oil: 2.
- AmLa (Indian Gooseberry) Oil: 2.
- Andiroba Seed Oil: 2.
- Apricot Kernel Oil: 2.
- Argan Oil: 0.
- Avocado Oil: 2 -3.
- Babassu Oil: 1 – 2.
- Baobob Seed Oil: 2.
- Black Currant Seed Oil: 0 – 1.
- Blackberry Seed Oil: 0 – 1.
- Black Cumin Seed Oil: 2.
- Black Raspberry Seed Oil:1-2.
- Blueberry Seed Oil: 0 – 1.
- Borage Oil: 2.
- Brazil Nut Oil: 2.
- Broccoli Seed Oil: 1.
- Buruti Fruit Oil: 2.
- Cacay Oil. 1 – 2.
- Camellia Seed Oil: 1.
- Carrot Seed Oil: 3 – 4.
- Camphor: 2.

- Castor Oil: 1.
- Chardonnay Grapeseed Oil. 1 -2.
- Cherry Kernel Oil: 2.
- Chia Seed Oil: 3.
- Chokeberry Seed Oil: 1 -2.
- Cloudberry Seed Oil: 1.
- Cocoa Butter: 4.
- Coconut Butter: 4.
- Coconut Oil: 4.
- Corn Oil: 3.
- Cotton Seed Oil: 3.
- Cranberry Seed Oil: 2.
- Cucumber Seed Oil: 1.
- Date Seed Oil 3.
- Elderberry Seed Oil: 1 – 2.
- Emu Oil: 1.
- Evening Primrose Oil: 2 – 3.
- Flax Seed Oil (Linseed): 4.
- Goji Berry Seed Oil: 0 -1.
- Grape Seed Oil: 2.
- Green Coffee Oil: 2.
- Guava Seed Oil: 1 – 2.
- Hazelnut Oil: 1.
- Hemp Seed Oil: 0.
- Jojoba Oil: 2.
- Karanja Oil: 2.
- Kiwi Seed Oil: 1.
- Kukui Nut Oil: 2.
- Lanolin Oil: 2.

- Macadamia Nut Oil: 2 – 3.
- Mango Butter: 2.
- Mango Seed Oil: 2.
- Marula Oil: 3 – 4.
- Meadowfoam Seed Oil: 1.
- Mineral Oil: 0.
- Milk Thistle Seed Oil: 1.
- Mink Oil: 3.
- Moringa Oil: 3 – 4.
- Neem Oil: 1 – 2.
- Oat Oil: 1 -2.
- Olive Oil: 2.
- Papaya Seed Oil: 2 -3.
- Palm Oil: 4.
- Passionfruit (Maracuja) Seed Oil: 1 – 2.
- Peach Kernel Oil: 2.
- Peanut Oil: 2.
- Pecan Oil: 2.
- Perilla Oil: 1 – 2.
- Petrolatum: 0.
- Plum Kernel Oil: 1 – 2.
- Pomegranate Seed Oil: 1.
- Poppy Seed Oil: 0 – 1.
- Prickly Pear Seed Oil: 1 – 2.
- Pumpkin Seed Oil: 2.
- Red Raspberry Seed Oil: 0 – 1.
- Rice Bran Oil: 2.
- Rosehip Seed Oil: 1.
- Sacha Inchi Seed Oil: 0 – 1.

- Safflower Oil (Carthamus tinctorius): 0.
- Sandalwood Seed Oil: 2.
- Sea Buckthorn Oil:1.
- Sesame Seed Oil: 2 -3.
- Shea Butter: 0.
- Soybean Oil: 3.
- Strawberry Seed Oil: 1.
- Sunflower Oil: 0 – 2.
- Tallow: 2.
- Tamanu Oil: 2.
- Tomato Seed Oil: 0 – 2.
- Walnut Seed Oil: 1 - 2
- Watermelon Seed Oil: 0 – 1.
- Wheat Germ Oil: 5.
- Shark Liver Oil: 3.

6.7.1.3 Alcoholes, esteres, éteres, y azúcares

<u>Alcoholes, esteres, éteres, y azúcares</u>:

- Polysorbate 20: 0.
- Polysorbate 80: 0.
- Sterol Esters: 0.
- Behenyl Triglyceride: 0.
- Butylene Glycol: 1.
- Cetearyl Alcohol: 2.
- Diethylene Glycol Monomethyl Ether-0.
- Glycerin: 0.
- Glyceryl Stearate NSE: 1.
- Glyceryl Stearate SE: 3.
- Glyceryl Tricapylo/Caprate: 1.
- Glyceryl-3-Diisostearate: 4.

- Hexadecyl Alcohol: 5.
- Isocetyl Stearate: 5.
- Isopropyl Alcohol: 0.
- Laureth 23: 3.
- Laureth 4: 5.
- Octyl Stearate: 5.
- Oleth-10: 2.
- Oleth-3: 5.
- Oleyl Alcohol: 4.
- Polyethylene Glycol (PEG 400): 1.
- Polyethylene Glycol 300: 1.
- Polyglyceryl-3-Diisostearate: 4.
- Propylene Glycol: 0.
- Propylene Glycol Monostearate: 4.
- SD Alcohol 40: 0.
- Sorbitan Laurate: 1.
- Sorbitol: 0.
- Steareth 10: 4.
- Steareth 100: 0.
- Steareth 2: 2.
- Steareth 20: 2.
- Wheat Germ Glyceride: 3.

6.7.1.4 Antioxidantes

Antioxidantes:

- Beta Carotene: 1.
- BHA: 2.

6.7.1.5 Ceras

Ceras:

- Beeswax: 2.
- Candelilla Wax: 1.
- Carnuba Wax: 1.
- Ceresin Wax: 0.
- Emulsifying Wax NF: 2.
- Jojoba Oil: 2.
- Lanolin Wax: 1.
- Sulfated Jojoba Oil: 3.

6.7.1.6 Espesantes, emulsificantes, y detergentes

Espesantes, emulsificantes, y detergentes:

- Carbomer 940: 1.
- Hydroxypropyl Cellulose: 1.
- Kaolin: 0.
- Magnesium Aluminum Silicate: 0.
- Sodium Laureth Sulfate: 3.
- Sodium Lauryl Sulfate: 5.
- Sorbitan Oleate: 3.

6.7.1.7 Ingredientes de origen vegetal

Ingredientes de origen vegetal:

- Algae Extract: 5.
- Aloe Vera Gel: 0.
- Black Walnut Extract: 0.
- Calendula: 1.
- Carrageenans: 5.
- Chamomile: 2.
- Chamomile Extract: 0.

- Cold Pressed Aloe: 0.
- Red Algae: 5.

6.7.1.8 Minerales

Minerales:

- Algin: 4.
- Colloidal Sulfur: 3.
- Flowers of Sulfur: 0.
- Potassium Chloride: 5.
- Precipitated Sulfur: 0.
- Sodium Chloride (Salt): 5.
- Talc: 1.
- Zinc Stearate: 0.

6.7.1.9 Vitaminas

Vitaminas:

- Ascorbic Acid: 0.
- Black Walnut Extract: 0.
- Tocopherol (Vitamin E): 2.
- Vitamin A Palmitate: 2.
- Panthenol: 0.

Como norma genral evitar ingredientes con un índice de comedogenicidad ≥ 3.

6.8 INCI

El **INCI** (International Nomenclature Cosmetics Ingredients) es la nomenclatura internacional de los ingredientes en la cosmética. Dicho de otra manera, el INCI de un producto cosmético es el listado de sus ingredientes.

El INCI de un producto cosmético es difícil de interpretar por varias razones:

a) Hay principios activos o ingredientes que constan a su vez de varios ingredientes.

b) Se desconoce la concentración de cada ingrediente.

Por ley hay que mencionar todos los ingredientes de un producto cosmético en orden decreciente de concentración. Aunque aquellos ingredientes que estén en una concentración inferior al 1% pueden mencionarse sin orden. Así mismo, los colorantes pueden mencionarse sin orden después de los demás ingredientes.

Para obtener información sobre un ingrediente de un cosmético puede utilizarse la base de datos de ingredientes de cosméticos de la Unión Europea denominada *CosIng database*.

6.9 Formulación

En esta publicación se muestran dos <u>tipos de fórmulas</u>:

a) **Fórmula patrón cualitativa** en la que **se mencionan los ingredientes, pero no sus cantidades**. Este tipo de fórmula es general y da plena libertad al formulista a la hora de elaborarla. En este tipo de fórmula se utiliza la expresión *c.s* (cantidad suficiente) para indicar que el formulista tiene plena libertad a la hora de elegir las cantidades de los ingredientes. Mirar la ficha técnica de cada ingrediente en el Anexo para conocer su dosificación en el producto de cosmética.

b) **Fórmula patrón cuantitativa** en la que **se mencionan los ingredientes y sus cantidades**. Este tipo de fórmula es específica y documenta la elaboración de un producto cosmético en particular. Las cantidades de sus ingredientes pueden expresarse bien en gramos (g), en mililitros (mL) o bien como porcentaje (%).

Cuando la cantidad del ingrediente en mayor cantidad se expresa en gramos (g) entonces la concentración del resto de ingredientes se expresa como porcentaje en peso (%, p/p). Así, por ejemplo, la fórmula para una crema con perhidroescualeno es la siguiente:

<u>Fórmula</u>:

- Emulsión O/W: *c.s.p.* 100 g.
- Aceite aguacate: 15%.
- Aceite gérmen de trigo: 15%.
- Perhidroescualeno: 5%.
- Elastina: 3%.

Y su interpretación es:

Fórmula:

- Emulsión O/W *c.s.p.*: 100 g.
- Aceite aguacate: 15%. = 15 g de aceites esenciales por 100 g total.
- Aceite gérmen trigo: 15%. = 15 g de aceites esenciales por 100 g total.
- Perhidroescualeno: 5%. = 5 g de aceites esenciales por 100 g total.
- Elastina: 3%. = 3 g de aceites esenciales por 100 g total.

Los lectores que quieran elaborar cosméticos personalizados de una forma sencilla encontrarán formulaciones y productos en la pagina web de *Aroma-Zone* descrita en el Anexo.

Los lectores más avanzados pueden obtener formulaciones de productos cosméticos de acceso libre en las páginas web de los fabricantes y proveedores de las materias primas utilizadas en la elaboración de productos cosméticos. Una fuente inagotable de fórmulas "desde cero" y de productos es la página web de *Making Cosmetics* descrita en el Anexo.

6.9.1   Fases

En función de su solubilidad en el agua o en los lípidos, o de su sensibilidad al calor, los distintos ingredientes de un producto cosmético se asignan a una misma "fase". Por tanto, "fase" es el término utilizado para denotar la mezcla de ingredientes que comparten alguna propiedad importante a la hora de formular un producto cosmético.

Así por ejemplo, si consideramos la solubilidad en medio acuoso o medio lipídico de un ingrediente tenemos dos fases:

a) **Fase acuosa** formada por los ingredientes de naturaleza acuosa y solubles en el agua. Pueden ser de distinta naturaleza, como por ejemplo: agua pura, hidrolatos o destilados, infusiones, macerados acuosos, etc.

b) **Fase oleosa** es la formada por los ingredientes de naturaleza lipídica como por ejemplo: los aceites vegetales, las mantecas, las ceras, etc.

Como se indica detalladamente en el capítulo de las emulsiones, en la preparación de un cosmético con ingredientes de naturaleza acuosa y de naturaleza lipídica, hay que seguir los siguientes pasos:

1. Los ingredientes acuosos se mezclan entre sí en un recipiente. Esto constituye la fase acuosa o hidrosoluble.

2. Los ingredientes lipídicos se mezclan entre sí en un recipiente. Esto constituye la fase lipídica, oleosa o liposoluble.

3. Mezcla de los ingredientes acuosos con los ingredientes lipídicos en presencia de un agente emulsionante. En general, la acuosa se añade a la fase oleosa con agitación.

6.10 Estabilidad y conservación de los cosméticos

La estabilidad de los productos cosméticos depende de dos grupos de factores:

a) **Factores extrínsecos o ambientales** como la temperatura, la humedad y la luz ambiente. Se distinguen cuatro zonas climáticas:

   1. Zona I: templada.

   2. Zona II: sub tropical, posiblemente con humedad elevada.

   3. Zona III: cálida/seca.

   4. Zona IV: cálida/húmeda.

b) **Factores intrínsecos o relacionados con el producto**, como son las propiedades químicas y físicas de la sustancia activa y de los excipientes, el tipo de formulación y su composición, el proceso de fabricación, la naturaleza del sistema de cierre del envase y las propiedades de los materiales de envase.

Los factores intrínsecos son factores relacionados con la propia naturaleza de las formulaciones y, sobre todo, con la interacción de sus ingredientes entre sí y/o con el material de acondicionamiento. Dan como resultado incompatibilidades de naturaleza física o química (pH, reacciones de óxido-reducción y de hidrólisis, interacciones físico-químicas...) que pueden, o no, ser visualizadas por el consumidor

6.10.1 Factores extrínsecos

Factores extrínsecos a los que el cosmético está expuesto:

a) <u>Envejecimiento</u> del producto que altera las características organolépticas, físico-químicas, microbiológicas y toxicológicas.

b) <u>Temperatura</u>.

Cuando es elevada acelera reacciones físico-químicas y químicas, ocasionando alteraciones en la actividad de componentes, viscosidad, aspecto, color y olor del producto.

Por el contrario, bajas temperaturas producen alteraciones físicas como turbiedad, precipitación, cristalización.

c) <u>Luz y Oxígeno</u>. La luz ultravioleta, conjuntamente con el oxígeno, origina la formación de radicales libres y desencadena reacciones de óxido-reducción.

d) <u>Humedad</u> en formas cosméticas sólidas.

e) <u>Microorganismos</u>. Las emulsiones, geles, suspensiones o soluciones son por su contenido en agua los productos cosméticos más susceptibles a la contaminación.

f) <u>Vibración</u> puede afectar la estabilidad de las formulaciones durante el transporte, ocasionando separación de fases de emulsiones, compactación de suspensiones o alteración de la viscosidad, entre otros.

g) <u>Material de acondicionamiento</u>.

6.10.2 Factores intrínsecos

Dentro de los factores relacionados con el producto hay que considerar:

a) La actividad del agua del producto cosmético.

b) El pH del producto cosmético.

c) El tipo de emulsión.

d) El tipo de envase, sistema de dispensación y cierre.

El sistema conservante debe ser suficientemente eficaz para proteger el producto cosmético de la contaminación microbiológica a la que pueda estar expuesto durante su fabricación, su shelf-life y su uso previsto. Si el sistema conservante no es el adecuado se pueden producir modificaciones indeseadas en el producto, alterando sus características como aspecto, olor e incluso la seguridad.

6.10.2.1 Actividad del agua (a_w)

Por lo general, el agua es el componente principal de los cosméticos y también es un factor de crecimiento ideal para los microorganismos. Para solventar este problema se añaden como ingredientes sustancias que reducen la actividad de agua (a_w) del producto cosmético.

Sustancias que reducen la actividad el agua: sales, polioles (sorbitol, glycerol, ethoxydiglycol, etc.), hidrolizados de proteína, aminoácidos, hidrocoloides (xanthan gum, guar gum, etc.), glyceryl polyacrylate gel, sodium polyacrylate y sodium chloride.

En general una actividad de agua a_w = 80 es suficiente para garantizar la estabilidad microbiológica de un producto cosmético.

La actividad de agua (a_w) es una medida de la cantidad de agua libre en una sustancia.

La actividad del agua de una sustancia se calcula dividiendo la presión de vapor de agua de la sustancia (P) por la presión de vapor de agua pura (P_0).

$$a_w = \frac{P}{P_0}$$

La escala de la actividad del agua varía entre 0 y 1. Así, por ejemplo, el agua pura tiene un a_w = 1.

La cantidad de agua libre en una sustancia determina tanto la capacidad de llevarse a cabo reacciones bioquímicas como la posibilidad del crecimiento microbiano.

En general, no hay crecimiento microbiano cuando a_w < 0,60.

Dado que levaduras, mohos y bacterias requieren una cierta cantidad de agua disponible para poder llevar a cabo se crecimiento, diseñar productos cosméticos con valores de a_w <0,6 proporciona el control más efectivo.

Al formular un producto cosmético con un valor de a_w <0,87 se garantizará que las bacterias no se desarrollen (aunque puedan estar presentes).

6.10.2.2 pH

El pH es una medida de la acidez o alcalinidad de una disolución.

El pH indica la concentración de iones de hidrógeno presentes en determinadas disoluciones.

Las siglas pH significan potencial de hidrógeno o potencial de hidrogeniones.

En disolución acuosa, la escala de pH varía, típicamente, de 0 a 14. De forma que:

a) Son ácidas las disoluciones con pH menores que 7.

b) Son neutras las disoluciones con un pH igual a 7.

c) Son alcalinas las disoluciones con un pH superior a 7.

En términos generales, los microorganismos no pueden proliferar o sobrevivir en una formulación cosmética con un pH inferior a 4 o superior a 10.

El pH óptimo para el crecimiento de microorganismos en productos cosméticos es entre 5 y 8. Por tanto, cualquier pH fuera de este rango: induce condiciones desfavorables, disminuyendo así su tasa de crecimiento.

Un pH muy elevado o muy bajo tiende a evitar la proliferación de microbios, pero a menudo no resulta adecuado para los productos cosméticos ni para los beneficios que esperan los consumidores.

6.10.2.3   Tipo de emulsión

En general, las emulsiones de agua en aceite (W/O) pueden minimizar el riesgo de contaminación microbiana más que las emulsiones de aceite en el agua (O/W)

La actividad antimicrobiana de la emulsión depende también de la composición química de fase oleosa. Es decir, dependerá del tipo de compuestos fenólicos, así como de su concentración y estructura química.

6.10.2.4   Envasado y almacenamiento

Las preparaciones semisólidas de administración sobre la piel se envasan en tarros de cristal o plástico o en tubos flexibles.

El tipo de envase seleccionado debe ser adecuado y compatible con la composición de la fórmula que contiene ya que la naturaleza de los materiales pude provocar problemas de diversa naturaleza.

Los tubos de estaño no son adecuados para pomadas hidrófilas ya que estas pueden conducir a su corrosión.

Los envases y tubos de materiales plásticos, de uso cada vez más frecuente, pueden ser la causa de algunas incompatibilidades y pueden dar lugar a procesos de absorción y permeabilidad del principio activo, vehículo o excipientes.

La conservación debe realizarse en recipientes cerrados y completamente llenos (con exclusión de aire). El cierre debe ser hermético para prevenir la evaporación, oxidación y el contacto con otros factores ambientales que pueden alterar la estabilidad de la fórmula.

La temperatura de conservación debe ser inferior a 25- 30° y a ser posible constante. Variaciones en la temperatura pueden conducir a la cristalización del principio activo o a modificaciones en el excipiente.

Los envases deben garantizar la protección frente a la luz ya que los excipientes grasos tienden a la autooxidación y muchos fármacos son fotosensibles.

Todas los preparados dermatológicos deberán almacenarse en cantidades acordes con su consumo.

6.11 pH de los productos cosméticos

pH recomendado según el tipo de preparación cosmética:

a) Champú: 4,5 – 5,5.

b) Crema facial: 5,5.

c) Gel de ducha: 5,5.

d) Mascarilla desenredante para el cabello: entre 4,5 y 5.

e) Producto corporal (crema, leche, gel, loción …): 5,5.

f) Productos para la higiene íntima: entre 4,5 y 5,5 (mujeres en edad fértil); entre 6,5 y 7 (mujeres postmenopáusicas).

g) Productos sin aclarado (crema, leche, gel, loción …): 5,5.

El último paso en la formulación de un cosmético es comprobar su pH y ajustarlo si fuera necesario.

6.12 Cosmética natural

En general, se admite que un **producto de cosmética natural** cumple los siguientes requisitos:

a) La mayor parte de los ingredientes son naturales o de origen natural. Estamos hablando de un mínimo del 90%.

b) No se incluyen materias primas, especialmente compuestos químicos, sobre los que existen dudas sobre su inocuidad para el medio ambiente o la salud de las personas.

c) Utilizan procesos de transformación y elaboración respetuosos con el medio ambiente.

d) Se permiten ingredientes de origen animal siempre que no sean derivados de animales amputados o sacrificados específicamente para la elaboración del cosmético.

e) No están testados en animales ni el producto final2 ni ninguno de sus ingredientes.

f) No se admiten ingredientes ni procesos que impliquen el uso de tecnologías controvertidas como organismos modificados genéticamente (OGM), nanotecnología o irradiación.

g) Se suelen utilizar embalajes eco-responsables, reciclados y/o reciclables.

Un **producto cosmético ecológico** es aquel producto cosmético natural que contiene un porcentaje mínimo de 95% de ingredientes ingredientes de origen vegetal y/o animal ecológicos certificados.

7 Principios activos

Los **principios activos** de los cosméticos son los ingredientes encargados de realizar la función para la que está destinado el producto. Dicho de otra forma, los principios activos son aquellos ingredientes o componente que tienen una acción específica sobre la piel.

Los principios activos que pueden utilizarse en un producto cosmético y su concentración máxima están regulados.

El anexo II del *Reglamento (CE) Nº 1223/2009 sobre productos cosméticos* contiene **la lista de las sustancias prohibidas en los productos cosméticos**.

El anexo III del *Reglamento (CE) Nº 1223/2009 sobre productos cosméticos* contiene **la lista de las sustancias que no podrán contener los productos cosméticos salvo con las restricciones establecidas**. En esta lista se indica la concentración máxima de sustancia permitida en el producto cosmético preparado para su uso.

Los principios activos pueden clasificarse tanto por su origen o naturaleza química como por sus propiedades.

El número de principios activos utilizados en los productos cosméticos es ingente y no es posible mencionarlos todos. Por ello, se mencionarán solamente algunos de los grupos de ingredientes más comunes en los productos cosméticos.

7.1 Aceite esencial

Según la Farmacopea Europea:

El **aceite esencial** *es un producto oloroso, generalmente de composición compleja, obtenido a partir de una materia prima vegetal definida botánicamente, por destilación con vapor, por destilación seca, o por un proceso mecánico apropiado sin calentamiento. Los aceites esenciales normalmente se separan de la fase acuosa mediante un proceso físico que no afecta significativamente a su composición.*

El aceite esencial y el agua no se mezclan. Por ello, antes de añadir un aceite esencial a una solución acuosa (por ejemplo, agua, una infusión, un baño) debe mezclarlo previamente con un agente emulsionante o solubilizante (tensioactivo) como el *Aceite de ricino sulfatado* o *Solubol*.

- Dispersar 1 volumen de aceite esencial en 1 volumen de aceite de ricino. Posteriormente, puede diluirse la suspensión hasta en un 4% en una solución acuosa.
- Dispersar 1 volumen de aceite esencial en 4 volúmenes de *Solubol*.

Las lociones aromáticas obtenidas son dispersiones lechosas estables durante algunas horas, pero tenderán a separarse a largo plazo. Entonces es suficiente agitar el producto antes de usarlo.

El porcentaje (%) de aceites esenciales en un cosmético dependerá del tipo de cosmético.

Producto	%. total de aceites esenciales
Cosmético facial	0,1 – 2%.
Cosmético corporal	0,5 – 5%.

Durante la preparación de un cosmético, los aceites esenciales se añaden a la Fase B o fase oleosa.

Las cremas admiten concentraciones de aceites esenciales que varían del 1 al 30%, en función de su fracción grasa o hidrofílica. Así, cremas con una concentración acuosa o hidrofílica importante sólo admiten una concentración del 10% de aceites esenciales.

Una guía excelente de aceites esenciales es: *Mon Guide Pratique Huiles Essentielles* de AROMA-ZONE.

A modo de ejemplo, a continuación se mencionan algunas propiedades cosméticas de algunos aceites esenciales que pueden obtenerse en la página web de Aroma-Zone.

- **Antiedad**: *Bois de Hô BIO* (34 gotas por 100mL total), *Ciste ladanifère BIO* (34 gotas por 100mL total) y *Géranium Egypte BIO* (34 gotas por 100mL total).

- **Antirojeces**: *Ciste ladanifère BIO* (34 gotas por 100mL total), *Cyprès de Provence BIO* (34 gotas por 100mL total) y *Hélichryse italienne BIO* (34 gotas por 100mL total).

- **Calmante**: *Lavande aspic BIO* (34 gotas por 100mL total), *Lavande vraie BIO* (34 gotas por 100mL total) y *Myrrhe* (34 gotas por 100mL total).

- **Purificante**: *Citron sans furocoumarines BIO* (34 gotas por 100mL total), *Palmarosa BIO* (34 gotas por 100mL total) y *Tea tree BIO* (34 gotas por 100mL total).

- **Reconstructiva**: *Hélichryse italienne BIO* (34 gotas por 100mL total), *Lavande aspic BIO* (34 gotas por 100mL total) y *Myrrhe* (34 gotas por 100mL total).

- **Regulador del sebo**: *Citron sans furocoumarines BIO* (34 gotas por 100mL total), *Géranium Egypte BIO* (34 gotas por 100mL total) y *Petitgrain bigarade BIO* (34 gotas por 100mL total).

- **Tónico circulatorio**: *Cyprès de Provence BIO* (35 gotas por 100mL total) y *Hélichryse italienne BIO* (35 gotas por 100mL total).

7.1.1 Clasificación

Los aceites esenciales se pueden clasificar en base a diferentes criterios: consistencia, origen, tratamientos, naturaleza química de los componentes mayoritarios.

7.1.1.1 Consistencia

De acuerdo con su consistencia los aceites esenciales se clasifican en:

a) **Esencias** (líquidos fluidos volátiles). Las esencias fluidas son líquidos volátiles a temperatura ambiente.

b) **Bálsamos** (espesos y poco volátiles). Los bálsamos son extractos naturales obtenidos de un arbusto o un árbol. Se caracterizan por tener un alto contenido de ácido benzoico y cinámico, así como sus correspondientes ésteres. Son de consistencia más espesa, son poco volátiles y propensos a sufrir reacciones de polimerización, son ejemplos: el bálsamo de copaiba, el bálsamo del Perú, Benjuí, bálsamo de Tolú, Estoraque, etc.

c) **Resinas** (productos amorfos sólidos o semisólidos). Las resinas son productos amorfos sólidos o semisólidos de naturaleza química compleja. Pueden ser de origen fisiológico o fisiopatológico. Por ejemplo, la colofonia, obtenida por separación de la oleorresina trementina. Contiene ácido abiético y derivados.

d) **Oleorresinas** (mezclas homogéneas de resinas y aceites esenciales). Las oleorresinas son mezclas homogéneas de resinas y aceites esenciales. Por ejemplo, la trementina obtenida por incisión en los roncos de diversas especies de Pinus. Contiene resina (colofonia) y aceite esencial (esencia de trementina) que se separa por destilación por arrastre de vapor. También se utiliza el término oleorresina para nombrar los extractos vegetales obtenidos mediante el uso de solventes, los cuales deben estar virtualmente libres de dichos solventes. Se utilizan extensamente para la sustitución de especias de uso alimenticio y farmacéutico por sus ventajas (estabilidad y uniformidad química y microbiológica, facilidad de incorporar al producto terminado). Éstos tienen el aroma de las plantas en forma concentrada y son líquidos muy viscosos o sustancias semisólidas (oleorresina de pimentón, Pimienta negra, clavo, etc.).

e) **Gomorresinas** (mezclas de gomas y resinas). Las gomorresinas son extractos naturales obtenidos de un árbol o planta. Están compuestos por mezclas de gomas y resinas.

7.1.1.2 Origen

De acuerdo a su origen los aceites esenciales se clasifican como:

a) **Naturales** obtenidos directamente de la planta y no sufren modificaciones físicas ni químicas posteriores, debido a su rendimiento tan bajo son muy costosas.

b) **Artificiales** obtenidos por procesos de enriquecimiento de la misma esencia con uno o varios de sus componentes, por ejemplo, la mezcla de esencias de rosa, geranio y jazmín, enriquecida con linalol, o la esencia de anís enriquecida con anetol.

c) **Sintéticos** producidos por procesos de síntesis química. Estos son más económicos y por lo tanto son mucho más utilizados como aromatizantes y saborizantes (esencias de vainilla, limón, fresa, etc.).

7.1.1.3 Tratamientos

Clasificación de los aceites esenciales según su tratamiento posterior.

Los aceites esenciales no naturales pueden sufrir tratamientos posteriores a su obtención. Atendiendo a su tratamiento, los aceites esenciales se denominan comercialmente como:

a) Aceite esencial desterpenado es aquel en el que se han eliminado, total o parcialmente, los hidrocarburos monoterpénicos.

b) Aceite esencial desterpenado y desesquiterpenado es aquel en el que se han eliminado, total o parcialmente, los hidrocarburos mono y sesquiterpénicos.

c) Aceite esencial rectificado es aquel que ha sido sometido a una destilación fraccionada para eliminar ciertos constituyentes o modificar su contenido.

d) Aceite esencial sin "x" es aquel que ha sido sometido a una eliminación completa o parcial de uno o más constituyentes.

7.1.1.4 Naturaleza química o quimiotipo

La mayoría de los aceites esenciales son mezclas muy complejas de sustancias químicas. La proporción de estas sustancias varía de un aceite esencial a otro, y también durante las estaciones, a lo largo del día, bajo las condiciones de cultivo y genéticamente.

El término **quimiotipo** (categoría química, definición bioquímica, o "raza química") alude a la variación en la composición del aceite esencial, incluso dentro de la misma especie. El quimiotipo es una clasificación química, biológica y botánica que se basa en designar la molécula que se encuentra en mayor concentración (presencia) en el aceite esencial. Un quimiotipo es una entidad químicamente distinta, que se diferencia en los metabolitos secundarios.

La relevancia del quimiotipo se explica por el hecho de que una misma planta aromática, definida desde el punto de vista botánico, sintetiza una esencia (aceite esencial) que será bioquímicamente diferente en función del biotipo en el que se desarrolle. Cuando esto ocurre, se nombra la planta con el nombre de la especie seguido del componente más característico del quimiotipo, por ejemplo, *Thymus vulgaris linalol* o *Thymus vulgaris timol*.

Así, el tipo de suelo y su composición, la latitud, el sol, las condiciones climáticas y hasta las poblaciones vegetales vecinas, elementos todos integrantes del biotipo, son elementos que influirán en la esencia fabricada por la planta.).

Dos quimiotipos del mismo aceite esencial presentan no solamente propiedades terapéuticas diferentes sino también índices de toxicidad muy variables.

El tomillo (*Thymus vulgaris*) tiene 8 quimiotipos distintos según cuál sea el componente mayoritario de su esencia: timol, tujanol, carvacrol, geraniol, linalol, terpineol, cineol, paracimeno.

a) El *Thymus vulgaris* QT tomillo tiene propiedades antiinfecciosas.

b) El *Thymus vulgaris QT* tujanol tiene propiedades bactericidas, viricidas y neurotónicas.

c) El *Thymus vulgaris QT* carcavol tiene propiedades antisépticas.

d) El *Thymus vulgaris* QT geraniol tiene propiedades: antibacterianas, fungicidas y antivirales.

e) El *Thymus vulgaris* QT linalol tiene propiedades: antibacterianas, fungicidas, viricidas y antiparasitarias.

f) El T*hymus vulgaris* QT terpineol tiene propiedades hemolíticas.

g) El *Thymus vulgaris* QT cineol tiene propiedades descongestionantes de bronquios y pulmones.

h) El *Thymus vulgaris* QT paracimeno tiene propiedades: antiinfecciosas y analgésicas.

7.1.1.5 Volatilidad o sus notas

En función de sus notas, los aceites esenciales se clasifican en tres grupos:

a) Esencias Volátiles o <u>Notas Altas</u> o <u>Notas de Cabeza</u>. Índice de volatilidad alto.

b) Esencias Medias o <u>Notas Medias</u> o <u>Notas de Corazón</u>. Índice de volatilidad medio.

c) Esencias Fijas o Notas <u>Bajas</u>. Índice de volatilidad bajo.

A su vez, los aceites esenciales de cada grupo se dividen en tres subgrupos (subgrupo 1, subgrupo 2, subgrupo 3) para escalonar el carácter de más a menos volátil dentro de cada grupo.

Esencias volátiles o notas altas o notas de cabeza

Esencias volátiles, notas altas, notas de cabeza:

- Subgrupo 1. Aceites esenciales pertenecientes al subgrupo 1: Anís, Badiana, Bergamota, Cidra, Lima, Linaloes, Mandarina, Naranja amarga, Niaouli.

- Subgrupo 2. Aceites esenciales pertenecientes al subgrupo 2: Badiana, Ciprés, Elemi, Espliego, Eucaliptus, Gaulteria, Hinojos, Hisopo, Lavanda, Lavandín, Limón, Mejorana, Naranja dulce, Nuez moscada, Salvia, Semen-contra (Artemisa).

- Subgrupo 3. Aceites esenciales pertenecientes al subgrupo 3: Alcaravea, Almendra amarga, Angélica, Cilantro, Enebro (bayas), Hierbabuena, Laurel, Lemongrass, Menta piperita, Petitgrain, Pimienta, Ruda.

Esencias medias o notas medias o notas del corazón

Esencias medias, notas medias, notas del corazón:

- Subgrupo 1. Aceites esenciales pertenecientes al subgrupo 1: Albahaca, cálamo, cardamomo, capeyú, comino, jenjibre, lavanda (absoluto), melisa, mirra, mirto, poleo, salvia esclarea, tomillo y verbena.

- Subgrupo 2. Aceites esenciales pertenecientes al subgrupo 2: Bay, citronela Ceilán, Estragón, galbanum, geranio, lirio (abs), nerolí, orégano, pino (agujas), romero, rosa de mayo, rosa de oriente.

- Subgrupo 3. Aceites esenciales pertenecientes al subgrupo 3: Cedro, citronela de Java, clavo, jazmín (abs), mimosa, opopónax, palmarosa, perejil, pimiento, rosa (abs), sasafrás.

Esencias fijas o notas bajas

Esencias fijas, notas bajas:

- Subgrupo 1. Aceites esenciales pertenecientes al subgrupo 1: Ambarilla, Benjuí, cananga, canelas, clavel, estoraque, incienso, jacinto, junquillo, labdanum, musgo encina, naranjo (abs), narciso (abs), nardo (abs), opopónax (abs), ylang-ylang.

- Subgrupo 2. Aceites esenciales pertenecientes al subgrupo 2: Abedul, almizcle (res), ámbar gris, bálsamo Perú, cassie, castoreum, estoraque, guayaco, labdanum (res), lirio (res) naranjo (abs de flor), patchulí, vainilla (res), vetiver, violeta (hojas).

- SubGrupo 3. Aceites esenciales pertenecientes al subgrupo 3: Apio, Balsamo toló (bal), civeta (res), costus, haba tonka, musgo encina (abs), sandalo.

abs.: absoluto

res.: resina

bal.: balsamo

7.2 Aceite vegetal

El aceite vegetal es un compuesto graso obtenido por:

- Presión en frío de una nuez, un fruto o un grano oleaginoso.
- Maceración de una parte de la planta o de la planta completa en un aceite vegetal "base".

Los aceites vegetales base no deben estar perfumados, se han de obtener por el método de presión fría y no deben contener ningún tipo de solventes, herbicidas o residuos de pesticidas.

Una guía excelente de aceites vegetales es: *Aceites vegetales. Fuente de salud – Perlas de belleza.* D. Baudoux, J.Kaibeck, A-F. Malotaux.

7.2.1 Aceites vegetales como principios activos

Principales aceites vegetales utilizados como principios activos en los productos de cosmética:

- **Aceite de almendras dulces**. El aceite de almendras dulces es un aceite de origen vegetal extraído a partir de la expresión en frío de semillas de *Prunus dulcis*. Su composición incluye múltiples ácidos: palmítico, palmitoleico, margárico, esteárico, oleico, linoleico, araquidónico, gadoleico, génico y erúcico, tocoferoles, esteroles y gran cantidad de vitamina A y E. Estas características le confieren poder antioxidante y emoliente por lo que se utiliza en cosmética para tratar pieles secas e irritadas y en aquellas envejecidas para mejorar su complexión.

- **Aceite de amla**. La *Phyllanthus emblica L.* es una planta que se encuentra en las zonas tropicales y subtropicales de China, India, Indonesia y Malasia. Entre sus componentes se destacan fitoquímicos con propiedades farmacológicas que incluyen desde actividades antioxidantes y antiinflamatorias hasta antitumorales y anticancerígenas. También contiene flavonoides, alcaloides, fitoesteroles, saponinas y taninos. Dicha composición le otorga capacidad antioxidante, siendo un aceite con excelentes propiedades anti-envejecimiento, que además confiere hidratación y es útil para tratar la hiperpigmentación de la piel.

- **Aceite de granada**. El granado, *Punica granatum L.*, es un árbol originario de Irán. A partir de la semilla de su fruto, se extrae el aceite de granada, rico en vitamina C, B5 y potasio. Debido a que este aceite contiene ácido púnico y numerosos antioxidantes (polifenoles, antocianinas, ácido oxálico, ácido málico, flavonoides y taninos), es un componente ideal para adicionar en cosméticos. Este aceite vegetal posee propiedades antimicrobianas y antiinflamatorias. Contiene urolitina A, que actúa como regenerador celular, previniendo la aparición de arrugas, al mismo tiempo que aumenta la resistencia muscular, revitaliza y rejuvenece pieles maduras y secas. Por otro lado, su efecto regulador del sebo, le confiere gran eficacia en pieles grasas y sirve para prevenir el acné. Su rápida absorción le permite penetrar fácilmente en la piel y por las propiedades mencionadas está indicado para todo tipo de pieles: grasas, secas y sensibles.

- **Aceite de palta**. La *Persea americana*, conocida comúnmente como palta, avocado o aguacatees una planta perteneciente a la familia de las Lauráceas. Su fruto es ampliamente utilizado en el ámbito gastronómico y farmacéutico por sus numerosas propiedades terapéuticas. La pulpa del fruto se procesa para extraer un aceite natural de gran utilidad en cosmética. Alrededor de un 70% de la grasa de la palta es monoinsaturada, compuesta en su mayor parte por ácido oleico,que contribuye a reducir la irritación y el enrojecimiento de la piel, además,tambiénse le atribuye acción cicatrizante. El 30% de las grasas restantes son poliinsaturadas (omega 6 y omega 3) y saturadas (ácido palmítico). También cuenta con macronutrientes donde se destacan las vitaminas (A, B, C y E) y minerales como cobre, manganeso, fósforo, zinc, magnesio y potasio. Esta variada composición le concede poder antioxidante, fotoprotector, humectante y estimulante de la síntesis de colágeno y elastina para prevenir arrugas y líneas de expresión

- **Aceite de rosa mosqueta**. El aceite de rosa mosqueta proviene de las semillas de la especie *Rosa aff. rubiginosa L.*, originaria de Europa Central, aunque actualmente está extendida por América, Asia y norte de África. En cuanto a su composición química, posee un alto porcentaje de ácidos grasos esenciales poliinsaturados, entre los que se destacan el ácido cis-linoléico y alfalinoléico. También contiene flavonoides, vitamina C, taninos, betacaroteno y ácido transretinoico. En cosmética, se utiliza debido a su efecto sobre pieles fotoenvejecidas, ya que disminuye arrugas superficiales y decolora manchas en aquellas pieles que han sufrido gran exposición a las radiaciones solares. Los ácidos grasos que la componen favorecen la hidratación, y particularmente,sus ácidos insaturados participan en la síntesis de lasprostaglandinas, generación de membrana y procesos relacionados a la regeneración celular, estimulando la epitelización. Además de actuar sobre las capas externas de la piel, el aceite de rosa mosqueta ejerce acción revitalizante sobre los fibroblastos y las células productoras de colágeno, elastina y ácido hialurónico, para otorgarle firmeza y elasticidad a la piel. Presenta una textura ligera no grasa, por lo que la piel logra absorberlo fácilmente.

- **Aceite de semilla de merey**. El *Anacardium occidentale L.*, conocido como anacardo, merey, cajú o nuez de la india es un árbol originario de Costa Rica y Brasil. El aceite de semillas de merey es utilizado en cosmética debido a su capacidad de reconstruir las capas superiores de la epidermis, conferir hidratación y elasticidad a la piel. Su alto porcentaje de vitaminas E y A y ácidos grasos saturados e insaturados tales como ácido oleico y linoléico y en menor proporción palmítico, esteárico y linolénico, mejora visiblemente las arrugas. Este aceite se caracteriza por ser denso y viscoso, por lo que está indicado su incorporación en formulaciones cosméticas de uso nocturno.

7.2.2 Aceites vegetales como excipientes

Los aceites vegetales son excipientes ideales para los aceites esenciales ya que sus propiedades físico-químicas son muy similares.

Los aceites esenciales se pueden mezclar en cualquier proporción con los aceites vegetales y viceversa.

Aparte de unas pocas excepciones, los aceites esenciales siempre deben diluirse en un aceite vegetal base antes de aplicarlos en el cuerpo.

7.2.3 Comedogenecidad

Desde el punto de vista cosmético los aceites vegetales se clasifican de acuerdo a su grado comedogénico o su capacidad de tapar los poros de la piel. Ver punto **6.7.1. Índice de comedonenicidad.**

El grado comedogénico de un aceite vegetal hay que tenerlo en cuenta si forma parte de un producto cosmético dirigido a pieles grasas, acnéicas o con rosácea.

7.2.4 Formulaciones

Los aceites vegetales se incorporan a los productos cosméticos por sus propiedades dermocosméticas.

Los aceites vegetales son tanto principios activos como excipientes.

Como excipientes, los aceites vegetales constituyen o forman parte de la fase oleosa de un preparado cosmético.

7.3 Hidrolato, agua floral y elixir floral

Los hidrolatos y aguas florales se incorporan a los productos cosméticos por sus propiedades. Desde este punto de vista pueden considerarse principios activos. También pueden ser considerados excipientes al constituir la fase acuosa o forman parte de ella.

7.3.1 Hidrolato

Un **hidrolato** o **hidrosol** es un sub-producto de la destilación por arrastre de vapor de agua de las plantas aromáticas (flores, hojas, ramos, raíces) en el proceso de obtención de sus aceites esenciales. Los hidrolatos no son infusiones, ni maceraciones, ni decocciones.

El hidrosol (solución acuosa) contiene las moléculas hidrosolubles de la materia destilada, aquellas que el agua puede sostener por su peso molecular.

Para obtener un hidrolato hay que destilar. El vapor de agua, pasando a través de la planta, libera las moléculas aromáticas y se lleva sus principios activos. A continuación, se enfría este vapor de agua, y se obtiene así, por una parte, el aceite esencial por otra parte, el hidrolato (un agua impregnado con las moléculas aromáticas de la planta).

En el recipiente final, los dos productos se separan, el aceite esencial, más ligero que el agua, flota y permanece en la superficie, mientras que el hidrolato, más pesado, se queda en el fondo del esenciero. Sólo queda recuperarlos separadamente.

El hidrolato es oloroso, y lleva una determinada cantidad de moléculas aromáticas, procedentes de las plantas (menos del 5% de los componentes hidrosolubles).

Los hidrolatos son unos productos muy sensibles a la luz, al calor, y a las contaminaciones microbianas. Los hidrolatos puros, es decir sin ningún conservador, no pueden conservarse más que alrededor de 1 año.

7.3.1.1 Usos

Aplicaciones de los hidrolatos:

- Los hidrolatos forman parte de los ingredientes básicos para los cuidados de la piel. Los hidrolatos son muy suaves para la piel y discretamente perfumados, convienen a las pieles sensibles y a los niños.

- Los hidrolatos tienen propiedades interesantes para la limpieza del rostro, cuando no hay maquillaje.

- Los hidrolatos pueden utilizarse como tónicos.

- Los hidrolatos tienen una acción refrescante y astringente.

- Los hidrolatos se puede utilizar un vaporizador para pulverizarlos sobre el rostro o el cuerpo.

No dejar secar el hidrolato sobre su piel, secar sin frotar, con un pañuelo de papel o una toalla, al igual que un tónico, para no deshidratar su piel.

7.3.2 Agua floral

El **agua floral** es el hidrolato resultante de la destilación por arrastre de vapor de agua de las flores de las plantas aromáticas.

Las aguas florales se usan conjuntamente con los aceites esenciales. Su utilización no requiere ninguna precaución en particular.

Las aguas florales se emplean mucho en los cosméticos para los cuidados de la cara, en el baño de los niños, en la cocina, etc.

Las aguas florales que no contienen conservantes deben envasarse en frascos topacio estériles y almacenarse en un lugar fresco y oscuro.

7.3.3 Elixir floral

El **elixir floral** es un preparado acuoso resultante de la maceración de flores expuestas a la acción directa del sol.

Para obtener un elixir floral se procede de la siguiente manera:

1. Se llena con agua de manantial un recipiente de cristal.
2. Se recolectan las flores de plantas sanas y silvestres no sometidas a insecticidas.
3. Se añaden las flores a la superficie del agua.
4. Se coloca el recipiente con el agua y las flores a la exposición directa del sol durante 3 o 4 horas. Hay que evitar las nubes.
5. Se recolecta el agua en un recipiente topacio que contiene Brandy ecológico. El agua y el Brandy están en la misma proporción. Es decir, el 50% del contenido es agua y el otro 50% es Brandy.

7.4 Oligoelemento

El **oligoelemento** es un elemento químico que se halla en muy pequeñas cantidades en las células de los seres vivos y es indispensable para el desarrollo normal del metabolismo.

Los oligoelementos se utilizan para el tratamiento de acné, cuperosis, antiedad, adiposidad, y celulitis entre otros.

Los oligoelementos son útiles en el tratamiento de cicatrices y grietas así como en eccemas, dermatitis y demás problemas de piel.

Oligoelementos principales utilizados en los productos cosméticos:

- **Azufre** participa en las reacciones de formación de melanina; ayuda a mantener una correcta pigmentación de la piel.
- **Calcio** interviene en la formación de lípidos de la membrana celular, esto la hace más resistente y se puede defender mejor de las agresiones externas. Al tener unas células en mejor estado de salud, estas trabajan mejor favoreciendo la formación de proteínas importantes para la piel y así tener menos arrugas, mejor hidratación y menos flaccidez.
- **Magnesio** es el segundo oligoelemento elemento más abundante en el interior de las células. En la piel estimula la actividad y el metabolismo celular, es importante para la regeneración cutánea. Además, inhibe las enzimas que degradan la elastina, proteína, que, junto con el colágeno, constituye el soporte

fundamental de la dermis, en concreto esta se encarga de dar la elasticidad a la piel.

- **Zinc** es muy importante para la formación de colágeno, al igual que el silicio (oligoelemento muy utilizado en las fórmulas de mesoterapia facial dentro de los tratamientos de medicina estética). Ayuda a la cicatrización y reparación tisular. Actúa aliviando la sintomatología en las afecciones descamativas, de ahí que sea componente importante en los champús especiales para personas con estas alteraciones de cuero cabelludo, tal como la caspa.

7.5 Vitamina

Numerosos estudios clínicos que han demostrado la eficacia del uso de vitaminas en las formulaciones de productos para cuidado de la piel.

Principales vitaminas utilizadas en los productos cosméticos:

- **Vitamina A3 o retinol** estimula y regula la división celular, por lo que favorece la queratinización y es captadora de radicales libres. Puede reestructurar a largo plazo la trama de fibras alteradas en el tejido conjuntivo, y tiende a compensar las alteraciones y carencias de la piel envejecida. Se utiliza en forma de acetato de retinol y palmitato de retinol que son más estables. La dosis en cosmética es del 1 – 3%.

- **Vitamina A palmitato** es antioxidante, hidratante y rejuvenecedor.

    Estimula la formación de colágeno, acelera la renovación celular y ayuda a espesar la epidermis que se hace más delgada con el paso de los años. También ayuda a aumentar la elasticidad de la piel revirtiendo el daño producido por los rayos UVA. Dosis: 0,2-1%. Incorporar en la fase oleosa.

a) **Vitamina B3** o niacinamida forma parte de las coenzimas NAD y NADP que participan activamente de la reacción de reducción de los radicales libres producidos en el proceso del estrés oxidativo, otorgándole acción antioxidante, que resulta beneficiosa para mejorar la apariencia de las arrugas.

- **Vitamina C** estimula a los fibroblastos dérmicos para sintetizar colágeno. Se utilizan derivados más estables como el palmitato de ascorbilo, el linoleato de ascorbilo y el ácido ascórbico oxietilenado. Se adiciona a la fase acuosa en dosis del 0.1 al 1%.

- **Vitamina E** es antioxidante e hidratante. Su acción antioxidante se potencia cuando se asocia a la vitamina C. La dosis en cremas y lociones es 0.5 – 5%.

- **Vitamina F** posee una marcada acción emoliente por su composición en ácidos grasos. Se emplea del 0,5 al 3%.

7.6 Incorporación de principios activos a emulsiones

Un principio activo soluble en el agua y termorresistente se incorpora a la fase acuosa.

Un principio activo soluble en lípidos y termorresistente se incorpora a la fase oleosa.

Un principio activo en polvo, soluble en el agua y termolábil. Primero se disuelve en parte del agua en frío y luego se añade a la emulsión elaborada y fría.

Un principio activo en polvo, soluble en lípidos y termolábil. Utilizando un mortero incorporarlo a un intermediario (poliol o grasa liquida; según la fase externa de la emulsión).

Un principio activo líquido, soluble en el agua y termolábil. Incorporar a emulsión una vez elaborada y fría.

Un principio activo líquido, soluble en lípidos y termolábil. Incorporar a emulsión una vez elaborada y fría.

Un principio activo insoluble mezclar en mortero con poliol e incorporar a emulsión O/W.

Un principio activo insoluble mezclar en mortero con vaselina líquida e incorporar a emulsión W/O.

Un principio activo insoluble mezclar en mortero con emulgente silicónico (dimeticona poliol) e incorporar a emulsión W/S.

Un principio activo insoluble mezclar en mortero con poliol e incorporar a emulsión O/W glucídica.

8 Excipientes

Prácticamente casi todos los principios activos que se administran por vía tópica están incorporados en bases o vehículos (excipientes) que ponen en contacto a los fármacos con la piel.

La elección del excipiente apropiado en las formulaciones tópicas tiene un gran impacto sobre la biodisponibilidad del principio activo y por consiguiente sobre su efecto terapéutico.

El excipiente debe liberar el principio activo en el lugar y a la velocidad adecuada y en condiciones óptimas para su acción.

La afinidad relativa del principio activo entre el excipiente y los tejidos o biofases deberá balancearse adecuadamente para alcanzar el objetivo requerido.

Las propiedades físico-químicas de los componentes de una formulación de aplicación tópica deben ser objeto de un estudio previo con el fin de obtener un preparado dermatológico dotado de la estabilidad adecuada y exento de incompatibilidades que puedan provocar una pérdida o modificación de su acción.

8.1 Propiedades

Los excipientes deben de poseer una serie de características que pueden resumirse en los siguientes apartados:

a) Compatibilidad física y química frente al principio activo que incorporan, así como frente al material de acondicionamiento.

b) Ceder adecuadamente el principio activo.

c) pH neutro o débilmente ácido, lo más próximo posible al de la piel.

d) Proporcionar a la fórmula una adecuada extensibilidad y consistencia para que pueda aplicarse con facilidad sobre la piel o cavidades mucosas.

e) Buena tolerancia y no manifestar efectos de irritación o sensibilización.

f) Características organolépticas no desagradables.

g) Posibilidad de poder resistir la esterilización.

h) Estabilidad suficiente frente a los factores ambientales para poder garantizar su conservación.

i) resulta interesante que puedan ser eliminados de la piel con facilidad y que en la medida de lo posible no manchen la piel ni los tejidos.

8.2 Funciones

Los excipientes de un producto cosmético cumplen distintas funciones:

a) Antioxidante.

b) Conservante.

c) Corrector del pH.

d) Emulsionante.

e) Espesante y gelificante.

f) Humectante.

g) Quelante.

h) Solubilizante.

8.3 Antioxidantes

Antioxidante aquella substancia que ayuda a ralentizar el proceso de enranciamiento de un aceite o manteca.

El enranciamiento es un proceso natural que ocurre por oxidación o hidrólisis que provoca, entre otras, que cambien atributos como el sabor o el olor.

Por ejemplo, un aceite como el de almendras dulces, produce un olor y sabor muy parecido al de su propio fruto rancio. Este es muy característico y fácil de identificar.

Los antioxidantes se usan principalmente en fórmulas ricas en aceites o grasas, que son las que tienen componentes con tendencia a la oxidación (o enranciamiento).

Los antioxidantes se utilizan para asegurar la estabilidad química del producto cosmético.

La vitamina E que es soluble en la fase oleosa es un antioxidante utilizado en la cosmética natural en una concentración de 0.05% – 0.1%. Si se supera el 0,1% de vitamina E en un producto cosmético puede favorecerse el proceso de enranciamiento.

8.4 Conservantes

Los conservantes se definen como sustancias químicas con actividad antimicrobiana que se incorporan en los cosméticos en muy pequeña concentración (entre un 0,0005 y un 1% de sustancia activa) durante el proceso de fabricación. Su función es la de prevenir a los productos frente a la contaminación microbiana durante la fabricación, almacenaje y uso cotidiano del consumidor, pero nunca deben utilizarse para destruir los microorganismos de productos cosméticos contaminados.

El conservante ideal debería reunir las siguientes características: tener un amplio espectro de actividad antimicrobiana, que no produzca ninguna reacción de sensibilización, que tenga una estructura química conocida, que sea completamente soluble en agua, que permanezca estable en condiciones extremas de pH y temperatura, que sea compatible con todos los ingredientes de la formulación y envasado, que no altere los caracteres organolépticos del cosmético al cual se ha incorporado y, por último, que sea barato.

Por desgracia, ningún agente conservante por si solo puede satisfacer todos estos criterios. Por ello, el sistema conservante suele incorporar más de un conservante.

A la hora de elegir un conservante antimicrobiano hay que determinar su actividad antimicrobiana frente a bacterias gram + y gram -, así como frente a mohos y levaduras.

La elección la debe realizar el microbiólogo cosmético, quien basándose en la experiencia de formulaciones anteriores y considerando la naturaleza química de los ingredientes, método de fabricación, propiedades fisicoquímicas del producto, tipo de envase, condiciones de aplicación y coste, escogerá el conservante o sistema conservante más adecuado para cada producto.

La elección del sistema conservante más adecuado siempre debe ser un compromiso entre la eficacia, estabilidad y seguridad.

Casi todos los conservantes actúan desnaturalizando las proteínas o afectando a la permeabilidad de la membrana de los microorganismos y, por tanto, bloqueando el transporte y la generación de energía.

Un cosmético «sin conservantes» significa que no contiene sustancias activas antimicrobianas que actúan como conservantes. En este caso, la fórmula será microbiológicamente segura si se ha fabricado en condiciones estériles y está contenida en un envase que no permita el acceso de los microorganismos, bajo ningún concepto. Si estos requisitos no se cumplen, el cosmético estará expuesto a la contaminación microbiológica y se producirá la multiplicación imparable de los microorganismos.

Una alternativa posible que permite reducir o eliminar el uso de conservantes es cuando el formulador aprovecha las propiedades antimicrobianas que pueden tener algunos de los ingredientes cosméticos (alcoholes, detergentes, fragancias, antioxidantes), trabaja a pH extremos o con baja actividad de agua, controla la carga microbiológica mediante Normas de Correcta Fabricación y se utilizan envases de un solo uso o que no permitan el contacto del producto con la piel del usuario o con el ambiente. Sólo si se cumplen estas condiciones podemos hablar de productos autoconservados y permitirá a los fabricantes vender cosméticos libres de conservantes.

Para información adicional sobre conservantes ver punto **21 Sistema conservante**.

8.5 Correctores del pH

Los **correctores de pH** tienen como función ajustar el pH del producto cosmético. Existen dos tipos de correctores de pH los que lo aumentan y los que lo disminuyen.

Correctores de pH que aumentan el pH:

- Solución al 20% de bicarbonato.
- Solución al 20% de hidróxido sódico.
- Solución al 20% de hidróxido potásico.

Correctores de pH que disminuyen el pH:

- Solución al 20% de ácido cítrico.
- Solución al 20% de ácido láctico.

8.6 Espesantes

Los **espesantes** son sustancias que aumentan la densidad del producto cosmético aportando densidad, textura y extensibilidad.

Las ceras vegetales son unas sustancias grasas, sólidas a temperatura ambiente, que fabrican las plantas y depositan en la superficie de las flores, hojas y tallos para protegerse de las bacterias y los insectos. También las protegen de las situaciones extremas del medio ambiente (excesiva humedad y sequía) y de la pérdida de agua por evaporación en las estaciones y climas secos.

Las ceras vegetales cuando se mezclan con aceites y mantecas vegetales, aumentan su viscosidad y dureza. Con pequeñas cantidades de ceras los aceites se vuelven melosos y las mantecas endurecen. También influyen en la textura final de los cosméticos. Las ceras duras y cristalinas como la carnauba dan texturas quebradizas y rígidas. Las ceras mas pastosas, como la soja, producen texturas cremosas.

Las ceras son emolientes (suavizan la piel seca), forman una capa protectora y crean una barrera en la superficie de la piel. Esto la protege frente a los factores ambientales y reduce la pérdida de agua a través de la piel.

No hay que confundir las ceras de las plantas con las ceras que se obtienen por hidrogenación de un aceite vegetal. Estas ceras tienen un INCI distinto que las identifica como aceites hidrogenados y no como ceras vegetales de plantas.

Las ceras vegetales tienen distintos puntos de fusión, texturas y aromas.

Cera	Punto de fusión
Cera de laurel	35 - 45°C
Cera de naranja	35 - 60°C
Cera de frutas myrica	45 - 55°C
Cera de bayas	48 - 54°C
Cera de candelilla	69 - 75°C
Cera ozokerita	73 - 93°C
Cera de girasol	74 - 77°C
Cera de salvado de arroz	77 - 86°C
Cera de carnauba	80 - 86°C

8.7 Gelificantes

Algunos espesantes son también **gelificantes** y dan lugar a la formación de geles.

8.7.1 Tipos

Tipos de agentes gelificantes según su origen:

a) **Agentes gelificantes de origen natural**.

- Agentes gelificantes de origen vegetal: el almidón, la pectina, la goma arábiga, la goma guar, la goma de tragacanto, la goma xhantam, el agar agar, los alginatos.

- Agentes gelificantes de origen animal: la gelatina.

b) **Agentes gelificantes de origen semisintético**.

- Derivados de la celulosa: metilcelulosa, carboximetilcelulosa, hidroxietilcelulosa, hidroxipropilcelulosa e hidroxipropilmetilcelulosa. Derivados de la goma guar.

c) **Agentes gelificantes de origen sintético**.

- Carbómeros: *Carbopol® 940*, *Hispagel® 200 NS*.

Tipos de agentes gelificantes según el mecanismo de gelificación:

- **Agentes gelificantes pH dependientes** son aquellos que generan un gel dependiendo del pH del medio. Por ejemplo: *Carbopol® 940*, *Jaguar® HP 8*.

- **Agentes gelificantes pH-independientes** son aquellos que generan un gel por si mismos independientemente del pH del medio.

- **Agentes gelificantes** que originan un gel **por imbibición**. Por ejemplo: agentes gelificantes derivados de la celulosa, las gomas, la pecina, los aliginatos, *Sepigel™ 305*.

En la formulación de cosméticos para piel sensible no es aconsejable utilizar agentes gelificantes pH dependientes.

El anexo III del *Reglamento (CE) Nº 1223/2009 sobre productos cosméticos* contiene **la lista de las sustancias que no podrán contener los productos cosméticos salvo con las restricciones establecidas**. En esta lista se indica la concentración máxima de sustancia permitida en el producto cosmético preparado para su uso.

8.8 Humectantes

Humectante es una sustancia higroscópica que forman una barrera protectora que impide la pérdida de agua de la piel y favorece la captación de agua del medio. En su acción desempeña un importante papel la humedad relativa del ambiente; la capacidad humectante es mayor cuanto más elevado es el grado de humedad relativa ambiental.

Propiedades deseables en un humectante ideal utilizado en la formulación de un producto cosmético:

a) **Ausencia de corrosividad, reactividad y toxicidad.** El humectante no debe ser: corrosivo para los materiales del envase; ni tóxico ni irritante; y no presentar reactividad.

b) **Compatibilidad** con una amplia gama de materias primas. En este sentido son deseables las propiedades disolventes o solubilizantes.

c) **Estabilidad.** El humectante no debe ser volátil y no debe solidificarse ni cristalizar en condiciones normales de temperatura y utilización con fines cosméticos

d) **Higroscopicidad** adecuada para estabilizar la humedad de la piel y alcanzar un equilibrio dinámico con la humedad relativa ambiental.

e) **Propiedades organolépticas** que no confieren al producto cosmético ni color, ni olor ni sabor desagradables o inadecuados para el tipo de formulación de que se trate.

f) **Viscosidad adecuada**. La curva viscosidad-temperatura debe ser relativamente plana, a fin de no interferir *per se* en posibles cambios de textura en el preparado que lo integra

8.8.1 Tipos

Tipos de humectantes:

a) Inorgánicos.

b) Orgánicos.

c) Metalo- orgánicos.

El anexo III del *Reglamento (CE) Nº 1223/2009 sobre productos cosméticos* contiene **la lista de las sustancias que no podrán contener los productos cosméticos salvo con las restricciones establecidas**. En esta lista se indica la concentración máxima de sustancia permitida en el producto cosmético preparado para su uso.

8.9 Emulsionantes

Un **emulsionante**, **emulsificante** o **emulgente** es una sustancia que ayuda en la mezcla de dos sustancias que normalmente son poco miscibles o difíciles de mezclar.

Los emulsionantes son un tipo de tensioactivos, con una estructura con afinidad a los lípidos (lipófila) y otra con afinidad por el agua (hidrofílica), que puede establecerse en torno a las capas límite entre los componentes acuosos como aceitosos.

8.9.1 Tipos

Tipos de emulsionantes según su comportamiento en solución acuosa:

a) **Emulsionante aniónico** posee carga negativa en solución acuosa. Buen espumante y detergente, aunque agresivo para la piel. Por ejemplo: *Cera Lanette N, Cera Lanette SX*.

b) **Emulsionante catiónico** presenta carga positiva en solución acuosa. No es ni buen espumante ni detergente. Buen humectante y acondicionador.

c) **Emulsionante anfótero** en función del pH del medio puede comportarse como un emulsionante aniónico o catiónico. Por ejemplo: Cocamidopropil betaína.

d) **Emulsionante no iónico** no posee carga eléctrica en solución acuosa y no es afectado por el pH del medio. Buen acondicionante. Los emulsionantes no iónicos son los que presentan mejor tolerancia cutánea y son utilizados en la formulación de productos cosméticos para pieles sensibles. Por ejemplo: *Lexemul® 561, Montanov™ 68, Olivem® 1000, Polawax®NF, Polisorbato 20, Polisorbato 80, Tego Care PS®*.

Al formular un producto cosmético para piel sensible debe utilizarse un emulsionante no iónico de tipo glucídico como:

- *Montanov 68®*. INCI: cetearyl glucoside, cetearyl alcohol.
- *Tego Care PS®*. INCI: methyl glucose sesquistearate.

Tipos de emulsionantes según la fase externa de la emulsión:

a) Los **emulsionantes W/O** se usan para hacer cremas con más aceite que agua. Las cremas W/O, al tener mayor proporción de aceites, son más nutritivas y están indicadas para pieles secas y maduras.

b) Los **emulsionantes O/W** se utilizan para las que contienen más agua que aceite. Las cremas O/W son más ligeras puesto que contienen más agua, así que son ideales para pieles mixtas, jóvenes y con tendencia grasa.

c) Los **emulsionantes O/W y W/O**.

Emulsionantes O/W:

- **Cera Lanette N**. Emulsionante natural y base autoemulsionable de carácter aniónico, capaz de producir emulsiones por sí misma. Recomendada para todo tipo de pieles.
- **Cera Lanette SX**. Base autoemulsionable carácter aniónico, que puede producir emulsiones por sí misma. Se absorbe por la piel sin dejar sensación grasa.
- **Glicerilo monoestarato**. Auto-emulsionante con capacidad para absorber hasta diez veces su peso en el agua. Aportada buena consistencia y estabilidad.
- **Lanolina etoxilada**. Tiene propiedades suavizantes y es hidrosoluble. Además, destaca por su actividad acondicionadora. Es de origen natural.
- **Lexemul® 561**. Autoemulsionante no iónico para todos los tipos de sistemas O/W cremas o lociones.

- ***Montanov*™ *68***. Emulsionante de origen vegetal derivado del extracto de glucosa de la mandioca y de las grasas extraídas del aceite de coco.

- ***Olivem® 1000***. Emulsionante natural para cremas que se obtiene del aceite de oliva.

- ***Polawax®NF***. Auto-emulsionante O/W (Aceite en Agua), no iónico. cera autoemulsionante muy usada en la industria cosmética y farmacéutica. Permite la creación de cremas muy finas, con un espesor y con una textura excelente y una alta estabilidad en un amplio rango: de pH y la temperatura.

- ***Polisorbato 80***. El polysorbate 80 o polisorbato 80 es un emulsionante O/W y tensioactivo no iónico que se usa como ingrediente cosmético.

- ***Trietanolamina 85%***. Ayuda a solubilizar los aceites y otros ingredientes que no son completamente solubles en el agua. Además, se usa para neutralizar los ácidos grasos y conseguir un pH adecuado para la piel.

Emulsionantes O/W utilizados en cosmética natural:

- ***Cire Emulsifiante n°1.***
- ***Cire Emulsifiante n°2.***
- ***Cire Emulsifiante n°3.***
- ***Cire Emulsifiante Olive Douceur.***
- ***Cire Emulsifiante Olive Protection.***
- ***Emulsan.***
- ***Ester de sucre.***
- ***Gélisucre BIO.***
- ***Olivem 1000.***

Emulsionantes W/O:

- ***Alcohol cetílico***. Ayuda a absorber el agua y tiene propiedades emolientes y nutritivas. Aporta estabilidad y aumenta su consistencia. Es necesario combinarlo otro emulsionante.

- ***Alcohol Cetoestearílico***. Tiene propiedades emolientes, este emulsionante ayuda a controlar la viscosidad y opaca la crema final.

- **Lanolina anhidra**. Emulsionante de origen animal que se obtiene de la lana y que posee propiedades suavizantes.
- **Polisorbato 20**. Destaca por su poder humectante, de ahí que sea unos de los emulsionantes W/O más usados.

Emusionantes de los aceites esenciales:

- **Lecitina fluída Plus**.
- **Solubol**. Dosificación como emulsionante: 4 veces el volumen de aceites esenciales.

Coemulsionantes:

- *Alcool cétylique*.
- *Emulsifiant MF*.
- *Emulsifiant VE*.
- *Lécithine de Soja*.

En general, como ningún emulsionante posee las propiedades necesarias para la formación de una emulsión estable, lo más frecuente es la utilización de mezclas de emulsionantes en cosmética.

Las propiedades de los distintos emulsionantes utilizados en los productos cosméticos se describen en el Anexo en **Emulsionantes**.

8.9.2 Incompatibilidades con las bases emulsionantes aniónicas

Las bases emulsionantes aniónicas son incompatibles con electrolitos fuertes, tensioactivos catiónicos y sustancias orgánicas de tipo catiónico. La estabilidad puede verse comprometida a valores de pH inferiores a 5. Ejemplos de principios activos que pueden producir este tipo de incompatibilidades son los sulfatos de cobre y cinc en alta concentración, clorhidróxido de aluminio, lactato amónico, ácido glicólico tamponado hasta pH 3 - 4, ácido láctico en concentraciones que originen un pH inferior a 5, cloruro de benzalconio, disódico cromoglicato, etc.

8.9.3 Incompatibilidades con las bases emulsionantes no iónicas

Las bases emulsionantes no iónicas son bastante compatibles con la mayoría de los principios activos, aunque caben varias excepciones: la hidroquinona en concentraciones superiores al 2% produce la ruptura de estas bases al cabo de unas 12 h de haber sido elaboradas; con ácido salicílico en concentraciones superiores al 3% se produce la ruptura de forma prácticamente instantánea.

8.10 Quelantes

Quelación es la reacción química entre un agente quelante y un metal.

Un **quelante**, agente quelante o secuestrante o antagonista de metales, es una sustancia que forma complejos denominados quelatos con iones de metales pesados.

Cada quelante puede tener su propia especificidad con respecto al metal que puede quelar, aunque también existen quelantes menos específicos, es decir, que pueden ser utilizados para quelar diferentes metales la vez.

La acción de un quelante depende del pH del medio.

Agentes quelantes utilizados en productos cosméticos naturales:

a) El ácido fítico.
b) Dermofeel® PA-3.

En cosmética los quelantes realizan las siguientes <u>funciones:</u>

a) Antimicrobiano. Los agentes quelantes pueden inhibir, parcial o completamente, la acción metal-enzima que se necesita para ciertas reacciones metabólicas esenciales para la supervivencia y multiplicación de los microorganismos. Si la función que se inhibe es esencial para el microorganismo, se producirá la muerte o debilitación de este. Los quelantes en cosmética son especialmente útiles por su acción sobre la pared de los lipopolisacáridos de las bacterias gram negativas, que por otro lado, son las bacterias más resistentes al uso de los conservantes. Según el tipo de microorganismo afectado, podemos obtener un efecto bactericida o fungicida, y en algunas ocasiones un efecto híbrido.

b) Antioxidante. Metales como el hierro o el cobre reaccionan con el oxígeno originando óxidos que alteren el producto cosmético a nivel organoléptico tanto por decoloración, como por formación de olores.

c) Estabilizantes de la peroxidación. En formulaciones que contengan peróxidos la adición de los agentes quelantes evita su descomposición.

d) Efecto sinérgico con los conservantes permitiendo reducir la concentración de los mismos.

e) Reductores de la dureza del agua. En el agua utilizada para la higiene doméstica habitual, existen minerales como el calcio y el magnesio que reducen la habilidad de formar espuma de los sistemas tensioactivos, y que, por tanto, podrían afectar a su eficacia. Los agentes quelantes se unen a estos minerales del agua, y de esta manera mejoran el rendimiento de este tipo de productos de higiene.

8.11   Solubilizantes

Un **solubilizante** es un compuesto anfifílico que permite preparar disoluciones acuosas, de concentración un tanto elevada, de sustancias inmiscibles o parcialmente miscibles con el agua.

Cuando un tensoactivo se disuelve o dispersa en el agua, aquel queda absorbido en la superficie de ésta. Pero si la concentración de éste es elevada, existirá un exceso de éste que no puede ser absorbido en la superficie del líquido y que formará micelas. La solubilización puede ocurrir en un sistema que consta de un disolvente, un coloide de asociación (por ejemplo, un coloide que forma micelas), y al menos otro componente llamado solubilizador o solubilizante:

Los solubilizantes son más solubles en el agua que los emulsionantes y se utilizan para incorporar un total máximo de 2% de sustancias lipídicas en una fórmula cosmética que contenga agua, como es el caso de un champú, gel de baño o tónico transparentes.

Solubilizantes sintéticos:

- *PEG 40 hydrogenated castor oil.*
- *Polysorbate 20.*
- *Polysorbate 80.*

Solubilizantes naturales:

- *Natragem S140NP®.*
- *Tegosolve 55®.*
- *Sepiclear G7®.*
- *Plantacare 810 UP®.*

Entre los solubilizantes naturales cabe destacar por su efectividad y precio: *Natragem S140NP®* y *Tegosolve 55®*.

8.12 Tensioactivos

La suciedad cutánea presenta una elevada tensión interfacial en relación al agua, por lo que no se puede eliminar por arrastre directo. Por ello, los cosméticos cuyo propósito es la limpieza (champús, geles de baño y ducha) contienen tensioactivos que permiten reducir la suciedad cutánea por micelización o emulsificación de la suciedad.

Los **tensoactivos** o **tensioactivos** (también llamados surfactantes) son sustancias que influyen por medio de la tensión superficial en la superficie de contacto entre dos fases (p.ej., dos líquidos insolubles uno en otro).

La medida en que el carácter hidrófilo o el lipófilo dominan en un tensioactivo está representada por el valor **HLB**.

a) Un valor de *HLB* alto (10 a 18) indica una sustancia más hidrófila, que es adecuada para las emulsiones de aceites en el agua (O/W).

b) Las sustancias con un *HLB* bajo (3 a 8) son lipófilas y son adecuadas para emulsiones de agua en aceite (W/O).

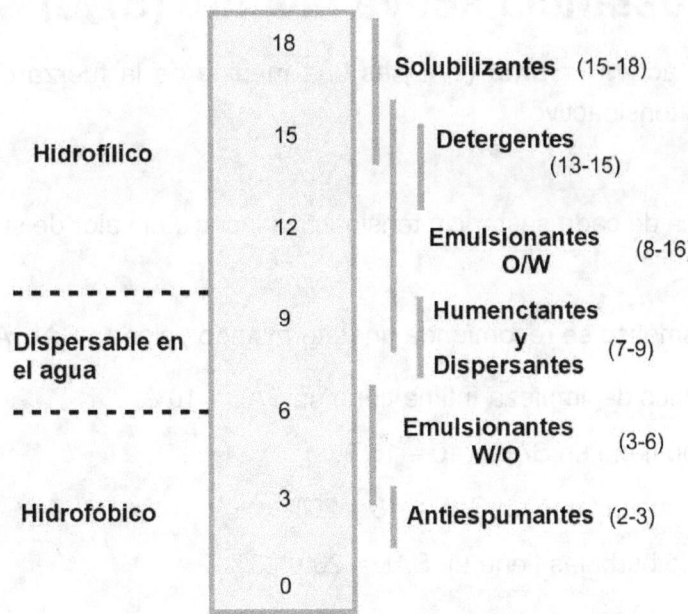

En función de su valor *HLB* los tensioactivos se pueden emplear como: solubilizantes, detergentes, emulsionantes O/W, humectantes, dispersantes, emulsionantes W/O, y antiespumantes.

El anexo III del *Reglamento (CE) Nº 1223/2009 sobre productos cosméticos* contiene **la lista de las sustancias que no podrán contener los productos cosméticos salvo con las restricciones establecidas**. En esta lista se indica la concentración máxima de sustancia permitida en el producto cosmético preparado para su uso.

8.12.1 Formulación de productos cosméticos con tensioactivos

Los productos cosméticos (champús, geles de baño, jabón líquido) en los que su capacidad lavante es una característica determinante suelen formularse con una mezcla de 2 o 3 tensioactivos.

1. El tensioactivo principal o primario tiene la función de lavar. Pero como contrapartida suele ser algo agresivo para la piel.

2. El tensioactivo de constraste o secundario tiene la función de atenuar el efecto lavante del tensioactivo principal. Suele ser un tensioactivo anfótero.

3. El tensioactivo terciario.

8.12.2 Sustancia activa lavante (SAL)

La **sustancia activa lavante** (SAL) es una medida de la fuerza de lavado o poder detergente de un tensioactivo.

La ficha técnica de cada sustancia tensioactiva incluye el valor de su SAL.

Para cada cosmético se recomienda un determinado valor de SAL. Así, por ejemplo:

- Un cosmético de limpieza íntima tiene un SAL = 10%.
- Un champú tiene un SAL = 10 – 15%.
- Un gel de ducha tiene un SAL = 18 – 20%.
- Un baño de burbujas tiene un SAL = 20 – 25%.

Para calcular el valor de SAL en un producto cosmético se utiliza la siguiente fórmula:

$$SAL_{total} = \frac{\sum_{i=1}^{n}(T_i \cdot SAL_i)}{100}$$

donde:

- T_i es la cantidad en gramos del tensioactivo i.
- SAL_i es el valor de SAL para el tensioactivo i.

Es decir, para calcular el valor de Sal de un producto cosmético:

1. Primero, hay que multiplicar el peso de cada tensioactivo que intervenga en la fórmula por el valor de su SAL.
2. Luego, hay que sumar todos los valores anteriores.
3. Finalmente, hay que dividir por 100 el total anterior.

Existen online calculadoras del valor de SAL de un producto cosmético.

EJEMPLO

Ejemplo práctico. Calcular el SAL de un producto cosmético que tiene los siguientes ingredientes:

- 18 gr de *decyl glucoside*.

- 14 gr de *coco glucoside*.

Primero debemos conocer el valor SAL para cada uno de ellos. Así:

decyl glucoside tiene un SAL = 53

coco glucoside tiene un SAL = 53

Ahora aplicaremos la fórmula anterior:

$$SAL_{total} = \frac{\sum_{i=1}^{n}(T_i \cdot SAL_i)}{100} = \frac{(18 \cdot 53)+(14 \cdot 53)}{100} = \frac{954+742}{100} = 16{,}96\%.$$

8.13 Fragancias

Las **fragancias** son mezclas químicas que tienen olor o aroma.

La fragancia, es un ingrediente que suele agregarse para que el producto huela bien, o para enmascarar el propio olor de los otros ingredientes.

Son numerosas las fragancias que pueden utilizarse en la elaboración de cosméticos. A modo de ejemplo se mencionan algunas fragancias que pueden conseguirse en la página web de Aroma-Zone.

- **Floral**: *Fleur d'Oranger* (16 gotas por 100mL total), *Pétales de Rose* (16 gotas por 100mL total) y *Fleur de Vanille* (16 gotas por 100mL total).
- **Frutal**: *Cerise exquise* (16 gotas por 100mL total), *Pêche à croquer* (16 gotas por 100mL total) y *Sorbet d'Abricot* (16 gotas por 100mL total).
- **Marino**: *Aqua'zen* (16 gotas por 100mL total).
- **Oriental**: *Trésor ambré* (16 gotas por 100mL total).
- **Polvoriento**: *Douceur d'Ange* (16 gotas por 100mL total), *Fleur de Coton* (16 gotas por 100mL total) y *Babydoll* (16 gotas por 100mL total).
- **Solar**: *Monoï* (16 gotas por 100mL total) y *Sublime* (16 gotas por 100mL total).

Hay que tener en cuenta que las fragancias provocan irritación y alergias en algunos tipos de pieles sensibles.

8.14 Colorantes

Un **colorante** es un compuesto orgánico que al aplicarlo a un sustrato le confiere un color más o menos permanente. Un colorante se aplica en disolución o emulsión y el sustrato debe tener cierta afinidad para absorberlo.

Los colorantes utilizados en este tipo de cosméticos deben presentar unas características comunes tales como figurar en las listas positivas de la legislación cosmética vigente, ser dermatológicamente inocuos, cumplir los requisitos de pureza química y presentar el tamaño de partícula adecuado para su incorporación.

Los vehículos o excipientes utilizados en los productos cosméticos decorativos pueden agruparse en polvos sueltos o compactos, suspensiones, pomada y emulsiones.

Los colorantes utilizados en cosmética pueden ser sintéticos o naturales.

Una buena fuente de colorantes cosméticos puede encontrarse en la página web de Proquimac.

Son numerosos los colorantes que pueden utilizarse en la elaboración de cosméticos. A modo de ejemplo se mencionan algunos colorantes que pueden conseguirse en la página web de Aroma- Zone.

- **Avellana reluciente**: *Mica noisette* (0,5%).
- **Luminosidad**: *Poudre de Lumière* (1 g por 100 mL total).
- **Oro**: *Mica Poudre d'or* (2%).
- **Rosa**: *Rouge Grenadine* (16 gotas por 100 mL total).

En la fabricación de jabón artesanal se utilizan como colorantes micas y óxidos metálicos. Siendo los óxidos metálicos los más adecuados porque mantienen mejor el color en el jabón.

9 Emulsión

Una **emulsión** es una mezcla de dos líquidos inmiscibles de manera más o menos homogénea. Por tanto, una emulsión es una dispersión de un líquido (fase dispersa) en forma de pequeñísimas partículas en el seno de otro líquido (fase continua o dispersante) con el que no es miscible.

Una emulsión es una dispersión termodinámicamente inestable de dos o más líquidos inmiscibles o parcialmente miscibles. Los diámetros de las gotas líquidas que se encuentran dispersas se encuentran en el rango: de 0.5 y 100 µm.

Aunque se traten de dispersiones termodinámicamente inestables, las emulsiones pueden convertirse en cinéticamente estables gracias a la presencia de agentes tensioactivos (emulsionantes o emulsificantes) que presentan la capacidad de absorción en las superficies de las gotas.

Los **emulsionantes** son sustancias químicas, que se utilizan para reducir la tensión superficial entre ambas fases, permitiendo así formar y estabilizar las emulsiones. Dicha capacidad desciende con la concentración de emulgente hasta un determinado valor (concentración micelar crítica) por debajo del cual ya no es posible formar las micelas.

En la mayoría de las emulsiones una de las fases es acuosa y la otra lipídica.

El tipo de emulsión que se tiende a formar depende del balance entre las propiedades hidrófilas e hidrófobas del agente emulsificante. Generalmente se suele cumplir la regla de Bancroft: la fase continua es aquella la cual solubiliza al agente emulsificante.

Como las emulsiones están presentes una fase hidrofílica y una fase lipofílica, constituyen un vehículo ideal para incorporarlos ingredientes necesarios para formular un producto destinado al cuidado de la piel.

9.1 Estabilidad de una emulsión

La estabilidad de una emulsión puede alterarse originando:

a) <u>Sedimentación</u> de la fase dispersa al fondo. La sedimentación ocurre por la acción de la gravedad y produce un gradiente vertical de concentración de las gotas sin variar el tamaño de las mismas.

b) <u>Creaming</u> de la fase dispersa a la superficie. Ocurre con las emulsiones O/W las gotas de aceite son menos densas que la fase continua y acuosa.

c) <u>Floculación</u> o adhesión de las gotas sin fusionarse sin variar la el tamaño de las gotas.

d) <u>Coalescencia</u> es la fusión de gotas para crear unas gotas más grandes con la eliminación de parte de la interfase líquido/líquido.

e) <u>Engrosamiento de gotas</u> (Ostwald ripening). Se debe al crecimiento de las gotas más grandes a costa de las más pequeñas hasta que éstas últimas prácticamente desaparecen.

En general, el complejo proceso de la inestabilidad de las emulsiones suele ocurrir mediante la combinación de los cinco posibles procesos de inestabilidad que pueden suceder simultáneamente a diferentes velocidades. De hecho, la mayoría de las veces, dos de los procesos anteriormente citados se suelen producir simultáneamente.

<u>Causas de la inestabilidad de una emulsión</u>:

1. Crecimiento microbiano.
2. Formación de grumos.
3. Oxidación.
4. Ruptura de la emulsión producida por los fenómenos de la <u>agregación</u> (unión de los glóbulos de la fase interna de la emulsión) y posterior <u>coalescencia</u> (fusión de los glóbulos agregados de la fase interna originando agregados mayores amorfos). Se produce una separación de las fases.

La existencia de burbujas de aire (microburbujas) en forma de pequeñas burbujas en las emulsiones puede originar:

a) La ruptura de la emulsión o separación de las fases. Las microburbujas existentes en el seno de la emulsión compiten por el emulgente ya que éstas también tienden a emulsificarse, dejándolo deficitario para la emulsión formulada. En este caso el sistema emulgente además de mantener la estabilidad de las fases acuosa y oleosa de la emulsión, también emulsiona a las burbujas de aire. Si éstas están en alta proporción el sistema emulgente tiende a emulsionar a las mismas, no quedando suficiente para emulsionar a las fases oleosa y acuosa de la emulsión.

b) La oxidación de los principios activos oxidables.

La formación de las burbujas de aire en una emulsión se origina al utilizar un agitador mecánico inadecuado a alta velocidad. Por tanto, deben utilizarse agitadores mecánicos que no ocasionen turbulencias.

La clave para crear una emulsión estable es obtener el tamaño más pequeño de glóbulo posible. Cuanta más energía de cizallamiento se introduce en la mezcla, más se reducen las gotitas suspendidas, así creando una emulsión fina estable.

9.2 Tipos de emulsiones

Como indica la regla de Bancroft el tipo de emulsión que se forma viene determinado por el tipo de emulsionante presente en el sistema y no por los porcentajes relativos de fase acuosa y oleosa presentes en la emulsión. De acuerdo con la Regla de Bancroft la fase continua será aquella en la que el emulsionante es más soluble.

Las emulsiones pueden clasificarse atendiendo a:

a) La naturaleza iónica del emulgente
b) La naturaleza de la fase externa.
c) El tamaño de los glóbulos de la fase dispersa.
d) Consistencia.
e) Evanescencia u oclusividad.

9.2.1 Naturaleza iónica

Tipos de emulsiones según la naturaleza iónica del emulgente:

a) Emulsión **aniónica** es la que contiene emulgente aniónico.

b) Emulsión **catiónica** es la que contiene emulgente catiónico.

c) Emulsión **anfótera** es la que contiene emulgente anfótero.

d) Emulsión **no iónica** es la que contiene emulgente no iónico.

9.2.2 Fase externa

Tipos de emulsiones según la naturaleza de la fase externa:

a) **Fase externa acuosa**. Emulsión directa es aquella en la que la fase dispersa es una substancia lipofílica (grasa o aceite) y la fase continua es hidrofílica (normalmente agua). Estas emulsiones suelen denominarse L/H o O/W o O/A. Ejemplos de emulsiones directas son las leches corporales y faciales.

b) **Fase externa oleosa**. Emulsión inversa es aquella en la que fase dispersa es una substancia hidrofílica y la fase continua es lipofílica. Estas emulsiones suelen denominarse con la abreviatura H/L o W/O o A/O. Ejemplos de emulsiones inversas son: las margarinas, fluidos hidráulicos y la mayoría de las cremas cosméticas.

c) **Emulsión múltiple** es aquella en la que la fase dispersa contiene una emulsión inversa y la fase continua es un líquido acuoso. Estas emulsiones se conocen como H/L/H o W/O/W. Es un sistema polifásico W/O/W (una fase acuosa pequeña se incluye en otra oleosa más grande, que a su vez está dispersa en una acuosa) u O/W/O (una fase oleosa pequeña se incluye en otra acuosa más grande, que a su vez está dispersa en una oleosa). Este tipo de emulsiones es utilizado básicamente en farmacia, al permitir obtener una liberación retardada de los medicamentos.

d) **Emulsión W/S** o **silicónica** u **oil free** es aquella en que la fase externa y el emulgente están constituidas por derivados silicónicos y la fase interna es acuosa.

e) **Emulsión glucídica** es una emulsión O/W con emulgente de naturaleza glucídica.

9.2.3 Tamaño de los glóbulos

Tipos de emulsiones según el tamaño de los glóbulos de la fase dispersa:

a) **Microemulsión** cuando el tamaño de los glóbulos de la fase dispersa es < 1 μm.

b) **Emulsión**.

9.2.4 Consistencia

Tipos de emulsiones según su consistencia:

a) **Emulsión fluida** o leche.

b) Emulsión consistente o **crema**. Tipos:

- **Mousse**.
- **Crema fluida**.
- **Crema Espesa**.

9.2.5 Evanescencia u oclusividad

Tipos de emulsiones según su evanescencia u oclusividad:

a) Emulsión **evanescente** es aquella que apenas deja residuo graso sobre la piel tras su aplicación. La materia grasa contenida en la emulsión difunde a través de los folículos pilosebáceos o incluso hasta se puede evaporar (caso de las siliconas volátiles) no dejando obviamente sensación grasa en la superficie de la piel.

Dermatológicamente las emulsiones evanescentes tienden a ser secantes a no ser que se refuercen con aceites que formen cierta película no absorbible impidiendo la evaporación del agua transepidérmica, o se añadan sustancias higroscópicas que retengan el agua o aporten el agua, como los socorridos polioles (glicerina, propilenglicol, sorbitos) u otras sustancias como urea, pantenol, sodio hialuronato, etc.

Emulsiones evanescentes: emulsiones de fase externa acuosa (O/W), emulsiones silicónicas (w/s), y emulsiones glucídicas.

Las emulsiones evanescentes se utilizan en el tratamiento de un proceso dermatológico agudo (dermatitis seborréica facial; rosácea).

b) Emulsión **oclusiva** es aquella que una vez aplicada sobre la piel deja una capa grasa no absorbible que impide la evaporación del agua de la misma. Las emulsiones oclusivas son hidratantes y emolientes.

Emulsiones oclusivas: las emulsiones W/O; emulsiones O/W que contienen al menos 10% de materia grasa oclusiva (vaselina líquida, vaselina filante, perhidroescualeno, lanolina, aceites vegetales, ceras y mantecas)

Las emulsiones oclusivas están indicadas como excipientes en procesos crónicos escamosos (pieles excesivamente secas, ictiósicas o psoriásicas) por su alto poder hidratante.

9.3 Formulación

Una emulsión se puede obtener de dos maneras:

a) Formularla desde cero a partir de todos los ingredientes necesarios para elaborar la emulsión.

b) Utilizar una emulsión ya preparada o una base autoemulsionable.

Las emulsiones ya preparadas más utilizadas son: la base de Beeler, crema y loción Lanette, crema glucídica, cremagel o emulsiones que contienen antioxidantes para la incorporación de principios activos que se oxidan fácilmente.

Las bases autoemulsionables son mezclas de emulgentes y componentes de la fase grasa diseñadas para formar emulsiones mediante la adición de agua y un poliol.

9.3.1 Componentes

Componentes de una emulsión:

1) **Fase acuosa (W)**. Agua y todos los componentes solubles en ella y termorresistentes.

2) **Fase oleosa (O)**. Grasas y todos los componentes liposolubles y termorresistentes

3) **Emulgente o tensioactivo**. Disminuye la tensión interfacial entre el agua y la grasa; tiene efecto estabilizante de la emulsión y se incorporan a la fase externa.

4) **Humectante**. Evita que se reseque, posteriormente, la emulsión. Los más empleados son Glicerina, Propilenglicol y Sorbitol líquido. Se incorporan habitualmente a la fase acuosa.

5) **Intermediario**. Favorece la incorporación, en mortero, de los principios activos insolubles y/ó termolábiles, a la emulsión ya elaborada y fría.

Para las emulsiones O/W pueden servir los mismos humectantes citados anteriormente; para las emulsiones W/O se emplean vaselina líquida ó aceites.

6) **Estabilizante** sólo de emulsiones W/O y W/S. Rompe, generalmente a las emulsiones O/W. Se incorpora a la fase acuosa. Como estabilizante suele utilizarse NaCl.

9.3.2 Fórmula

Fórmula patrón de una emulsión		
Ingrediente	Emulsión O/W	Emulsión W/O
Principios activos	X%	X%
Fase oleosa (fase B)	10 – 30%	10 - 50
Fase acuosa (fase A)	70 – 90%	50 – 90%
Emulgentes o emulsionantes	< 10%	< 10%
Conservantes	X%	X%
Antioxidantes	X%	X%

Tabla 9.1 Fórmula patrón de una emulsión

Fórmula patrón de una emulsión de bases autoemusionables		
Ingrediente	Emulsión O/W	Emulsión W/O
Principios activos	X%	X%
Auoemulsionable O/W	10 – 25%	--
Fase acuosa (fase A)	70 – 90%	60 – 80%
Auoemulsionable W/O	--	20 - 40%
Conservantes	X%	X%
Antioxidantes	X%	X%

Tabla 9.2 Fórmula patrón de una emulsión a partir de base autoemulsionable

9.3.3 Preparación

Existen dos maneras de preparar una emulsión desde cero:

- Emulsionar a temperatura ambiente sin calentamiento de las fases acuosa y oleosa. Utilizada cuando todos los ingredientes hidrosolubles y liposolubles son líquidos a temperatura ambiente.

- Emulsionar tras el calentamiento de las fases acuosa y oleosa. Utilizada cuando algún ingrediente es sólido a temperatura ambiente.

9.3.3.1 Emulsión a temperatura ambiente

Procedimiento de emulsión a temperatura ambiente:

1. Pesar los componentes hidrosolubles de la fase acuosa (fase A) y reunirlos en un mismo recipiente.

2. Pesar los componentes liposolubles de la fase oleosa (fase B), incluidos los emulgentes, y reunirlos en un mismo recipiente.

3. Emulsionar por adición de la fase acuosa (fase A) sobre la oleosa (fase B). La velocidad de adición, duración, velocidad de agitación y tipo de agitación empleada, dependerá de las características de cada formulación.

4. Dejar la fórmula en reposo durante un corto espacio de tiempo. Antes de proceder al envasado es conveniente dejar la fórmula en reposo durante un corto espacio de tiempo.

5. Acondicionamiento y envasado. El tipo de envase utilizado debe ser adecuado y compatible con la emulsión que contiene:

   - Tubo metálico de estaño ó de aluminio resinado al interior, de capacidad adecuada a la cantidad de fórmula a dispensar.
   - Tubo de plástico

OBSERVACIONES

En caso de que algún componente de la fórmula sea insoluble en agua ó en grasas y/ó termolábil:

- Si es líquido se incorporará, poco a poco y agitando con varilla, a la emulsión cuando ésta esté fría y se trabajará hasta total homogeneización.

- Si es polvo se pondrá en mortero y con el humectante (si es O/W) ó con vaselina líquida (si es W/O) se hará pasta sin grumos y finalmente, cuando la emulsión esté fría, se incorporará poco a poco y trabajando con el pistilo la emulsión sobre el mortero hasta obtener un todo sin grumos.

9.3.3.2 Emulsión con calentamiento

Procedimiento de emulsión con calentamiento de las fases:

1. Pesar los componentes hidrosolubles no termolábiles de la fase acuosa (fase A) y reunirlos en un mismo recipiente.

2. Pesar los componentes liposolubles no termolábiles de la fase oleosa (fase B), incluidos los emulgentes, y reunirlos en un mismo recipiente.

3. Calentar la fase oleosa (fase B) como mínimo a la temperatura de fusión del componente con punto de fusión más elevado, bajo agitación moderada para asegurar su homogeneidad.

4. Los principios activos y excipientes termolábiles se disuelven en el mínimo volumen posible de un solvente con la polaridad adecuada.

5. Calentar la fase acuosa (fase A) a la misma temperatura que la fase oleosa (fase B), bajo agitación moderada para garantizar su homogeneidad.

6. Emulsionar por adición de la fase acuosa (fase A) sobre la oleosa (fase B). La velocidad de adición, duración, velocidad de agitación y tipo de agitación empleada, dependerá de las características de cada formulación.

7. Una vez alcanzada la temperatura de 30°C – 35°C, pueden añadirse los ingredientes termolábiles a la mezcla con agitación constante.

8. Una vez alcanzada la temperatura ambiente, continúa agitando durante 3 minutos. Luego colocar el recipiente conteniendo la emulsión en otro recipiente mayor con agua fría y agitar durante otros 3 minutos.

9. Dejar la fórmula en reposo durante un corto espacio de tiempo. Antes de proceder al envasado es conveniente dejar la fórmula en reposo durante un corto espacio de tiempo.

10. Acondicionamiento y envasado. El tipo de envase utilizado debe ser adecuado y compatible con la emulsión que contiene:

    - Tubo metálico de estaño ó de aluminio resinado al interior, de capacidad adecuada a la cantidad de fórmula a dispensar.

    - Tubo de plástico

OBSERVACIONES

En caso de que algún componente de la fórmula sea insoluble en agua ó en grasas y/ó termolábil:

- Si es líquido se incorporará, poco a poco y agitando con varilla, a la emulsión cuando ésta esté fría y se trabajará hasta total homogeneización.

- Si es polvo se pondrá en mortero y con el humectante (si es O/W) ó con vaselina líquida (si es W/O) se hará pasta sin grumos y finalmente, cuando la emulsión esté fría, se incorporará poco a poco y trabajando con el pistilo la emulsión sobre el mortero hasta obtener un todo sin grumos.

9.4 Errores a evitar en la formulación de emulsiones

Para evitar la "ruptura" de una emulsión y la separación de fases hay que tner en cuenta lo siguiente:

- Asegurarse que tanto la fase acuosa (fase A) como fase oleosa (fase B) se calientan ambas a la misma temperatura de emulsión, unos 70 a 75ºC. La excepción son las emulsiones silicónicas que se elaboran a temperatura ambiente.

- Añadir poco a poco la fase acuosa (fase A) sobre la fase oleosa (fase B).

- Para realizar una emulsión no vale cualquier agitador ya que éste debe asegurar una mezcla homogénea de ambas fases y

- El agitador utilizado durante la formación de la emulsión es muy importante ya que además de ser capaz de asegurar una mezcla homogénea de ambas fases no debe introducir aire en forma de microburbujas. Las microburbujas introducidas por el agitador en la mezcla de las dos fases, tienden a emulsionarse gastando emulgente y dejándolo deficitario para que emulsionen adecuadamente las dos fases.

- Antes de envasar una emulsión hay que dejarla que alcance lentamente la temperatura ambiente.

10 Microemulsión

Una **microemulsión** es una solución coloidal transparente, termodinámicamente estables, en las que pueden coexistir cantidades equivalentes de líquidos no miscibles, como por ejemplo agua y un disolvente apolar, gracias a la presencia de uno o más tensioactivos con un balance hidrofilia-lipofilia (HLB) adecuado.

Las microemulsiones (ME) son sistemas en el que una fase (por ejemplo, fase dispersa) se solubiliza en otra a través de la formación de un tercer componente (emulsionante) micelar. Por lo tanto, el tamaño de las microemulsiones está restringido al tamaño micelar del tercer componente (emulsionante) que puede estar en el rango desde unospocos a cientos de nanómetros.

10.1 Microemulsión vs emulsión

Aunque por su denominación las microemulsiones están relacionadas con las emulsiones, no obstante, existen diferencias considerables entre ambos tipos de sistemas dispersos.

Las emulsiones necesitan para su formación el aporte de energía mecánica y/o calorífica, ya que no son termodinámicamente estables, a diferencia de las microemulsiones que no necesitan agitación, mientras que éstas se forman espontáneamente.

Las emulsiones son opacas mientras que las microemulsiones son transparentes.

Las emulsiones son termodinámicamente inestables mientras que las microemulsiones son termodinámicamente estables en un amplio rango de temperaturas.

10.2 Ventajas y limitaciones

Ventajas de las microemulsiones:

- Termodinámicamente estable, consecuentemente, mayor vida útil
- Bajo nivel de disolvente
- Fácil de transportar y almacenar
- Elevado punto de fulgor y manipulación segura
- Mejor bioeficacia debido a la solubilización del ingrediente activo en las microgotas
- Baja viscosidad por lo que es mucho más fácil de manipular

Limitaciones de la microemulsiones:

- Bajo contenido de ingrediente activo
- Requiere un elevado nivel de tensiactivo para formarse. Toxicidad potencial de los tensioactivos.

10.3 Estructura

Las microemulsiones presentan las siguientes estructuras:

a) Microgotas esféricas de tamaño uniforme de una de las fases en el seno de la otra. Hay dos tipos:

Microemulsiones inversas (W/O, A/O).

Microemulsiones directas (O/W, O/A).

b) Estructuras bicontinuas en las que tanto la fase acuosa como la fase oleosa presentan continuidad macroscópica

Al aumentar la concentración de agua o bien la temperatura se produce una transición de las microemulsiones inversas (W/O) a microemulsiones directas(O/W), pasando por una serie de estructuras bicontinuas que pueden presentar birrefringencia.

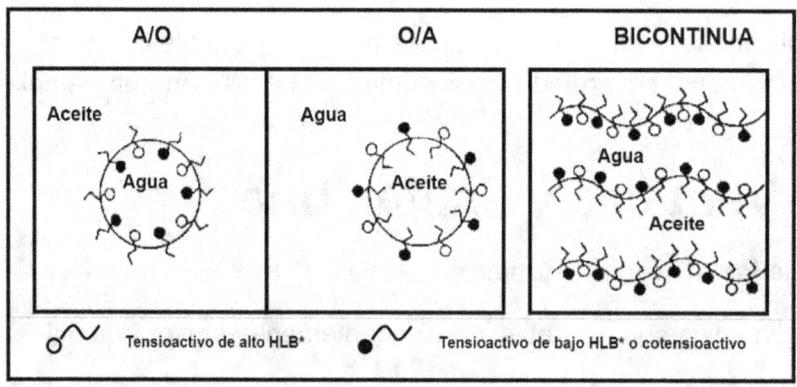

HLB: balance hidrofílico-lipofílico.

10.3.1 Clasificación

Según la clasificación de Winsor se distinguen tres tipos diferentes de microemulsiones en función de su comportamiento de fase:

a) **Tipo I. Microemulsiones O/W** en las que el aceite se solubiliza en el interior de las micelas directas en una fase continua acuosa.

b) **Tipo II. Microemulsiones W/O** en las que la fase acuosa se solubiliza en el interior de las micelas inversas en una fase continua oleosa.

c) **Tipo III**. Microemulsiones en las que la fase acuosa y oleosa están en equilibrio con una tercera fase rica en tensioactivo llamada la fase media de la microemulsión, la cual puede contener una emulsión bicontinua.

10.4 Propiedades físico químicas

Las microemulsiones presentan un conjunto de propiedades físico-químicas de gran interés teórico y tecnológico, entre las que destacan las siguientes:

1. Formación espontánea al poner en contacto sus componentes, en condiciones específicas de concentración y temperatura, debido a su estabilidad termodinámica.

2. Homogeneidad macroscópica, es decir transparencia e isotropía óptica, así como heterogeneidad microscópica debido a la existencia de películas interfaciales de moléculas de tensioactivo que separan localmente la fase acuosa de la fase orgánica.

3. Valores de tensión interfacial extraordinariamente bajos, entre las fases acuosa y orgánica.

4. Viscosidades bajas similares a las del agua.

El tamaño de gotícula de las microemulsiones (1-200 nm) es muy inferior al de las emulsiones (0,2-100 μm), es decir unas cien veces inferior.

Se puede diferenciar fácilmente una emulsión de una microemulsión si se someten a ciclos repetidos de congelación y descongelación:

- La emulsión experimenta una separación de fases irreversible.
- La microemulsión vuelve a recuperar su estado original al volver a las condiciones iniciales.

10.5 Formulación

La correcta formulación de microemulsiones para uso farmacéutico o cosmético exige una selección adecuada de sus componentes, en cuanto a sus:

a) características organolépticas (aceptables según la vía de administración a que estén destinadas las formulaciones)

b) propiedades físico-químicas (pH, viscosidad, punto de fusión, estabilidad química, naturaleza iónica, etc.)

c) propiedades biológicas (ausencia de toxicidad y de poder sensibilizante o irritante)

10.5.1 Ingredientes

Los componentes de las microemulsiones farmacéuticas pueden agruparse en cuatro categorías:

a) Componentes acuosos (fase acuosa):

- Agua.
- Propilenglicol.
- Soluciones salinas.

b) Componentes oleosos (fase oleosa):

- Aceites vegetales.
- Ésteres de ácidos grasos aceites minerales.

c) Tensioactivos (emulsionante):

- Tensioactivos no iónicos
- ensioactivos iónicos (catiónicos, aniónicos o anfóteros)

d) Cotensioactivos (coemulsionante):

- Alcoholes glicoles.
- Derivados de propilenglicol.
- Derivados de poliglicerol.

La combinación precisa de estos elementos facilita la formación de una estructura formada por microgotas de un tamaño tan pequeño que la luz puede atravesarlas sin ser difundida. Las microemulsiones son sistemas donde el surfactante facilita la coexistencia del agua y el aceite. El aspecto de las microemulsiones como se ha dicho anteriormente es transparente gracias a que las gotas que forman su fase interna son de un tamaño muy pequeño (10-50nm), este tamaño no es perceptible para el ojo humano. Las emulsiones sin embargo tienen un aspecto opaco y la luz será absorbida.

Con diferencia a las emulsiones, las microemulsiones están formadas por tamaños de microgotas muy pequeñas, gracias a esto, actuarán como mejor vehículo de acción permitiendo una óptima penetración de los activos con el contacto con la piel.

La elaboración de las microemulsiones tiene una ventaja económica energética y es que se pueden fabricar en frío sin necesidad de calentar.

10.5.2 Preparación

Una microemulsión puede obtenerse mediante:

a) Un tensioactivo no iónico, como por ejemplo un alcohol graso etoxilado, en un intervalo de temperaturas adecuado.

b) Una combinación de un tensioactivo hidrófilo (HLB alto) generalmente de carácter iónico, con un compuesto anfifílico hidrófobo (HLB bajo) denominado cotensioactivo, que es generalmente un alcohol de longitud de cadena intermedia.

c) Un tensioactivo iónico de doble cadena hidrófoba, como por ejemplo dioctil sulfosuccinato sódico.

11 Crema

Una **crema** es una preparación dermatológica semisólida multifásica que consta de una fase lipófila u oleosa y una fase acuosa.

La crema es, de todas las fórmulas semisólidas, la que contiene más cantidad de agua; generalmente tiene más de un 50%.

Las cremas son el resultado de la unión de una fase acuosa (agua, hidrolatos) con una fase grasa (aceites vegetales, aceites esenciales, mantecas, ceras, etc.). Para que esto ocurra es necesario utilizar emulsionantes, ya que el agua y el aceite son dos ingredientes antagónicos que no pueden mezclarse de forma natural por sí solos. De ahí que los emulsionantes sean imprescindibles a la hora de elaborar cremas caseras.

Una crema es una emulsión, por ello se recomienda encarecidamente leer antes el capítulo 9 Emulsión.

11.1 Tipos

Tipos de cremas atendiendo a sus fases:

a) **Crema lipófila o hidrófoba o crema water in oil (W/O)**.

Emulsión de fase la acuosa en la fase oleosa.

La fase externa o continua es lipófila debido a la presencia en su composición de emulgentes tipo W/O (alcohol de lanolina, ésteres de sorbitano y monoglicéridos).

Adecuada para formular principios activos liposolubles y liberarlos en la piel.

Cuando se aplica sobre la piel, y por el efecto del cambio de temperatura, se evapora el agua incorporada, provocando una sensación refrescante y la parte grasa se absorbe.

No se mezcla con exudados de la piel y sudor, pero sí los absorben parcialmente.

Posee un efecto oclusivo moderado, pero no congestivo, como las pomadas y ungüentos. Se recomienda en casos de piel seca o dermatosis crónica.

b) **Crema hidrófila o crema oil in water (O/W)**.

Emulsión de fase la oleosa en la fase acuosa.

La fase externa o continua es hidrófila o acuosa debido a la presencia en su composición de emulgentes tipo O/W (jabones sódicos o de trolamina, alcoholes grasos sufatados, polisorbatos y ésteres de alcoholes grasos combinados) a veces combinados en proporciones convenientes con emulgentes tipo W/O.

Adecuada para formular principios activos hidrosolubles.

Tienen efecto evanescente: después de su aplicación, pierden el agua rápidamente sin dejar ningún residuo apreciable.

Se mezcla bien con exudados cutáneos.

Por la pequeña cantidad de grasa, tienen poco efecto oclusivo, y esta grasa se absorbe rápidamente en la piel.

Las "leches" son de este tipo de cremas, pero con una gran cantidad de agua.

11.2 Formulación

Una **crema** es una emulsión que contiene principios activos y excipientes (antioxidantes, conservantes, gelificantes, etc.). Por tanto, para elaborar una crema es necesaria una emulsión.

Respecto a la emulsión, el formulista tiene dos opciones:

A) Elaborarla desde cero.

B) Utilizar una base para crema ya elaborada que consiste en una emulsión estabilizada con conservante.

En este punto se recomienda al lector que se familiarice con la elaboración de las emulsiones en el capítulo **9. Emulsión.**

<u>Fórmula patrón cualitativa elaboración de la crema desde cero</u>:

- Emulsión: *c.s.*
- Principios activos: *c.s.*
- Antioxidantes: *c.s.*
- Conservantes: *c.s.*
- Fragancias: *c.s.*

Ver la ***Tabla 9.1 Fórmula patrón de una emulsión.***

<u>Fórmula patrón cualitativa elaboración de la crema utilizando una crema base</u>:

- Crema base: *c.s.*
- Principios activos: *c.s.*
- Fragancias: *c.s.*

Ver la ***Tabla 9.2 Fórmula patrón de una emulsión a partir de base autoemulsionable***,

Los distintos proveedores de productos de cosmética DIY referenciados en el Anexo, ofertan distintas bases para la elaboración de cremas.

Los proveedores de materias primas referenciados en en Anexo incluyen "recetas" y fórmulas para la creación de distintas cremas.

11.2.1 Preparación de una emulsión

Como regla general al preparar una emulsión:

1. Los ingredientes hidrosolubles se disuelven en la fase acuosa a la temperatura a la que sean estables.

2. Los ingredientes liposolubles se disuelven en la fase oleosa a la temperatura a la que sean estables.

3. Los ingredientes termolábiles (aceites esenciales, fragancias) se disuelven en la fase termolábil.

4. Mezcla de los ingredientes acuosos con los ingredientes lipídicos en presencia de un agente emulsionante. En general, la acuosa se añade a la fase oleosa con agitación.

5. Cuando la mezcla de las fases acuosa y oleosa ha disminuido su temperatura, se añade la fase C y se mezcla todo.

El tipo de ingredientes (aceites vegetales y aceites esenciales) que componen la fase oleosa, así como algunos conservantes y principios activos tiene una gran influencia en la textura de la crema.

11.3 Formulaciones
11.3.1 Crema hidratante

FÓRMULA

Fase A o fase oleosa (39%)

Ingredientes:

- Olivem 1000 (emulsionante): 7%
- Manteca de Karité (hidratante): 7%
- Aceite de almendras (hidratante): 10%
- Aceite de sésamo (hidratante): 15%

Fase B o fase acuosa (48,8%)

Ingredientes:

- Hidrolato de rosa: 28%
- Zumo de aloe vera: 15%
- Urea: 3%
- Lactato sódico: 1,3%
- Alantoína: 0,5%
- Cosgard (conservante): 1%

Fase C (4,2%)

Ingredientes:

- Glicerina: 4%
- Goma Xantana (espesante): 0,2%

Fase D (8%)

Ingredientes:

- Extracto glicérico de avena /hidratante, calmante): 3%
- Vitamina E acetato: 2%
- Pantenol: 2%
- Aceite esencial palo de rosa: 1%

PREPARACIÓN

Preparación:

1. Colocar tres vasos (A, B y C) de precipitados en baño María.

2. En un vaso de precipitados (vaso A) añadir los ingredientes de la fase A o fase oleosa y mezclar bien, colocarlo en baño María a una temperatura de 70ºC.

3. En un vaso de precipitados (vaso B) añadir los ingredientes de la fase B o fase acuosa y mezclar bien, colocarlo en baño María a una temperatura de 70ºC.

4. En un vaso de precipitados (vaso C) añadir los ingredientes de la fase C y mezclar bien.

5. Remover los vasos A y B de precipitados del baño de María.

6. Añadir la mezcla de la fase C (vaso C) a la mezcla de la fase B o fase acuosa y mezclar bien.

7. Añadir la mezcla C+B a la mezcla de la fase A o fase oleosa a la vez que se mezcla utilizando una batidora.

8. Cuando la temperatura de la mezcla B+C+A haya descendido a unos 50ºC ir añadiendo uno a uno los ingredientes de la fase D y continuar agitando con la batidora.

9. Ajustar el pH a 5,5 – 6.

10. Dejar enfriar a temperatura ambiente.

11. Envasar.

Fuente bibliográfica: Cristóbal Vidal. Instituto Europeo de Dermocosmética.

11.3.2 Crema hidratante

FÓRMULA

Fase A o fase acuosa (60%)

Ingredientes:

- Hidrolato de caléndula: 60%

Fase B o fase oleosa (35%)

Ingredientes:

- Aceite de macadamia: 10%
- Aceite de jojoba: 10%

- Olivem 1000: 7%
- Aceite de aguacate: 5%
- Cethyl alcohol: 3%

Fase C (5%)

Ingredientes:

- Pantenol: 2%
- Vitamina E acetato: 2%
- Cosgard: 1%

PREPARACIÓN

Preparación:

1. Colocar dos vasos (A y B) de precipitados en baño María.
2. En un vaso de precipitados (vaso A) añadir los ingredientes de la fase A o fase acuosa y mezclar bien, colocarlo en baño María a una temperatura de 70°C.
3. En un vaso de precipitados (vaso B) añadir los ingredientes de la fase B o fase oleosa y mezclar bien, colocarlo en baño María a una temperatura de 70°C.
4. En un vaso de precipitados (vaso C) añadir los ingredientes de la fase C.
5. Remover los vasos A y B de precipitados del baño de María.
6. Añadir el contenido del vaso A o fase acuosa al vaso B o fase oleosa, mientras se mezclan bien utilizando una batidora.
7. Cuando la temperatura haya descendido a 45°C añadir el contenido del vaso C a la mezcla de las fases A + B mientras se continua mezclando con la batidora.
8. Dejar enfriar a temperatura ambiente.
9. Envasar.

Fuente bibliográfica: Eva Budinska.

11.3.3 Crema base natural facial

Crema base hidratante natural tanto facial como corporal.

FÓRMULA

Fase A o fase acuosa (80%)

Ingredientes:

- Agua destilada: 80 %

Fase B o fase oleosa (15%)

Ingredientes:

- Emulsionante Olive M: 6%
- Aceite de girasol: 5%
- Aceite de almendras: 4%

Fase C (1%)

Ingredientes:

- Vitamina E: 1%

Fase D (4%)

Ingredientes:

- Leucidal: 2,5%
- Phytocide Elderberry: 1,5%

PREPARACIÓN

Preparación:

1. Pesar la fase acuosa (A) .Pesar el agua en el recipiente y caliente a 70°C como máximo.

2. Pesar la fase oleosa (B). Pesar los aceites portadores y el agente emulsionante en otro recipiente y caliente a 70° C como máximo.

3. Una vez que la fase acuosa (A) y oleosa (B) hayan alcanzado la misma temperatura, agregue la fase acuosa (A) a la fase oleosa (B) emulsionando durante aproximadamente 5 minutos con una licuadora manual en ráfagas cortas.

4. Dejar enfríar la emulsión hasta que alcance aproximadamente los 50°C.

5. Añadir la vitamina E, mezclando con la licuadora de mano durante 1 minuto para garantizar una dispersión completa.

6. Añadir los conservantes en la fase D y mezclar utilizando una varilla de vidrio durante 1 minuto final.

7. Envasar en tarro de vidrio y deja enfriar antes de cerrar la tapa.

Fuente bibliográfica: Sage.

11.3.4 Crema base natural corporal

Crema base hidratante natural corporal.

FÓRMULA

Fase A o fase acuosa (58%)

Ingredientes:

- Agua destilada: 55 %
- Glicerina: 3%

Fase B o fase oleosa (37%)

Ingredientes:

- OliveM: 8%
- Aceite de semilla de albaricoque: 8%
- Aceite de macadamia: 7%
- Aceite de aguacate: 6%
- Manteca de coco: 4%
- Manteca de karité: 4%

Fase C

Ingredientes:

- Vitamina E: 1%

Fase D (4%)

Ingredientes:

- Leucidal: 2,5%
- Phytocide Elderberry: 1,5%

PREPARACIÓN

Preparación:

1. Pesar la fase acuosa (A) .Pesar el agua en el recipiente y caliente a 70°C como máximo.

2. Pesar la fase oleosa (B). Pesar los aceites portadores y el agente emulsionante en otro recipiente y caliente a 70° C como máximo.

3. Añadir la fase acuosa sobre la fase oleosa poco a poco y bajo continua agitación.

4. Dejar enfriar la emulsión a temperatura ambiente hasta que alcance lo 50°C.

5. Añadir la vitamina E, mezclando con la licuadora de mano durante 1 minuto para garantizar una dispersión completa.

6. Añadir los conservantes en la fase D y mezclar utilizando una varilla de vidrio durante 1 minuto final.

7. Envasar en tarro de vidrio y deja enfriar antes de cerrar la tapa.

Fuente bibliográfica: Sage.

11.3.5 Crema protectora de manos con urea

FÓRMULA

Fase A o fase acuosa (71%)

Ingredientes:

- Urea: 10 %
- Glicerina: 5 %
- Agua destilada: 56 %

Fase B o fase oleosa (29%)

Ingredientes:

- Base O/W 1011 base autoemulsionable: 25 %
- Vitamina F: 2 %
- Abil cutáneo: 2 %

Fase C

Ingredientes:

- Dowicil 200: 0,1 %

- Perfume: c.s.

PREPARACIÓN

Preparación:

1. Pesar la fase acuosa (A) y la fase oleosa (B) por separado.
2. Calentar a baño maría a 70 - 80 °C ambas fases por separado.
3. Añadir la fase acuosa sobre la fase oleosa poco a poco y bajo continua agitación.
4. Continuar agitando hasta que el sistema alcance los 40°C, procurando no incorporar aire.
5. Añadir las sustancias termolábiles (fase C: perfume y conservador previamente disuelto en agua).
6. Envasar.

OBSERVACIONES

Observaciones:

Conservar a temperatura ambiente.

Caducidad de 3 años.

11.3.6   Crema facial

FÓRMULA

Fase A o fase acuosa (52,3%)

Ingredientes:

- Agua destilada recién hervida: 50,2%
- Pantenol: 1.0%
- Lactato de sodio: 1.0%
- Dermofeel PA-3. Agente quelante.: 0.1%

Fase B o fase oleosa (39,5%)

Ingredientes:

- Xyliance (INCI: Cetearyl wheat straw glycosides and cetearyl alcohol): 6.5%
- Cera de fruta myrica orgánica: 3.0%
- Aceite de fruto de Pequi: 10.0%
- Aceite de baobab ecológico: 20,0%

Fase C (2,3%)

Ingredientes:

- Tocoferol: 1.0%
- Extracto orgánico de CO_2 de espino amarillo: 1.0%
- Extracto orgánico de caléndula CO_2: 0,2%
- Mezcla de extracto vegetal antibacteriano: 0,1%

Fase D (4,4%)

Ingredientes:

- Glicerina orgánica: 4.0%
- Solagum AX: 0.4%

Fase E (1.5%)

Ingredientes:

- Solución de NaOH al 25%: Unas gotas para ajustar el pH.
- Euxyl K903. Conservante: 1.0%
- Aceite esencial de Neroli orgánico: 0.5%

PREPARACIÓN

Preparación:

1. Calentar las fases A y B por separado en baño maría entre 65 - 70ºC.

2. Una vez que la fase oleosa (B) se haya derretido por completo, deje de calentar las dos fases, retírelas del baño de agua.

3. Añadir la fase acuosa (A) a la fase oleosa (B) mientras revuelve la fase oleosa. Homogeneizar las dos fases juntas durante unos minutos.

4. En un vaso de precipitados pequeño, mezcla la fase D. Esta es la goma mezclada con glicerina (usualmente usamos 99 - 99,9% de glicerina porque tiene un menor contenido de agua y facilita la dispersión de la goma sin formar grumos). Dispersar esta mezcla en la emulsión y homogeneizar durante unos segundos.

5. Dejar enfriar y continúe revolviendo. Cuando usa mantecas y ceras en una emulsión, revolver durante el enfriamiento es extremadamente importante para evitar la cristalización parcial de la cera o la mantequilla.

6. Cuando la temperatura alcance unos 35°C, añadir el aceite esencial.

7. Ahora es el momento de agregar el conservante. Estamos usando *Euxyl K903* y sabemos que este conservante reduce el pH. Necesitamos un pH final de 5.3-5.5 para este producto. Primero agregamos unas gotas de una solución alcalina (hidróxido de sodio, bicarbonato de sodio o arginina) y luego agregamos el conservante

8. Prepare una dilución al 10% de la crema en agua destilada y mida el pH con una tira de pH precisa o con un electrodo conectado a un medidor de pH.

9. Si el pH es más bajo que el rango requerido (5.3-5.5), agregue más base para aumentar el pH. Si el pH es más alto que el rango requerido, agregue una solución de ácido láctico o ácido cítrico en agua para disminuir el pH. Si está utilizando otro sistema conservante, ajuste el pH de acuerdo con los requisitos de ese sistema conservante.

10. Después de que la fórmula de su rica crema facial se haya enfriado a temperatura ambiente, tome una muestra del micro-kit para verificar su estabilidad microbiana actual y llene un frasco adecuado.

<u>Fuente bibliográfica</u>: Herb & Hedgerow Ltd.

12 Gel

Gel es una preparación dermatológica semisólida formada por un líquido gelificado con ayuda de un agente gelificante. El gel es una forma farmacéuticas semisólida formada por un solvente espesado mediante la adición de sustancias de naturaleza coloidal. Estos coloides son polímeros gelificantes que constituyen la fase dispersa y el solvente líquido es la fase continua.

Un gel es un sistema disperso formado por una fase sólida y una líquida (o gaseosa). La fase sólida constituye un esqueleto tridimensional en donde queda inmovilizado el líquido (o gas). Esta peculiar estructura es comparable a una esponja (sólido) empapada en el agua (líquido).

12.1 Tipos

Tipos de gel según su polaridad:

- **Geles hidrófobos, lipófilos, lipogeles u oleogeles**. Los geles lipófilos son preparaciones cuyas bases están constituidas habitualmente por parafina líquida con polietileno o por aceites grasos gelificados con sílice coloidal o por jabones de aluminio o zinc.

- **Geles hidrófilos o hidrogeles**. Los geles hidrófilos son preparaciones cuyas bases generalmente son agua, glicerol y propilenglicol gelificado con la ayuda de agentes gelificantes apropiados tales como almidón, derivados de la celulosa, carbómeros y silicatos de magnesio y aluminio.

Tipos de gel según su viscosidad:

- Geles fluidos.
- Geles sólidos.
- Geles semisólidos.

Tipos de gel según la fase gelificada:

- **Lipogel** cuando se gelifica la fase oleosa.
- **Hidrogel** cuando se gelifica la fase acuosa.
- **Cremagel** o **cremigel** cuando se gelifica la fase acuosa de una emulsión.

12.2 Formulación
12.2.1 Fórmula patrón

FÓRMULA

<u>Fórmula patrón cualitativa</u>:

a) Principio activo: *c.s.*

b) Excipientes:

- Diluyente: *c.s.*
- Gelificante(s): *c.s.*
- Regulador de pH si procede: *c.s.*

Si se utilizan geles semielaborados, seguir las instrucciones del fabricante.

PREPARACIÓN

<u>Preparación</u>:

1. Pesar todos los ingredientes.

2. Dispersar el gelificante en parte del diluyente por toda la superficie, evitando la formación de grumos.

3. Dejar reposar el tiempo suficiente hasta la total imbibición del diluyente.

4. Agitar evitando la incorporación de aire, hasta obtener un gel uniforme.

5. Incorporación del principio activo:

   Siempre que sea posible se incorporará disuelto en el diluyente antes de elaborar el gel.

   Si no es así, una vez formado el gel, incorporar el resto de diluyente con los principios activos solubles.

   Si son insolubles en el diluyente, disolverlos o dispersarlos en el mínimo volumen posible de un solvente con la polaridad adecuada.

6. En caso de que sea necesario para la gelificación, agregar la sustancia reguladora del pH si procede, ajustando al pH deseado y controlándolo según procedimiento de medición de pH.

7. La velocidad, tiempo de agitación, temperatura se especificarán en cada formulación en concreto.

8. Acondicionamiento. Proceder al acondicionamiento del gel, según las especificaciones particulares de cada formulación. El tipo de envase utilizado debe ser adecuado y compatible con el gel que contiene.

9. Proceder a la limpieza del material y equipo según se especifique en los procedimientos de limpieza correspondientes.

12.2.2 Cremagel base con *Carbopol* 940®

FÓRMULA

Fórmula:

- Agua purificada: *c.s.p.* 100 g.
- Ciclometicona pentámera: 8%.
- Propilenglicol: 5%.
- *Carbopol 940*®: 2%.
- Trietanolamina: cs (pH, 7).

PREPARACIÓN

Preparación:

1. Dispersar el *Carbopol 940*® en la solución formada entre el propilenglicol y el agua mediante agitación durante unos minutos, y dejar reposar 12 horas en envase bien tapado y a temperatura ambiente.

2. Pasado dicho tiempo, añadir la *Trietanolamina* hasta pH 7 en pequeñas porciones agitando hasta la formación de un gel transparente, homogéneo y con alta consistencia.

3. Añadir la ciclometicona pentámera en pequeñas porciones agitando enérgicamente hasta obtener un gel ligeramente opalescente. Es conveniente emplear un emulsionador regulado a alta velocidad para conseguir una óptima incorporación de la silicona.

Fuente bibliográfica: ACOFARMA Distribución S.A.

12.2.3 Cremagel base con Hidroxietilcelulosa

FÓRMULA

Fórmula:

- Agua purificada: *c.s.p.* 100 g.
- Ciclometicona pentámera: 5%.
- Propilenglicol: 5%.
- Hidroxietilcelulosa: 3%.
- Phenonip XB: 0,6%.
- Principio activo: *c.s.*

PREPARACIÓN

Preparación:

1. Situar el agua purificada en un baño de agua a 60° C y dispersar la hidroxietilcelulosa, agitando durante unos minutos.

2. Dejar la dispersión a la temperatura fijada 10 minutos. Durante dicho tiempo realizar agitaciones esporádicas para evitar la sedimentación de la hidroxietilcelulosa.

3. Pasados los 10 minutos, sacar la mezcla del baño y agitar hasta temperatura ambiente. Se forma el gel. Dejar reposar 24 horas en envase bien tapado.

4. Pasado dicho tiempo, añadir la ciclometicona pentámera agitando de forma enérgica hasta homogeneidad. Es conveniente realizar la agitación con un emulsionador regulado a alta velocidad. Se forma el cremagel.

5. Disolver el *Phenonip®* en el propilenglicol y añadir la solución obtenida en pequeñas porciones sobre el gel agitando hasta homogeneidad.

6. Añadir la solución obtenida en pequeñas porciones sobre el gel agitando hasta homogeneidad.

7. Agitar a modo de homogeneización durante unos minutos mediante un emulsionador regulado a alta velocidad.

Observaciones:

- Se obtiene un cremagel blanquecino opaco, evanescente y con óptima extensibilidad.
- Es conveniente añadir al gel un 0,6% de *Phenonip XB* como conservante.

Fuente bibliográfica: ACOFARMA Distribución S.A.

12.2.4 Cremagel base con Sepigel 305®

Fórmula:

- Agua purificada: *c.s.p.* 100 g.
- Ciclometicona pentámera, 8%.
- *Sepigel 305®*: 3%.

Preparación:

1. Formación de un gel. Primero, añadir el agua en pequeñas porciones sobre el *Sepigel 305®* agitando manualmente hasta la formación de un gel blanquecino opalescente.
2. Formación del cremigel. A continuación, añadir la ciclometicona pentámera en pequeñas porciones agitando mediante un emulsionador a alta velocidad para facilitar su emulsificación.

Fuente bibliográfica: ACOFARMA Distribución S.A.

12.2.5 Gel base de goma xantán

Fórmula:

- Agua purificada *c.s.p.* 100 g.
- Goma xantan: 1%.
- Phenonip (conservante): 0,5%.
- Glicerina o alcohol *c.s.*

PREPARACIÓN

Preparación:

- Embeber la cantidad de goma en alcohol o glicerina, y añadir sobre ello el agua purificada con el conservante, bajo agitación suave.

Fuente bibliográfica: ACOFARMA Distribución S.A.

12.2.6 Gel base de hidroxietilcelulosa

FÓRMULA

Fórmula:

- Agua purificada: *c.s.p.* 100 g.
- Propilenglicol: 5%.
- Hidroxietilcelulosa: 2,5%.
- Principio activo: *c.s.*
- Conservante: *c.s.*

PREPARACIÓN

Preparación:

1. Calentar el agua purificada en un baño de agua a 50-60° C de temperatura.
2. Añadir la hidroxietilcelulosa agitando durante 1-2 minutos hasta la completa dispersión.
3. Dejar la dispersión a la temperatura fijada durante unos 10 minutos realizando varias agitaciones esporádicas de unos 30 segundos. Lo normal es realizar unas 3-4 agitaciones durante esos 10 minutos.
4. Sacar el gel formado del baño de agua y agitar hasta temperatura ambiente.
5. Añadir el propilenglicol agitando hasta homogeneidad.
6. Dejar reposar el gel en envase bien tapado hasta el día siguiente.
7. Pasado dicho tiempo agitar durante 1-2 minutos a modo de homogeneización. Se obtiene un gel de viscosidad media transparente.

Se obtiene un gel blanquecino opaco homogéneo. Con adecuada extensibilidad y alta evanescencia. Envasar en frasco airless opaco.

Fuente bibliográfica: ACOFARMA Distribución S.A.

12.2.7 Gel base de metilcelulosa

FÓRMULA

Fórmula:

- Agua purificada: *c.s.p.* 100 g.
- Metilcelulosa: 5%.
- Glicerina: 2%.
- Ciclometicona: 2%.
- Conservante: *c.s.*

PREPARACIÓN

Humectar la metilcelulosa con la glicerina y la ciclometicona, y añadir la mezcla al agua, la cual ya llevará el conservante (tipo Nipagín sódico). Dejar en agitación lenta hasta que gelifique.

Fuente bibliográfica: ACOFARMA Distribución S.A.

12.2.8 Gel base de metilcelulosa hidroalcohólico

FÓRMULA

Fórmula:

- Agua purificada: *c.s.p.* 100 g.
- Etanol 96º: 15-35%.
- Metilcelulosa: 5%.

PREPARACIÓN

Dispersar la metilcelulosa en el agua y dejar en agitación lenta hasta que gelifique. Añadir el alcohol.

Fuente bibliográfica: ACOFARMA Distribución S.A.

12.2.9 Gel base de urea

FÓRMULA

Fórmula:

- Gel de hidroxipropilmetilcelulosa: *c.s.p.* 100 g.
- Urea: 15 g.

PREPARACIÓN

Disolver la urea en el agua purificada, y gelificar con un 2% de hidroxipropilmetilcelulosa.

Fuente bibliográfica: ACOFARMA Distribución S.A.

12.2.10 Gel base hidroalcohólico de Carbopol

FÓRMULA

Fórmula:

- Agua purificada: *c.s.p.* 100 mL.
- Etanol: 15%.
- Trietanolamina o NaOH 10%: *c.s.* pH = 7.
- Glicerina: 3 – 5%.
- *Carbopol* 940P: 1 – 2%.

PREPARACIÓN

Preparación:

1. Espolvorear lo más uniformemente posible el *Carbopol* sobre la mezcla de agua y alcohol y dejar reposar 12-24 horas para que se desarrolle el gel.
2. Si la fórmula lleva glicerina, humectar en mortero el *Carbopol* previamente.
3. Neutralizar hasta pH 7 con *Trietanolamina* (se necesita aprox. 0.8 - 1 g de *Trietanolamina* para gelificar 1 g de *Carbopol*) o con una solución de hidróxido sódico al 10%.
4. Homogeneizar, evitando en lo posible, la incorporación de aire.

Observaciones:

En el caso del gel hidroalcohólico, no añadir el alcohol al final ya que lo puede volver de color blanco.

Si se trabaja con el gel neutro ya preparado, se puede añadir el alcohol homogeneizando mediante agitación suave

Fuente bibliográfica: ACOFARMA Distribución S.A.

12.2.11 Gel base neutro de Carbopol

FÓRMULA

Fórmula:

- Agua purificada: *c.s.p.* 100 mL
- Trietanolamina o NaOH 10%: *c.s.* pH=7.
- Glicerina: 3 – 5%.
- *Carbopol 940P*: 1%.
- Conservante: *c.s.*

PREPARACIÓN

Preparación:

1. Espolvorear lo más uniformemente posible el *Carbopol* sobre el agua y dejar reposar 12-24 horas para que se desarrolle el gel.
2. Si la fórmula lleva glicerina, humectar en mortero el *Carbopol* previamente.
3. Neutralizar hasta pH 7 con *Trietanolamina* (se necesita aprox. 0.8 - 1 g de *Trietanolamina* para gelificar 1 g de *Carbopol*) o con una solución de hidróxido sódico al 10%.
4. Homogeneizar, evitando en lo posible, la incorporación de aire.

OBSERVACIONES

Es necesaria la adición de un conservante en caso de no llevar alcohol (p. ej. Nipagín sódico 0,1%, Dowicil 200 al 0,2%, o Phenonip 0,4%, pero otros como el benzalconio cloruro o el sodio benzoato podrían desestabilizarlo).

Fuente bibliográfica: ACOFARMA Distribución S.A.

12.2.12 Gel antiséptico de etanol para manos

FÓRMULA

Fórmula:

- Etanol 96%.
- Peróxido de hidrógeno 3%.
- Glicerol 98%. Acción hidratante.
- H_2O: c.s.

Concentración final:

- 80% (v/v) etanol.
- 1,45% (v/v) glicerol.
- 0,125% (v/v) peróxido de hidrógeno.

PREPARACIÓN

Para preparar 1 L (1000 mL), añadir a un recipiente:

1. 8333,3 mL etanol 96%.
2. 41,7 mL peróxido de hidrógeno 3%.
3. 14,5 mL glicerol 98%.
4. 110,5 mL H_2O.

Mezclar bien.

Fuente bibliográfica: WHO.

12.2.13 Gel antiséptico de isopropanol para manos

FÓRMULA

Fórmula:

- Isopropanol: 99,8%
- Peróxido de hidrógeno: 3%
- Glicerol: 98%
- H_2O: c.s.

Concentración final:

- 75% (v/v) isopropanol.
- 1,45% (v/v) glicerol.
- 0,125% (v/v) peróxido de hidrógeno.

PREPARACIÓN

Para preparar 1 L (1000 mL), añadir a un recipiente:

1. 751,1 mL isopropanol 99,8%.
2. 41,7 mL peróxido de hidrógeno 3%.
3. 14,5 mL glicerol 98%.
4. 192,7 mL H_2O.

Mezclar bien.

Fuente bibliográfica: WHO.

12.2.14 Gel higienizante de manos

FÓRMULA

Fórmula:

- Etanol 96°: 80%
- Glicerina: 5%
- Hidroxipropilcelulosa: 1%
- Agua c.s.p.100 mL

PREPARACIÓN

Preparación:

1. Mezclar y disolver la glicerina en el alcohol y el agua.
2. Incorporar el gelificanteen pequeñas porciones y agitar enérgicamente durante unos minutos, hasta su total dispersión.Recomendable hacerlo con un emulsionador o agitador.
3. Dejar reposarla mezcla semigelificada en un envase bien cerrado durante 24 horas para lograr la óptima imbibición.
4. Tras 24 horas, homogeneizarel gel agitando durante unos minutos a alta velocidad con un emulsionador, evitando la incorporación de aire.

5. Envasar en un frasco de plástico PET translúcido, con tapón bisagra del mismo material y etiquetar.

Fuente bibliográfica: COF Granada.

12.2.15 Gel de ducha

FÓRMULA

Fórmula:

Fase	Ingredientes	%	Peso (gramos)
A	Glicerina vegetal	10,00	10,00
A	Goma esclerocio	1,00	1,00
A	Goma xantana transparente en polvo	1,00	1,00
B	Caprylyl/Capryl Glucoside	15,00	15,00
B	Cocamidopropyl Betaine	10,00	10,00
B	Decyl Glucoside	3,00	3,00
B	Aceite esencial de pomelo	1,00	1,00
C	Agua destilada	42,90	42,90
C	Hidrosol de naranja	10,00	10,00
C	Hidrosol de Aloe vera	5,00	5,00
C	Polvo de spirulina azul	0,10	0,10
E	Conservante	1,00	1,00
			Total: 100,00

PREPARACIÓN

Preparación:

1. Mezclar componentes de la fase A. Mezclar bien todos los ingredientes de la Fase A en un vaso de precipitados o recipiente.

2. Mezclar componentes de la fase B. Mezclar bien todos los ingredientes de la Fase B en un vaso de precipitados o recipiente.

3. Mezclar componentes de la fase C. Mezclar bien todos los ingredientes de la Fase C en un vaso de precipitados o recipiente.

4. Adicionar la fase B a la fase C. Comience agregando sus ingredientes de la Fase B a su mezcla de la Fase C lentamente. Agregue los surfactantes lentamente y revuelva hasta que estén completamente combinados. Asegúrese de mezclar bien todos los ingredientes, pero no lo haga demasiado rápido o el gel comenzará a formar espuma. Debido al pH de estos surfactantes, el color cambiará a púrpura a medida que los agregue a la mezcla.

5. Adicionar la fase A a la mezcla de las fases B y C. Agregar los ingredientes de la Fase A a la mezcla general. Combinar lentamente poco a poco y mezclar muy lentamente.

6. Reposar. Dejar espesar un tiempo.

7. Comprobar y ajustar el pH a un valor de 5 a 5,5. Mezclar bien.

8. Añadir el conservante y mezclar bien.

9. Comprobar y ajustar el pH a un valor de 5.

10. Envasar y dejar reposar durante 24 horas.

Fuente bibliográfica: Herb & Hedgerow Ltd.

13 Champú

Champú forma farmacéutica líquida (solución o suspensión) destinada a la limpieza del cabello y cuero cabelludo; los tratantes incorporan principios activos que van a producir una acción dermatológica específica en la zona.

Funciones de un champú:

a) Limpiar el cabello según la cantidad de grasa y del tipo de cabello (normal, seco o graso).

b) Tratar los problemas del cabello y del cuero cabelludo.

13.1 Tipos

Tipos de champú según el tipo de cabello:

a) Champú neutro.
b) Champú cabello seco.
c) Champú cabello graso.
d) Champú regulador de caspa.
e) Champú prevención caída.
f) Champú cabellos teñidos.
g) Champú volumen y brillo.

Tipos de champú según su textura:

a) Champú en forma de gel.
b) Champú en forma de crema.
c) Champú sólido.

13.2 Formulación

13.2.1 Fórmula patrón

Los componentes del champú deben ser los idóneos para la acción dermatológica buscada, ya sea desde el punto de vista galénico como dermocosmético.

El estudio previo de los principios activos y el diseño del excipiente será imprescindible antes de elaborar el champú.

De forma simplificada, un champú consta de una base de champú (mezcla de tensioactivos lavantes, fragancias y conservantes) y principios activos.

Respecto a la base de champú, el formulista tiene dos opciones:

- Elaborarla.
- Utilizar una base de champú para cabellos ya elaborada y añadir los principios activos deseados.

Los distintos proveedores de productos de cosmética DIY referenciados en el Anexo, ofertan distintas bases para la elaboración de champús.

FÓRMULA PATRÓN A PARTIR DE UNA BASE DE CHAMPÚ

Fórmula patrón a partir de una base de champú:

- Base de champú: *c.s.*
- Principios activos: *c.s.*
- Aceites esenciales o fragancias: *c.s.*
- Colorante: *c.s.*

PREPARACIÓN A PARTIR DE UNA BASE DE CHAMPÚ

Preparación:

1. Añadir los ingredientes a la base de champú y mezclar bien.
2. Envasar.

FÓRMULA PATRÓN DESDE CERO

Fórmula patrón desde cero:

- Fase acuosa (agua e hidrolatos). 60 – 80%.
- Tensioactivo(s): 15 – 30%. En general dos tipos: detergentes y espumantes.
- Tensioactivo primario: 8 – 12%.
- Tensioactivo secundario, opcional: 2 – 5%.
- Principio(s) activo(s): 1 – 5%.
- Estabilizador(es) de la espuma: 1 – 4%.
- Espesante(s): 0,1 – 5%.
- Conservante(s): 0,1 – 1%.

Ingredientes opcionales:

- Acondicionador: 0,1 – 1,0%.
- Colorante: *c.s.*
- Humectante(s): 1 – 5%.
- Fragancia(s): 0,1 – 1%.
- Correctores del pH.

PREPARACIÓN DE UN CHAMPÚ EN GEL

Preparación:

1. Determinar el volumen o peso de champú que se desea preparar.
2. Determinar los ingredientes y sus cantidades en volumen o peso.
3. Preparar la Fase A acuosa.

    Dispersar el(los) espesante(s) hidrófilo(s) en el agua bajo agitación intensa hasta que se forme un gel homogéneo.

    Añadir los tensioactivos y el resto de ingredientes hidrosolubles.

4. Preparar la Fase B oleosa. Disolver los ingredientes solubles en fase oleosa en un poco de tensioactivo.
5. Añadir la Fase A a la Fase B agitando hasta conseguir mezclarlos.
6. Añadir los principios activos (aceites esenciales, extractos vegetales, etc.).

7. Añadir el los conservante(s).
8. Comprobar y corregir el pH si es preciso.
9. Envasar.

PREPARACIÓN DE UN CHAMPÚ EN CREMA

<u>Preparación:</u>

1. Determinar el volumen o peso de champú que se desea preparar.
2. Determinar los ingredientes y sus cantidades en volumen o peso.
3. Preparar la Fase A acuosa. Dispersar el (los) espesante(s) hidrófilo(s) en el agua bajo agitación intensa hasta que se forme un gel homogéneo.
4. Preparar la Fase B oleosa. Disolver los ingredientes solubles en fase oleosa en un poco de tensioactivo.
5. Colocar las fases A y B a baño maría a una temperatura de 70ºC.
6. Añadir la Fase A a la Fase B agitando vigorosamente hasta conseguir emulsionarlos.
7. Dejar reposar. Primero, dejar reposar 3 minutos a temperatura ambiente. Posteriormente, dejar reposar 3 minutos 3 minutos en un baño de agua fría.
8. Añadir los tensioactivos (detergentes y espumantes) mezclando lentamente hasta obtener una mezcla homogénea.
9. Añadir los principios activos (aceites esenciales, extractos vegetales, etc.).
10. Añadir el (los) conservante(s).
11. Comprobar y corregir el pH si es preciso.
12. Envasar.

<u>Procedimiento con una base de champú:</u>

1. Añadir los ingredientes a la base de champú y mezclar bien.
2. Envasar.

13.2.2 pH de un champú

El pH del cabello es de 4.

Un champú con pH entre 4 y 6 cierra las cutículas del cabello y parece brillante.

Un champú con un pH >7 abre las cutículas del cabello dándole una apariencia de un pelo con volumen, pero su uso continuado ocasionaría daño estructural al pelo.

Un champú con un pH de 4 sería muy agresivo a los ojos que tienen un pH de 7,5. El pH de un champú de uso diario debería ser de 5,5.

13.2.3 Champú bebé

FÓRMULA

Fórmula:

- Principios activos: 2%.
- Base champú bebe: *c.s.*

PREPARACIÓN

Preparación:

1. Pesar la cantidad de champú base bebé que precise.
2. Agregar, como máximo, un 2% de aditivos.
3. Agregar los aceites esenciales.
4. Mezclar bien todos los ingredientes hasta que se integren por completo.
5. Comprobar y corregir el pH.
6. Envasar.

Fuente bibliográfica: ACOFARMA Distribución S.A.

13.2.4 Champú antigrasa

FÓRMULA

Fórmula:

- *Base N-champú®: 99%.*
- *Tioxolona*: 0.5%.
- *Tagat-L®*: 0.5%.
- Perfume: *c.s.*

PREPARACIÓN

Preparación:

1. Disolver la *Tioxolona* con el *Tagat-L®*, calentando.
2. Una vez en frío, añadir el perfume.
3. Añadir esta mezcla sobre la *Base N-champú®*, y homogeneizar lentamente, para no formar mucha espuma.
4. Comprobar y corregir el pH si es preciso.
5. Envasar.

Fuente bibliográfica: ACOFARMA Distribución S.A.

13.2.5   Champú anticaspa

FÓRMULA

Fórmula:

- Base *N-champú®*: 95%.
- *Piroctona* olamina (sol. 10%): 5%.
- Perfume: *c.s.*

PREPARACIÓN

Preparación:

1. Añadir la piroctona olamina y el perfume sobre la *Base Nchampú®* y homogeneizar.
2. Comprobar y corregir el pH si es preciso.
3. Envasar.

Fuente bibliográfica: ACOFARMA Distribución S.A.

13.2.6 Champú frecuencia cabellos delicados

Fórmula:

- Extracto glicólico avena: 10%.
- Abil antiestático®: 1%.
- Perfume: 0.3%.
- *Base N-champú®*: 88.7%.

Preparación:

1. Mezclar el *Abil antiestático®* y el perfume.
2. Añadir el extracto de avena a la *Base N-champú®*.
3. Añadir la primera mezcla sobre la segunda y homogeneizar.
4. Comprobar y corregir el pH si es preciso.
5. Envasar.

Fuente bibliográfica: ACOFARMA Distribución S.A.

13.2.7 Champú aniónico de proteínas (pH= 5,42)

Champú aniónico de proteínas (pH= 5,42)	
Ingrediente	**%.W/W**
Agua, desionizada	c.s.
Sodium Lauryl Ether Sulfate	15.0%.
Triethanolamine Lauryl Sulfate	10.0%.
Cocamide DEA	3.0%.
Proteíma anhidra	1.0%.
50%. ácido cítrico	Ajustar el pH
Conservante: Geogard Ultra™	1.5%.
	Total 100.00%.

Fuente bibliográfica: Lonza Ltd.

13.2.8 Champú de urea

Fórmula:

- Detergente sulfonado aniónico *c.s.p.*: 100 g.
- Urea: 10 g.
- Aceite de cade: 4 g.

Preparación:

Disolver la urea en la mínima cantidad de agua purificada posible, calentando ligeramente si es necesario. Mezcla el aceite de cade con unas gotas de *Tween 80*. Incorporar ambas mezclas al detergente sulfonado aniónico en agitación lenta.

Fuente bibliográfica: ACOFARMA Distribución S.A.

13.2.9 Champú sólido

Fórmula:

- SCI. Sodium Cocoyl Isethionate powder: 41.45%.
- SCS. Coco sulfate: 29.15%.
- Betaína de coco. Cocamidopropyl Betaine: 11.95%.
- SLSA: 5.95%.
- Alcohol cetílico. Cetearyl alcohol: 4.15%.
- BTMS 50: 2.45%.
- Manteca de karité. Shea butter: 1.95%.
- Fragrancia: 1.05% (mezcla de peppermint & spearmint).
- dl-Panthenol (B5 Powder): 1.25%.
- Ácido esteárico. Stearic acid: 0.65%.

PREPARACIÓN

Preparación:

1. Pesar todos los ingredientes. Utilizar mascarilla.

2. Preparar la mezcla A. Para ello, a un recipiente de vidrio o acero inoxidable añadir sucesivamente:

    a) Alcohol cetílico. Cetyl alcohol: 4,1%. Emoliente. Hidratante. Espumante.

    b) BTMS 50: 2,4%. Acondicionador.

    c) Manteca de karité. Shea butter: 1,9%. Hidratante.

    d) Ácido esteárico (Stearic acid): 0,6%. Endurecedor.

    Poner a baño maría a fuego lento.

3. Preparar la mezcla B. Para ello, al recipiente de vidrio o acero inoxidable de una amasadora añadir sucesivamente:

    1. SCI: 41,4%. Tensioactivo.

    2. SCS: 29,1%.

    3. SLSA: 5,9%. Tensioactivo.

    4. Pro vitamin B5 or dl panthanol: 1,2%.

    Amasar bien.

    A continuación, añadir:

    1. Colorante (mica, spirulina, arcilla, etc) y amasar.

    2. Fragancia y amasar.

    3. Betaína de coco (Cocamidopropyl betaine) y amasar.

    Amasar bien.

    A continuación, sin parar la amasadora añadir poco a poco el contenido de la mezcla A evitando que se enfríe al tocar las paredes del recipiente.

    Amasar bien.

4. Colocar la mezcla resultante en un molde y utilizar una prensadora.

5. Dejar que el champú sólido se seque al aire libre durante unos días si aún está suave.

Fuente bibliográfica: Soaping101.

13.2.10 Champú sólido para cabello seco

FÓRMULA

Fórmula:

- SCI: 65%. Tensioactivo.
- Arcilla verde: 8%. Endurecedor.
- Almidón de arroz: 7%. Apelmazante.
- Glicerina: 4%. Humecatante.
- Sucrosa cocoato: 4%. Tensioactivo. Acondicionador.
- Proteínas de trigo: 3%. Acondicionador.
- Aceite de jojoba: 3%. Acondicionador. Emoliente.
- Aceite esencial de mandarina: 2%. Antiséptico. Aromatizante.
- Lactato sódico: 2%. Humectante. Endurecedor.
- Pantenol: 1,5%. Fortalecedor del pelo.
- Geogard 221: 0,5%. Conservante.
- Agua: c.s.p. una pasta maleable. Aproximadamente 20 gr.

PREPARACIÓN

Preparación:

1. Preparación de la mezcla de ingredientes en polvo.

   Pesar cada ingrediente en polvo utilizando una mascarilla.

   Añadir a un recipiente con tapa los ingredientes en polvo previamente pesados: almidón, arcilla verde y SCI. Cerrar el recipiente y agitar para mezclar los ingredientes en polvo. Dejar reposar los polvos 3 minutos.

2. Preparación de los ingredientes líquidos.

   Pesar cada ingrediente líquido utilizando una jeringuilla previamente tarada.

   A un vaso de precipitados añadir: sucrosa cocoato, aceite de jojoba, aceite esencial de mandarina, glicerina, lactato sódico, pantenol, proteínas de trigo, Geogard 221.

   Tras la adición de cada ingrediente, continuar mezclando con una varilla de vidrio.

3. A un mortero, añadir la mezcla de ingredientes en polvo previamente preparada en el punto 1. Ponerse la mascarilla.

   A la mezcla de los ingredientes en polvo (punto 1) añadir, poco a poco, la mezcla con los ingredientes líquidos (punto 2). Utilizar una espátula para mezclar los ingredientes.

   Añadir agua, poco a poco; hasta obtener una masa maleable. Utilizar una espátula para mezclar los ingredientes.

4. Comprobar el pH y corregirlo si fuera preciso. Para ello, disolver 1 gr de la masa en 10 gr de agua y mezclar bien. A continuación, utilizando una varilla de vidrio añadir una gota de la suspensión a una tira de papel pH.

5. Añadir la pasta a un molde redondo de silicona.

6. Dejarlo en el congelador hasta que se ponga duro. Desmoldarlo y dejarlo secar.

Fuente bibliográfica: Instituto de Dermocosmética.

13.2.11 Champú sólido hidratante

FÓRMULA

Fórmula:

- SCS: 50%.
- SCI: 20%.
- Glicerina vegetal: 10%.
- Zumo de limón filtrado o hidrolato o agua: 7%.
- Hojas de ortiga o extracto de ortiga: 4%
- Inulina vegetal: 1%.
- Pantenol: 1%.
- Aceite esencial de salvia: 1%.
- Aceite esencial de arbol de té: 1%.
- Aceite esencial de menta: 0,5%.
- Espirulina en polvo: una pizca.

PREPARACIÓN

Preparación:

1. Pesar los ingredientes. Utilizar una mascarilla
2. Desmenuzar los tensioactivos SCS y SCI en un mortero
3. Desmenuzar las hojas de ortiga en un mortero.
4. Añadir a un recipiente con tapa: los tensioactivos (SCS y SCI), las hojas de ortiga y la espirulina. Cerrar el recipiente y agitar.
5. A un recipiente añadir la mezcla de sólidos, la glicerina y el zumo de limón.
6. Poner el recipiente con la mezcla de sólidos y el zumo de limón en baño maría mezclando constantemente.
7. Una vez esté todo unificado, retirar del fuego y deja que la elaboración se enfríe a temperatura ambiente.
8. Añadir el resto de ingredientes: aceites esenciales, inulina y pantenol. Mezclando con varilla de vidrio.
9. Transferir la masa a un molde.
10. Dejar endurecer antes de desmoldar. Puede colocar el molde en el congelador durante 10 minutos.
11. Dejar que el champú sólido se seque al aire libre durante unos días si aún está suave.

OBSERVACIONES

Observaciones:

Si la masa se vuelve sólida, antes de enmoldar ponerla de nuevo al baño maría (hasta los 50 - 60ºC aprox), remueve un poco y ponla rápidamente en el molde.

Fuente bibliográfica: Mara Serrano.

14 Jabón

El **jabón** es una sal sódica o potásica de un ácido graso.

El jabón es el resultado de la **reacción de saponificación** entre un lípido saponificable (aceite, grasa, manteca) y una base (NaOH o KOH).

La reacción de saponificación puede realizar sin calentamiento o en frío o con calentamiento o en caliente.

El método industrial de fabricación del jabón utiliza la saponificación con calentamiento o en caliente. En la saponificación con calentamiento se añade un exceso de base para neutralizar por completo los ácidos grasos. Una vez formado el jabón, se elimina el exceso de base mediante lavado con agua.

Ejemplos de jabones fabricados por saponificación con calentamiento son el jabón de Alepo y el jabón de Marsella.

El método artesanal de fabricación del jabón utiliza la saponificación sin calentamiento o en frío. En este caso, se añade un exceso de lípido saponificable para asegurar que toda la base reaccione y se produzca una saponificación completa.

Los beneficios del jabón fabricado mediante saponificación sin calentamiento son:

- La producción de glicerina que conserva el estado de hidratación de la piel.
- La conservación de las propiedades emolientes, nutritivas, protectoras y suavizantes de los aceites vegetales presentes en el jabón.
- Proceso de fabricación sostenible al no requerir el consumo de energía.

$$\begin{array}{c} CH_2-O-\overset{O}{\underset{\|}{C}}(CH_2)_{14}CH_3 \\ | \\ CH_2-O-\overset{O}{\underset{\|}{C}}(CH_2)_{14}CH_3 + 3\ NaOH \\ | \\ CH_2-O-\overset{O}{\underset{\|}{C}}(CH_2)_{14}CH_3 \end{array} \longrightarrow \begin{array}{c} CH_2-OH \\ | \\ CH_2-OH \\ | \\ CH_2-OH \end{array} + CH_3(CH_2)_{14}CO_3Na$$

Lípido saponificable + 3 NaOH → Glicerol + Jabón

14.1 Formulación

14.1.1 Jabón sólido (método artesanal en frío).

14.1.1.1 Fórmula patrón

Fórmula patrón cualitativa:

- Agua (H_2O): *c.s* (30 – 38%).
- Fase oleosa. Mezcla de lípidos (aceites vegetales, grasas, ceras): *c.s.*
- Hidróxido sódico (NaOH): *c.s.*

Fórmula patrón cualitativa amplificada:

- Agua (H_2O): *c.s.* (30 – 38%).
- Fase oleosa. Mezcla de lípidos (aceites vegetales, grasas, ceras): *c.s.*
- Hidróxido sódico (NaOH): *c.s.*
- Aceites esenciales: *c.s.*
- Arcilla: *c.s.*
- Colorantes.

Si se desea alargar la vida media o duración del jabón, añadir oleorresina de Romero.

La composición en fase oleosa del jabón dependerá de las propiedades que se quiera que posea el jabón. No obstante, para comenzar puede utilizarse la siguiente guía:

a) 60% de fase oleosa compuesta por aceites "duros", de los cuales:

- 25% al 45% de aceites "duros" que produzcan mucha espuma (lathering hard oils). Como por ejemplo: aceite de coco, aceite de palmiste (palm kernel oil), aceite de Babasu, manteca de Murumuru, etc.
- 15% al 35% de aceites "duros" acondicionadores conditioning hard oils). Como por ejemplo: aceite de palma (palm oil), manteca de cacao, manteca de karité, manteca de mango, manteca de cerdo, etc.

b) 40% de fase oleosa compuesta por aceites "blandos", de los cuales:

- 20% al 30% de aceites "blandos" nutritivos (nourishing soft oils). Como por ejemplo: aceite de oliva, aceite de almendras, aceite de aguacate, aceite de canola, aceite de girasol alto oleico, aceite de cártamo alto oleico, aceite de semilla de albaricoque, etc.
- 5% al 10% de aceites "blandos" luxury (luxury soft oils). Como por ejemplo: aceite de onagra, aceite de nuez, aceite de germen de trigo, aceite de cáñamo, aceite de rosa mosqueta y aceite de semilla de calabaza, etc.
- 5% al 10% de aceite de ricino (castor oil).

14.1.1.2 Cálculos

Para realizar los cálculos se aconseja utilizar una calculadora de saponificación on-line. Dependiendo de la calculadora que utilice, precisará los siguientes datos:

a) Cantidad total de jabón en gramos.

b) Cantidad total de fase oleosa o mezcla de lípidos (aceites vegetales, grasas, mantecas, ceras) en gramos.

c) Cantidad total de agua en %. La cantidad total de agua en % se expresa respecto al total de la fase oleosa o mezcla de lípidos (aceites vegetales + grasas + mantecas + ceras). Recomendable del 30 – 38%. El valor inferior es adecuado cuando se utilizan aceites esenciales en la formulación del jabón.

d) Concentración de la solución de hidróxido sódico (NaOH) en %.

e) El sobre-engrasamiento o superfat del jabón expresado como %. Recomendable 5% en verano y subir a 8% en invierno.

f) El perfume o fragancia expresado como g/kg.

Utilizar un máximo de 3% de aceites esenciales respecto al total de fase oleosa o mezcla de lípidos (aceites vegetales + grasas + mantecas + ceras). Es decir 30 g/kg (fragrance ratio).

Para fragancias que no son aceites esenciales: utilizar 1,6 – 6,3%. respecto al total de fase oleosa o mezcla de lípidos (aceites vegetales + grasas + mantecas + ceras).

g) Cantidades de los distintos aceites vegetales, grasas, mantecas o ceras en gramos o en %.

La calculadora de saponificación dará como resultado los siguientes valores necesarios para preparar el jabón:

a) La cantidad total de agua en gramos.

b) La cantidad total de Hidróxido sódico (NaOH) en gramos.

c) La cantidad total de jabón en gramos.

d) Las características del jabón:

- **Acondicionamiento** (44 - 69; a mayor valor mayor acondicionamiento) es la capacidad del jabón para suavizar y nutrir la piel o el pelo.

- **Dureza** (29 - 54; a mayor valor mayor dureza). Recomendable una dureza de al menos 45.

- **Espumosidad** o **burbujas** (14 – 46; a mayor valor mayor capacidad de genera espuma).

- **Cremosidad** (16 – 48; a mayor valor mayor cremosidad).

- **Índice de iodo** o **grado de enranciamiento** o duración (41 – 70; a mayor valor mayor enranciamiento). Cuanto menor sea el valor del índice de iodo más duro será el jabón.

- **INS** o **índice del ester** o capacidad hidratante (136 – 165). Recomendable un valor de 160. Permite determinar el comportamiento de un aceite vegetal, grasa o cera en un jabón en términos de: dureza, acondicionamiento, limpieza, capacidad de generar espuma y enranciamiento.

- **Limpieza** (12 - 22; a mayor valor mayor limpieza). Para personas con piel sensible es recomendable un valor de 2 – 7. Durante invierno es recomendable un valor de 8 – 10 y aumentar el sobre-engrasamiento o superfat al 8%.

14.1.1.3 Elaboración

Proceso de fabricación de jabón en frío:

1. Establecer la fórmula del jabón en función de: la cantidad de jabón y las características del jabón.

    - Determinar la cantidad de jabón que va a manufacturarse.

    - Establecer las características del jabón en términos de: dureza, capacidad de limpieza, acondicionamiento, capacidad de generar espuma, cremosidad, y enranciamiento.

2. Preparar el molde.

3. Preparar la solución de hidróxido sódico (NaOH). Añadir poco a poco el hidróxido sódico (NaOH) al agua destilada (H_2O) y mezclar bien con una varilla. Dejarla enfriar la disolución hasta los 35°C.

   OBSERVACIONES.

   El hidróxido sódico (NaOH) es caustico y hay que utilizarlo con cuidado. Proteger las manos con unos guantes de nitrilo y el rostro y los ojos con una pantalla.

   Al añadir el hidróxido sódico (NaOH) al agua (H_2O) se generan unos vapores tóxicos que hay que evitar el respirar. Trabajar en un lugar con buena ventilación.

   Al añadir el hidróxido sódico (NaOH) al agua (H_2O) se produce una reacción exotérmica y aumenta la temperatura de la mezcla. Para acelerar el proceso de la disolución del hidróxido sódico (NaOH) en el agua (H_2O), puede colocarse el recipiente con el H_2O en otro recipiente con hielo y agua fría.

4. Para endurecer el jabón puede añadirse lactato sódico.

   Añadir la solución de lactato sódico a la solución de hidróxido sódico (NaOH) una vez se ha enfriado a 35°C.

   En general, se recomienda 5 mL (1 tsp) de solución de lactato de sodio por cada 453,6 g de la fase oleosa o mezcla de lípidos (aceites vegetales + grasas + mantecas + ceras). La concentración final del lactato de sodio es de 1% - 3%. respecto al peso total de la mezcla de aceites vegetales + grasas + mantecas.

   Densidad de la solución de lactato sódico (60%. w/w): 1.317 – 1.323 g/mL; valor medio = 1,320 g/mL.

5. Preparar la fase oleosa o mezcla de lípidos (aceites vegetales + grasas + mantecas + ceras). Dejarla enfriar hasta los 35°C.

6. A ser posible utilizar aceites de primera presión en frío que son los que mantienen más sus propiedades naturales originales.

   Los aceites vegetales, grasas y mantecas utilizados en la elaboración del jabón dependerá de las características que desee que posea el jabón. No obstante, hay 4 aceites vegetales que conviene probar: el aceite de ricino porque da hidratación y espuma; el aceite de coco por su capacidad de limpieza; el aceite de oliva porque hidrata la piel; y el aceite de palma porque da dureza y estabilidad al jabón.

7. Añadir poco a poco la solución de hidróxido sódico (NaOH) a la fase oleosa o mezcla de lípidos (aceites vegetales + grasas + mantecas + ceras). Mezclar primero con una espátula y luego con una batidora evitando la formación de burbujas.

8. Cuando la mezcla presenta una traza ligera a media, añadir los aditivos (pigmento, aceites esenciales, fragancias, arcilla, etc.). Inicialmente mezclar con una espátula y luego con una batidora.

   Los aceites esenciales se disuelven previamente en *tintura de Benjuí* antes de ser añadimos a la mezcla de los aceites vegetales. Utilizar de 5 a 10% de *tintura de Benjui* sobre el total de la mezcla de aceites esenciales. La *tintura de Benjui* oscurece el jabón y acelera la traza.

   En el caso de utilizar una mezcla de aceites esenciales. Se recomienda: 30% de aceites esenciales con notas altas, 50% de aceites esenciales con notas medias, y un 20% de aceites esenciales con notas bajas.

   Para aceites esenciales con una fragancia fuerte se recomienda utilizar 17,7 g de mezcla de aceites esenciales (a.e.) por cada 453,6 g de fase oleosa (f.o.). Es decir, 32 g de a.e./kg de f.o. (= 0,032 = 17,7/453,6).

   Para aceites esenciales con una fragancia suave se recomienda utilizar 19,8 g de mezcla de aceites esenciales (a.e.) por cada 453,6 g de fase oleosa (f.o.). Es decir, 44 g de a.e./kg de f.o. (= 0,044 = 19,8/453,6).

   Si se desea utilizar arcillas, añadir un máximo de 5% de arcilla respecto al peso total. Disolver la arcilla previamente en un poco de agua (H_2O).

9. Verter la mezcla de jabón en el molde.
10. Dejar reposar la mezcla de jabón en el molde hasta su solidificación. Dejar reposar durante 2 a 5 días. Si se utiliza un molde de silicona es mejor dejar reposar durante 5 días para evitar deformaciones en las esquinas del jabón durante el desmoldado.
11. Retirar la pieza de jabón del molde.
12. Cortar las piezas de jabón.
13. Secar las piezas de jabón bajo corriente de aire durante 4 – 6 semanas.
14. Comprobar el pH del jabón curado. Añadir unas gotas de agua a la superficie del jabón y medir el pH. Deberá tener un pH entre 7 y 10.
15. Empaquetado y etiquetado.

14.1.2   Jabón de Alepo (30/70)

FÓRMULA

Fórmula (1421 g):

- Aceite de oliva: 700 g (70%).

- Aceite frutal de Laurel: 300 g (30%).
- Agua (H$_2$O): 260,60 g (26,00%).
- Hidróxido sódico (NaOH): 130,32 g.
- Aceites esenciales: 31 g.

Total antes del secado: 1421,32 g.

Sobre-engrasamiento 5%.

SoapCalc ©	Recipe Name:		New INCI Names	Print Recipe
Total oil weight		1000 g	Sat : Unsat Ratio	25 : 75
Water as percent of oil weight		26.00 %	Iodine	82
Super Fat/Discount		5 %	INS	111
Lye Concentration		33.389 %	Fragrance Ratio	31
Water : Lye Ratio		1.9950:1	Fragrance Weight	31.00 g
		Pounds	Ounces	Grams
Water		0.573	9.17	260.00
Lye - NaOH		0.287	4.60	130.32
Oils		2.205	35.27	1,000.00
Fragrance		0.068	1.09	31.00
Soap weight before CP cure or HP cook		3.133	50.14	1,421.32

#	√	Oil/Fat	%	Pounds	Ounces	Grams
1	☐	Olive Oil	70.00	1.543	24.69	700.00
2	☐	Laurel Fruit Oil	30.00	0.661	10.58	300.00
		Totals	100.00	2.205	35.27	1,000.00

Soap Bar Quality	Range	Your Recipe		
Hardness	29 - 54	25	Lauric	8
Cleansing	12 - 22	8	Myristic	0
Conditioning	44 - 69	75	Palmitic	14
Bubbly	14 - 46	8	Stearic	2
Creamy	16 - 48	17	Ricinoleic	0
Iodine	41 - 70	82	Oleic	58
INS	136 - 165	111	Linoleic	16
			Linolenic	1

PREPARACIÓN

Preparación:

Tras desmoldar dejar secar durante 9 meses.

14.1.3 Jabón de Castilla 80%

El jabón de Castilla originalmente estaba formulado únicamente con aceite de oliva al 100%, pero debido a que este jabón hay que dejarlo secar al menos un año para que produzca algo de espuma, se modificó la fórmula original añadiéndole aceite de coco.

FÓRMULA

Fórmula (707 g):

- Aceite de oliva: 400 g.
- Agua (H_2O): 125 g.
- Aceite de coco 76°: 100 g.
- Hidróxido sódico (NaOH): 66,71 g.
- Aceites esenciales: 15,50 g.

Cantidad total antes del secado: 707,21 g.

SoapCalc ©	Recipe Name:		New INCI Names	Print Recipe
Total oil weight		500 g	Sat : Unsat Ratio	30 : 70
Water as percent of oil weight		25.00 %	Iodine	70
Super Fat/Discount		8 %	INS	136
Lye Concentration		34.798 %	Fragrance Ratio	31
Water : Lye Ratio		1.8737:1	Fragrance Weight	15.50 g

	Pounds	Ounces	Grams
Water	0.276	4.41	125.00
Lye - NaOH	0.147	2.35	66.71
Oils	1.102	17.64	500.00
Fragrance	0.034	0.55	15.50
Soap weight before CP cure or HP cook	1.559	24.95	707.21

#	√	Oil/Fat	%	Pounds	Ounces	Grams
1	☐	Olive Oil	80.00	0.882	14.11	400.00
2	☐	Coconut Oil, 76 deg	20.00	0.220	3.53	100.00
		Totals	100.00	1.102	17.64	500.00

Soap Bar Quality	Range	Your Recipe		
Hardness	29 - 54	29	Lauric	10
Cleansing	12 - 22	13	Myristic	4
Conditioning	44 - 69	68	Palmitic	13
Bubbly	14 - 46	13	Stearic	3
Creamy	16 - 48	16	Ricinoleic	0
Iodine	41 - 70	70	Oleic	57
INS	136 - 165	136	Linoleic	10
			Linolenic	1

14.1.4 Jabón de Marsella 72%

FÓRMULA

Fórmula (567 g):

- Aceite de oliva: 250 g (45,10%)
- Aceite de palma: 150 g (27,05%)
- Agua: 104 g (18,75%*)
- Hidróxido sódico (NaOH): 50,5 g (9,10%)

Cantidad total antes del secado: 500 g.

*Cantidad total de agua en % respecto al total de la fórmula no respecto al total de la fase oleosa.

SoapCalc ©	Recipe Name: Jabón de Marsella 72		New INCI Names Print Recipe	
Total oil weight		400 g	Sat : Unsat Ratio	29 : 71
Water as percent of oil weight		**26.00 %**	Iodine	73
Super Fat/Discount		8 %	INS	120
Lye Concentration		32.790 %	Fragrance Ratio	31
Water : Lye Ratio		2.0497:1	Fragrance Weight	12.40 g

	Pounds	Ounces	Grams
Water	0.229	3.67	104.00
Lye - **NaOH**	0.112	1.79	50.74
Oils	0.882	14.11	400.00
Fragrance	0.027	0.44	12.40
Soap weight before CP cure or HP cook	1.250	20.01	567.14

#	√	Oil/Fat	%	Pounds	Ounces	Grams
1	☐	Olive Oil	62.50	0.551	8.82	250.00
2	☐	Palm Oil	37.50	0.331	5.29	150.00
		Totals	100.00	0.882	14.11	400.00

Soap Bar Quality	Range	Your Recipe			
			Lauric		0
Hardness	29 - 54	29	Myristic		0
Cleansing	12 - 22	0	Palmitic		25
Conditioning	44 - 69	70	Stearic		4
Bubbly	14 - 46	0	Ricinoleic		0
Creamy	16 - 48	29	Oleic		58
Iodine	41 - 70	73	Linoleic		11
INS	136 - 165	120	Linolenic		1

PREPARACIÓN

Preparación:

Preparar por separado la fase acuosa y la fase oleosa.

Fase acuosa:

1. Pesar el agua en un recipiente de 500 mL.
2. Pesar el NaOH.
3. Añadir poco a poco el hidróxido sódico (NAOH) al agua y mezclar con una espátula hasta disolución completa. Dejar que baje la temperatura a 45ºC.

Fase oleosa:

4. En un recipiente de 2 L añadir el aceite de oliva y el aceite de palma y mantener a una temperatura de 45ºC.

Mezclar las fases:

5. Añadir la disolución de NAOH al recipiente con los aceites y mezclar primero con una varilla y luego con una batidora hasta que aparezca una traza ligera a media.

Añadir al molde:

6. Verter la mezcla del jabón en un molde y cubrir con parafilm.
7. Dejar reposar la mezcla de jabón en el molde hasta su solidificación. durante 48 horas.
8. Desmoldar.
9. Cortar las piezas de jabón al tamaño deseado.
10. Secar las piezas de jabón bajo corriente de aire durante 4 – 6 semanas.
11. Comprobar el pH del jabón curado. Deberá tener un pH entre 7 y 10.
12. Empaquetado y etiquetado.

Fuente bibliográfica: Aroma – Zone.

14.1.5   Jabón de Marsella

FÓRMULA

Fórmula (902 g):

- Aceite de oliva: 400 g (45,20%)
- Aceite de coco: 200 g (22,6%)
- Agua: 200 g (22,6%*)
- Hidróxido sódico (NaOH): 85 g (9,6%)

*Cantidad total de agua en % respecto al total de la fórmula no respecto al total de la fase oleosa.

SoapCalc ©	Recipe Name:			New INCI Names	Print Recipe
Total oil weight		600 g	Sat : Unsat Ratio		40 : 60
Water as percent of oil weight		**33.30 %**	Iodine		60
Super Fat/Discount		8 %	INS		156
Lye Concentration		29.492 %	Fragrance Ratio		31
Water : Lye Ratio		2.3908:1	Fragrance Weight		18.60 g
			Pounds	Ounces	Grams
Water			0.440	7.05	199.80
Lye - **NaOH**			0.184	2.95	83.57
Oils			1.323	21.16	600.00
Fragrance			0.041	0.66	18.60
Soap weight before CP cure or HP cook			1.989	31.82	901.97
#	√	Oil/Fat	%	Pounds	Ounces	Grams
1	☐	Olive Oil	66.67	0.882	14.11	400.00
2	☐	Coconut Oil, 76 deg	33.33	0.441	7.05	200.00
		Totals	100.00	1.323	21.16	600.00
Soap Bar Quality	Range	Your Recipe	Lauric		16
Hardness	29 - 54	38	Myristic		6
Cleansing	12 - 22	22	Palmitic		12
Conditioning	44 - 69	58	Stearic		3
Bubbly	14 - 46	22	Ricinoleic		0
Creamy	16 - 48	15	Oleic		49
Iodine	41 - 70	60	Linoleic		9
INS	136 - 165	156	Linolenic		1

PREPARACIÓN

Preparación:

Preparar por separado la fase acuosa y la fase oleosa.

Fase acuosa:

1. Pesar el agua en un recipiente de 500 mL.
2. Pesar el NaOH.
3. Añadir poco a poco el hidróxido sódico (NAOH) al agua y mezclar con una espátula hasta disolución completa. Dejar que baje la temperatura a 45ºC.

Fase oleosa:

4. En un recipiente de 2L añadir el aceite de oliva y el aceite de palma y mantener a una temperatura de 45ºC.

Mezclar las fases:

5. Añadir la disolución de NAOH al recipiente con los aceites y mezclar primero con una varilla y luego con una batidora hasta que aparezca una traza ligera a media.

Añadir al molde:

6. Verter la mezcla del jabón en un molde y cubrir con parafilm.
7. Dejar reposar la mezcla de jabón en el molde hasta su solidificación. durante 48 horas.
8. Desmoldar.
9. Cortar las piezas de jabón al tamaño deseado.
10. Secar las piezas de jabón bajo corriente de aire durante 7 –8 semanas.
11. Comprobar el pH del jabón curado. Deberá tener un pH entre 7 y 10.
12. Empaquetado y etiquetado.

Fuente bibliográfica: Ile aux épices.

14.1.6 Jabón líquido (método industrial)

El jabón líquido puede prepararse por el método artesanal utilizando KOH como base o por el método industrial utilizando agentes tensioactivos.

FÓRMULA

Fórmula:

- Agua: *c.s.*
- Tensioactivos: *c.s.*
- Humectante o hidratante: *c.s.*
- Espesante: *c.s.*
- Perfume: *c.s.* Pueden añadirse aceites esenciales: 0,5 – 1%.
- Conservante: *c.s.*
- Corrector de pH: *c.s.*

PREPARACIÓN

Preparación:

1. Preparar la fase A. Disolver en el agua los humectantes / hidratantes y los espesantes. Calentar si es preciso para facilitar la disolución.

2. Preparar la fase B. Mezclar los tensioactivos.

3. Añadir la fase A a la fase B poco a poco y agitando constantemente.

4. Añadir el perfume y el conservante.

5. Medir el pH y corregirlo si fuera preciso.

6. Envasar.

7. Dejar reposar durante 24 para comprobar la consistencia.

8. Corregir la consistencia y el pH si fuera preciso.

14.1.7 Base de jabón líquido (método industrial)

FÓRMULA

Fórmula:

- Agua: 444 mL.
- *Pompadolsa*: 500 mL.
- *Lamesoft®PO65*: 50 mL.
- Aceites esenciales: 0,5 – 1%.
- *Sharomix*: 6 g.

PREPARACIÓN

Preparación:

1. En un recipiente mezclar la *Pompadolsa*, el *Sucrecoco* y los aceites esenciales.

2. Poco a poco añadir el agua a la mezcla de *Pompadolsa* y *Sucrecoco*.

3. Añadir el *Sharomix* mezclando hasta incorporación completa.

4. Envasar y dejar reposar 24 horas

OBSERVACIONES

Observaciones:

- Si fuera necesario espesar con goma *Xantana* transparente.

Fuente bibliográfica: Beatriz Lavado.

14.1.8 Jabón líquido de glicerina (método industrial)

FÓRMULA

Fórmula:

- Agua purificada: *c.s.p.* 100 mL.
- *Tegobetaína L7*: 40%.
- Glicerina: 20%.
- *Tagat L*: 5%.
- *Phenonip XB*: 0,6%.
- Aceite esencial de lavanda: 0,1%.
- Aceite esencial de naranja dulce: 0,1%.
- Ácido láctico: *c.s.* hasta alcanzar un pH = 5,5.

PREPARACIÓN

Preparación:

1. Disolver la *Regobetaína L7* y la Glicerina en el agua purificada (Fase A).
2. Disolver el *Phenonip XB* y los aceites esenciales en en Tagat L (Fase B).
3. Añadir poco a poco la Fase B a la Fase A agitando hasta disolución completa.
4. Ajustar le pH a 5,5 con ácido láctico si fuera necesario.
5. Envasar y etiquetar.

Observaciones:

Phenonip XB es un conservante que contiene una mezcla de parabenos de cadena corta. Si no se desea utilizar un conservante con parabenos utilizar otro conservante.

Fuente bibliográfica: Blog del Dr. Enrique Alía Fernández-Montes.

14.1.9 Jabón líquido para lavadora

El jabón también puede utilizarse para limpiar la ropa. A continuación se muestra una forma sencilla y económica de elaborar jabón líquido para la ropa.

FÓRMULA

Fórmula:

- Ralladura de jabón de Marsella con coco: 100 g.
- Agua: 2 L.
- Bicarbonato sódico: 2 cucharadas.

PREPARACIÓN

Preparación:

1. Disolver las escamas de jabón en agua muy caliente, revolviendo regularmente.
2. Añadir el bicarbonato de sodio y mezclar bien.

USO

Uso:

1. Agitar antes de cada uso.
2. Usar aproximadamente 120 ml -150 ml (un vaso) de la mezcla para una lavadora de 4-5 kg.

15 Loción

Una **loción** es una preparación líquida para ser aplicada directamente sobre la piel.

15.1 Tipos

Tipos de lociones:

- Loción acuosa.

- Loción hidroalcohólica.

- Loción en emulsión o leche. Una loción O/W es una emulsión bastante fluida de fase externa acuosa y que debe incorporar a los activos hidrosolubles disueltos en su fase acuosa y a los insolubles pulverulentos en suspensión.

15.2 Formulación

15.2.1 Loción O/W

FÓRMULA

Fórmula:

- Agua purificada *c.s.p.*: 100 g.

- Glicerina: 10%.

- Alcohol cetílico: 1%.

- Ciclometicona pentámera: 0,5%.

- Laurilsulfato sódico: 0,5%.

- Cera blanca: 0,1%.

PREPARACIÓN

Preparación:

1. Fundir en un baño de agua a 70 - 75ºC el alcohol cetílico y la crea blanca (fase oleosa). Por otro lado, calentar en un baño de agua el agua purificada a la misma temperatura y disolver el laurilsulfato sódico (fase acuosa).

2. Fundida la fase oleosa, sacar ambas del baño de agua y añadir la acuosa sobre la oleosa en pequeñas porciones agitando hasta temperatura ambiente. Se obtiene la emulsión fluida O/W. Al unir las fases es muy importante que estén a igual temperatura (70 - 75ºC) para evitar una rápida solidificación de la fase oleosa por diferencias de temperatura.

3. Añadir la ciclometicona pentámera agitando hasta homogeneidad.

4. Añadir la glicerina anterior en pequeñas porciones batiendo hasta homogeneidad.

OBSERVACIONES

Observaciones:

Cabe destacar la alta evanescencia (apenas deja residuo graso tras su aplicación sobre la piel) de esta loción o/w y su idoneidad para incorporar los principios activos pulverulentos en forma de suspensión.

Fuente bibliográfica: ACOFARMA Distribución S.A.

15.2.2 Loción desmaquillante facial efecto terciopelo

FÓRMULA

Fase A:

- Natura-tec Emulactive W (Cetearyl Alcohol, Glyceryl Stearate, Potassium Palmitoyl Hydrolyzed Wheat Protein): 5.00 %.
- Escualano (Squalane): 3.00 %.
- Caprylic Triglyceride (Caprylic Triglyceride): 5.00 %.
- Aceite de Jojoba (Simmondsia Chinensis (Jojoba) Seed Oil): 2.00 %.
- Tocobiol C (Tocopherol (mixed), β-sitosterol, Squalene): 0.10 %.

Fase B:

- Agua (Aqua): c.s. hasta 100.00 %.
- Glicerina (Glycerin): 10.00 %.
- Goma Xantana (Xanthan Gum): 0.10%.

Fase C:

- Agua (Aqua): 3.00 %
- Hidrolato de Neroli (Citrus Aurantiuam Flower Water): 10.00 %.

Fase D:

- Betaína (Betaine): 4.00 %.

Fase E:

- Almidón de arroz (Oryza Sativa Starch): 1.50 %.

Fase F:

- Sharomix™ 705 (Benzoic Acid, Sorbic Acid, Dehydroacetic Acid, Benzyl alcohol): 1.00%.

Fase G:

- Aceite Esencial Neroli (Citrus Aurantium Essential Oil): 0.15%.

PREPARACIÓN

Preparación:

1. Mezclar bien la glicerina + goma xantana y añadir esta mezcla al agua previamente precalentada a 60°C, dispersar bien bajo agitación mecánica durante 30 minutos hasta total dispersión.

2. Calentar la fase A y la fase B por separado a 70°C.

3. Añadir la fase A sobre la fase B y homogenizar durante 1 minuto la mezcla.

4. Dejar enfriar hasta 40-45°C bajo agitación lenta (150 rpm).

5. Ajustar el pH a 6.00 con ácido cítrico o ácido láctico.

6. Añadir la mezcla de la fase C, D, E, F y G progresivamente manteniendo la agitación.

7. Enfriar hasta temperatura ambiente manteniendo una agitación lenta.

Fuente bibliográfica: María Cerdán

15.2.3   Loción corporal hidratante y antioxidante

FÓRMULA

Fórmula:

- Aceite de almendras dulces: 10%
- Extracto de té verde glicerinado: 5%
- Hidrovitón: 5%
- Sepigel 3053: 3 a 5%
- Euxyl PE 9010: 1%
- Agua c.s

- Esencia bergamota: 4 gotas

PREPARACIÓN

Preparación:

1. Mezclar el extracto de té verde glicerinado con el Hidroviton.
2. Añadir el aceite de almendras dulces con el Segipel hasta conseguir una solución homogénea.
3. Añadir el agua desmineralizada con un SAMIX o batidora y homogeneizar de nuevo. La agitación debe ser enérgica, pero sin incorporar aire.
4. Cuando la emulsión espese, incorporar el conservante Euxyl PE y homogeneizar.
5. Añadir la esencia y volver a homogeneizar.
6. Comprobar el pH, sobre 5,5. Puede ajustarse con trietanolamina (si está bajo) o con acido láctico (si está alto)

Fuente bibliográfica: Laboratorios Guinama.

16 Mascarilla

Una **mascarilla** es un producto cosmético o sustancia hecha con ingredientes naturales que se aplica formando una capa sobre la cara o el pelo y se deja actuar con fines estéticos durante un corto espacio de tiempo.

Las mascarillas son un complemento a la limpieza diaria de la piel. Además, suelen tener acción hidratante, reafirmante, calmante, tensora y/o purificante, dependiendo de los activos que contengan. Además, las mascarillas incluyen en su formulación polvos absorbentes, que constituyen la base de su consistencia pastosa. Al aplicarse la mascarilla sobre la piel, se evapora el agua que incluye en su composición y la suciedad se adhiere a estos polvos por capilaridad.

Los efectos de la mascarilla sobre la piel son: sensación de frescor al evaporarse el agua que contienen; estiramiento cutáneo por la retracción del producto al secarse, y efecto oclusivo y diaforético que favorece la limpieza cutánea en más profundidad.

16.1 Tipos de mascarilla

Tipos de mascarilla según su excipiente:

- **Arcilla.** Los productos que se utilizan para formar la base son polvos absorbentes como caolín, carbonato magnésico, aerosil, dióxido de titanio y óxido de cinc. Dado que estos componentes presentan un alto poder de absorción, este tipo de mascarillas se aconseja para las pieles grasas por ser las más astringentes.

- **Cera.** Se emplea una mezcla de ceras sólidas y semisólidas. Antes de aplicar la mascarilla, que se encuentra en estado sólido, se funde para licuarla. Se aplica y al enfriarse se endurece sobre la piel formando una capa. Este tipo de mascarillas está indicado para pieles secas por su efecto emoliente, ya que al eliminarlas dejan una película residual de cera.

- **Emulsión.** Son emulsiones con fase externa acuosa a las que se les añaden activos típicos de las mascarillas arcillosas. De esta manera, se pueden indicar para pieles secas.

- **Goma y vinilo.** Las bases de estas mascarillas son el látex o los polímeros del alcohol polivinílico y del acetato de vinilo, respectivamente. Se caracterizan por formar una capa continua e impermeable que favorece la oclusividad y por lo tanto evita la evaporación del agua cutánea. Una vez pasado el tiempo necesario para que la mascarilla haga su efecto, se retira mediante estiramiento de la capa formada sobre la piel.

- **Hidrogel**. Estas mascarillas tienen consistencia gelatinosa, debido a los distintos productos gelificantes que la forman: gelatina, derivados celulósicos, carbómeros, etc. Una vez aplicadas sobre la piel, el gel pierde su contenido acuoso, contrayéndose y produciendo una sensación de estiramiento cutáneo. No presenta inconvenientes al retirarla de la piel, por su carácter hidrófilo. Sus acciones más importantes son la astringencia y el efecto tensor.

Sobre la piel bien limpia se aplica la mascarilla formando una capa, evitando la órbita ocular y los labios. El tiempo de aplicación de las mascarillas depende del tipo y oscila entre 5 y 20 minutos. La manera de retirar la mascarilla varía también según el tipo. Así, las formadas por gomas y compuestos vinílicos se eliminan mediante estiramiento; las compuestas por ceras, arcillas y emulsiones, mediante lavado. Las mascarillas compuestas por hidrogeles pueden retirarse por ambos métodos.

16.2   Formulación

16.2.1   Mascarilla facial

FÓRMULA

Fórmula:

Fase A (51%):

- Mantequilla de mango: 30%
- Manteca de karité: 20%
- Lecitina: 1%

Fase B (25%):

- Aceite de coco: 25%

Fase C (24%):

- Aceite de ricino: 8,9%
- Avena: 1%
- Caolín: 10%
- Polvo de baobab: 3%
- Tocoferol: 0,5%

- Aceite esencial de lavanda: 0,3%
- Aceite esencial de cedro: 0,3%

PREPARACIÓN

Preparación:

1. Pesar los ingredientes de todas las fases en vasos separados y déjelos a un lado.

2. Si vive en un clima cálido, el aceite de coco será líquido en todo momento y se puede agregar directamente a la fase C. Si vive en un clima más frío, el aceite de coco será sólido y debe calentarse aproximadamente. 25°C hasta que se derrita. Una vez en estado líquido se puede agregar a la fase C.

3. Los polvos no se disolverán en las fases B/C pero deberá mantenerlos suspendidos en esta fase aceitosa.

4. Fundir la fase A en un baño de agua caliente a unos 50°C. Una vez que todo esté derretido, retírelo del baño de agua y revuelva mientras se enfría.

5. Cuando la fase A comienza a verse más turbia (por debajo de 40°C), puede agregar la fase B/C.

6. Sigue revolviendo esta mezcla mientras se enfría, esto es importante para evitar que la granulosidad aparezca en tu hermosa máscara más adelante. Puedes acelerar este proceso poniendo el vaso en el refrigerador, pero tendrás que seguir revolviendo de vez en cuando. Esto significa que tendrá que volver cada dos minutos a su vaso de precipitados y revolver el contenido muy bien.

7. Una vez que el bálsamo ha alcanzado un rastro medio, puedes verterlo en tus frascos si quieres hacer una versión sin batir.

8. Si desea hacer una versión batida, puede comenzar a batir después de este rastro medio. Tenga en cuenta que deberá azotar en un par de intervalos. Después de cada intervalo de batido, puede volver a poner el vaso en la nevera por un tiempo y dejar que se asiente un poco más, sacarlo y volver a batir. Repita esto hasta que haya alcanzado la textura que busca y vierta en sus frascos.

Fuente bibliográfica: Herb & Hedgerow Ltd.

17 Pomada

Pomada es una preparación dermatológica semisólida formada por un excipiente oleoso de una sola fase en la que se pueden dispersar sustancias sólidas o líquidas. En general, posee capacidad oclusiva, dificultando la evaporación del agua.

17.1 Tipos

Clasificación de las pomadas:

a) **Pomada hidrófoba o lipófila**. Sólo puede contener pequeñas cantidades de agua. Los excipientes utilizados en su elaboración son: vaselina, parafina, parafina líquida, aceites vegetales, glicéridos sintéticos, ceras y siliconas líquidas.

b) **Pomada hidrófila**. Puede contener cantidades adecuadas de agua. Se elabora con excipientes miscibles en el agua, tales como mezclas de macrogoles (los polietilenglicoles líquidos y sólidos).

c) **Pomada que emulsiona agua**. Puede contener grandes cantidades de agua. Sus excipientes son los de las pomadas hidrófobas a los cuales se incorporan emulgentes de tipo W/O, como la lanolina, los alcoholes de grasa de lana, ésteres de sorbitano, monoglicéridos y alcoholes grasos.

Una pomada contiene más cantidad de agua que un ungüento, pero menos que una crema.

17.2 Formulación

17.2.1 Fórmula patrón

<u>Fórmula patrón cualitativa para una pomada hidrófoba</u>:

- Principio activo: *c.s.*
- Excipiente hidrófobo: *c.s.*

<u>Fórmula patrón cualitativa para una pomada hidrófila</u>:

- Principio activo: *c.s.*
- Mezcla de macrogoles: *c.s.*

<u>Fórmula patrón cualitativa para pomada que emulsiona agua</u>:

- Principio activo: *c.s.*
- Excipiente hidrófobo: *c.s.*
- Emulgente tipo agua en aceite: *c.s.*

O bién:

- Principio activo: *c.s.*
- Excipiente hidrófilo absorbente: *c.s.*

Preparación:

1. Pesar todos los componentes.
2. Fundir conjuntamente todos los componentes (excepto el principio activo), calentando como mínimo a la temperatura del componente con mayor punto de fusión, bajo agitación moderada para asegurar la homogeneidad.
3. Adicionar bajo agitación el principio activo hasta conseguir su correcta dispersión en la mezcla obtenida en el punto 2. Si el principio activo es termolábil la incorporación se debe hacer en frío.
4. Aquellos principios activos que, por sus características, no sea posible la incorporación directa a la fase 2, deberán solubilizarse en solventes de polaridad adecuada y dispersarlos posteriormente.
5. Envasar. El tipo de envase utilizado debe ser adecuado y compatible con la pomada que contiene.
6. Proceder a la limpieza del material y equipo según se especifique en los procedimientos de limpieza correspondientes.

17.2.2 Pomada de urea

Fórmula:

- Vaselina filante *c.s.p.*: 100 g
- Lanolina: 20 g.
- Agua purificada: 20 g.
- Urea: 15 g.

PREPARACIÓN

Preparación:

Disolver la urea en el agua purificada. Poner la lanolina en mortero e ir absorbiendo poco a poco la disolución anterior en la lanolina mezclando bien con el pistilo. Finalmente añadir la vaselina y homogeneizar.

Nota: también se puede cambiar los 20 g de lanolina por 10 g de Neo PCL W/O, o por Span 60 o Span 80 (se forma una emulsión W/O). Éstos se funden junto a la vaselina y se calienta por separado la disolución de urea, para finalmente incorpora esta última sobre la primera mezcla.

Fuente bibliográfica: ACOFARMA Distribución S.A.

18 Bálsamo

El **bálsamo** es una pomada hidrófoba.

18.1 Formulación

18.1.1 Fórmula patrón

Fórmula patrón cualitativa para una pomada hidrófoba:

- Principio activo: *c.s.*
- Mezcla de mantecas vegetales: c.s.
- Mezcla de aceites vegetales.
- Mezcla de cera(s) vegetal(es).
- Antioxidante antioxidante (vitamina E).

18.1.2 Bálsamo labial con propóleo

FÓRMULA

Fórmula:

- Aceite de Rosa Mosqueta refinado: 40,5%
- Cera de abejas: 25%.
- Aceite de sésamo: 10%.
- Aceite de coco: 15%.
- Aceite de Jojoba: 3%.
- Manteca de Karité: 3%.
- Tocoferol acetato: 1%.
- Tintura de própolis: 2%.
- Esencia de miel, coco o manzana: 0,5%.

Preparación:

1. Pesar todos los ingredientes.
2. Fundir la manteca y la cera de abejas en baño maría.
3. Añadir los aceites y mezclar.
4. Retirar del calor e incorporar la tintura de própolis bajo agitación suave.
5. Añadir las esencias.
6. Añadir el tocoferol acetato.
7. Envasar antes de que se solidifique.

Fuente bibliográfica: Laboratorios Guinama.

18.1.3   Bálsamo nutritivo para las manos

Fórmula:

- Cera de frutas Myrica: 15%
- Manteca de cacao: 20%
- Manteca de mango: 30%
- Aceite de nuez de macadamia: 18%
- Aceite de caléndula: 10%
- Aceite de zanahoria: 5%
- Tocoferol: 1%
- Naranja dulce: 0,6%
- Aceite esencial de incienso: 0,2%
- Aceite esencial de mirra: 0,2%

PREPARACIÓN

<u>Preparación</u>:

1. Pesar la cera de frutas Myrica, la manteca de cacao y la manteca de mango en un vaso de precipitados y derretir suavemente al baño María.

2. Pesar el resto de los demás ingredientes en otro vaso de precipitados. Asegúrese de que el aceite esencial de mirra esté bien mezclado, ya que es un aceite esencial resinoso espeso.

3. Una vez que la cera y las mantecas se hayan derretido, retire el vaso de precipitados del baño maría. Revuelva para enfriar un poco la mezcla fundida.

4. Agregue el resto de los demás ingredientes a la mezcla fundida y mezcle bien.

5. Revuelva para trazar sobre un baño de agua helada para enfriar la mezcla fundida de manera uniforme y completa. Este paso es fundamental ya que evitará que las mantecas se vuelvan granulosas en el futuro.

6. Una vez que se aparezcan trazas, vierta el bálsamo en un recipiente y déjelo en el refrigerador para que se asiente durante las próximas 12 horas.

7. Saque el bálsamo de manos del refrigerador al día siguiente y cubra el producto después de que el bálsamo de manos haya vuelto a temperatura ambiente.

<u>Fuente bibliográfica</u>: Herb & Hedgerow Ltd.

19 Solución / Disolución

Solución es una mezcla, física y químicamente homogénea, de dos o más sustancias.

19.1 Características

Características de las soluciones (o disoluciones):

a) Sus componente no pueden separarse por métodos físicos simples como decantación, filtración, centrifugación, etc.

b) Sus componentes sólo pueden separase por destilación, cristalización, cromatografía.

c) Los componentes de una solución son soluto y solvente.

Se denomina **solvente** o **disolvente** de una solución a la sustancia líquida que usualmente se encuentra en mayor concentración.

Se denomina **soluto** o solutos de una solución a los componentes minoritarios, que pueden ser sólidos o líquidos.

Una solución consta de una sola fase.

Solubilidad es la cantidad máxima de soluto que admite un disolvente en unas condiciones determinadas (temperatura, pH, etc.).

Concentración es la cantidad de un componente respecto a la cantidad total de la mezcla. Se expresa en las mismas unidades que la solubilidad.

La concentración de una solución se expresa en:

- % P/P (peso en peso).
- % P/V (peso en volumen).
- %. V/V (volumen en volumen).

19.1.1 Tipos

Tipos de soluciones según el tamaño del soluto:

a) **Solución verdadera** cuando el tamaño de las partículas del soluto es inferior a 0,001 µm. Solución transparente.

b) **Solución coloidal** cuando el tamaño de las partículas del soluto se encuentra entre 0,001 y 0,1 µm. Solución opalescente.

Tipos de soluciones según el disolvente:

a) Solución acuosa cuando en disolvente es agua.
b) Solución alcohólica cuando el disolvente es un alcohol.
c) Solución glicérica cuando el disolvente es glicerina.
d) Solución etérea cuando el disolvente es éter.
e) Linimento cuando el disolvente es un aceite.

19.2 Formulación
19.2.1 Fórmula patrón

Fórmula tipo A

Fórmula:

- Principio activo: *c.s.*
- Solvente (excipiente): *c.s.*

Fórmula tipo B

Fórmula:

- Principio activo: x%.
- Solvente (excipiente): *c.s.p.* 100 g

Fórmula tipo C

Fórmula:

- Principio activo: x%.
- Solvente (excipiente): *c.s.p.* 100 mL.

En función de cada formulación, pueden formar parte de la preparación otros componentes como: conservantes, correctores de sabor y/o color, cosolventes, antioxidantes, viscosizantes, etc.

El solvente puede ser:

a) Solución hidroalcohólica.

b) Solución hidroglicérica.

c) Solución alcohólica.

d) Solución propilen-alcohólica.

En función de la solubilidad del principio activo en el solvente (excipiente) pueden presentarse dos situaciones:

- El principio activo se disuelve completamente en el solvente (excipiente).
- El principio activo no se disuelve o se disuelve poco en el solvente (excipiente). En este caso o se añaden sustancias solubilizantes o se prepara una suspensión en el caso que sea inviable la formulación de una solución.

PREPARACIÓN

Preparación:

1. Pesar o medir todos los componentes de la fórmula.

2. Añadir al solvente, si procede, los conservantes y otros componentes minoritarios, como antioxidantes, correctores de color y/o sabor, etc.; agitando hasta su completa disolución.

3. Disolver el p.a. en un volumen de disolvente algo inferior al total, agitando hasta completa disolución.

   La velocidad de disolución del principio activo puede aumentarse calentando, siempre que este aumento de temperatura no afecte a la estabilidad del producto.

   Si el principio activo es termolábil, añadirlo en frío.

   Si el principio activo es insoluble en el solvente, incorporarlo previamente disuelto en un cosolvente adecuado.

4. En caso necesario, filtrar la solución con el filtro adecuado.

5. Completar, hasta el volumen total especificado en la fórmula, con el resto del solvente.

OBSERVACIONES

Observaciones:

1. Debe realizarse siempre un estudio detallado, tanto galénico como farmacológico, del o de los p.a. prescritos.

2. El o los principios activos deben quedar perfectamente disueltos y la solución estable.

3. Los p.a. deben incorporarse disueltos en el disolvente más conveniente y luego, en su caso, mezclar poco a poco y en el orden más idóneo las distintas soluciones.

4. A veces será preciso alterar las proporciones del excipiente prescrito por el médico para obtener una solución límpida.

5. Factores que aumentan la solubilidad:

    - Temperatura (si los principios activos. son termo-rresistentes).
    - Orden de incorporación de los distintos componentes.
    - Agitación (manual, con varilla de vidrio, o mecánica, con agitador magnético).
    - Incorporación de sustancias coadyuvantes (cosolventes).
    - pH (existen p.a. que pueden precipitar a pH ácidos o básicos; en otros casos se podrá modificar el pH para aumentar la solubilidad y/ó estabilidad de los p.a.).

6. La caducidad de las soluciones acuosas, generalmente, es corta.

19.2.2 Solución tópica con urea

FÓRMULA

Fórmula:

- Aluminio cloruro hexahidrato: 30 g.
- Urea: 15 g.
- Agua purificada: 55 g.

PREPARACIÓN

Preparación:
- Disolver directamente los sólidos en el agua purificada.

Fuente bibliográfica: ACOFARMA Distribución S.A.

19.2.3 Solución de Dakin

FÓRMULA

Fórmula:

- Bicarbonato sódico: ½ cucharadita de café (tea spoon full).
- Lejía para alimentos: 95 mL
- H_2O: 946 mL.

PREPARACIÓN

Preparación:

1. Hervir 1 L de H_2O y dejar enfriar.
2. Disolver el bicarbonato sódico en el H_2O.
3. Añadir la lejía.
4. Añadir la solución Dakin a un botella opaca previamente esterilizada y conservar sin abrir durante 1 mes.

OBSERVACIONES

Observaciones:

Una vez abierta la botella conteniendo la solución de Dakín deja de ser efectiva pasadas 48 horas.

La solución Dakin se utiliza para combatir las infecciones de piel por *Staphylococcus aureus* y *Staphylococcus psudintermedius*.

Puede elaborarse un versión más suave de la solución de Dakin utilizando 47 mL de lejía para alimentos.

Fuente bibliográfica: Medical Center. The Ohio State University.

20 Suspensión

Suspensión es una solución no verdadera en la que los solutos (de tamaño de partícula superior a 0,1 µm) se encuentran suspendidos en el solvente por la acción de cosolventes o sustancias favorecedoras de la suspensión. En general, las suspensiones farmacéuticas suelen poseer un tamaño de partícula mayor de 1 µm.

Las suspensiones son sistemas dispersos heterogéneos constituidos por una fase dispersa (ó interna) sólida, en el seno de un líquido (fase continua o externa). También existen suspensiones líquido en líquido.

20.1 Tipos

Tipos de suspensiones:

a) <u>Suspensiones acuosas</u>. Existen dos sustancias imprescindibles para formular suspensiones acuosas:

- **Viscosizantes**. Los viscosizantes, también llamados suspensores, confieren el grado de viscosidad óptimo para evitar que los principios activos insolubles sedimenten rápidamente. Los más empleados son: carboximetilcelulosa sódica, magma de bentonita, Carbómero 940, PEG., electrolitos y metilcelulosa. Las emulsiones fluidas y champús pueden actuar como suspensores y como humectantes.

- **Humectantes** Los humectantes aumentan la superficie específica entre los principios activos insolubles y el líquido dispersante (hacen que éstos sean más fácilmente «mojables»). Dichas sustancias forman capas moleculares alrededor de las partículas, facilitando su dispersabilidad en el líquido dispersante. Los más empleados son: glicerina, propilenglicol, PEG. líquidos y derivados polioxietilenados del tipo de los Tweens.

b) <u>Suspensiones oleosas</u>. En las suspensiones oleosas el líquido dispersante es un aceite. No hacen falta ni viscosizantes ni humectantes, ya que el propio aceite presenta una viscosidad adecuada para suspender el material pulverulento, y tiene mayor afinidad que el agua por el material pulverulento insoluble. Un ejemplo es el aceite salicilado.

20.2 Agua micelar

El **agua micelar** es una suspensión de micelas de un tensioactivo en un medio hidrosoluble.

Los tensioactivos son anfifílicos y tienen afinidad tanto por el medio acuoso como por el medio oleoso.

La superficie de la piel presenta una carga global negativa, mientras que la suciedad generalmente son partículas cargadas con carga positiva, lo cual provoca un fenómeno de atracción entre ambos que dificulta realizar una limpieza por un mecanismo de arrastre. El agua, debido a su elevada tensión superficial y a su polaridad, no es capaz por sí sola de desprender la suciedad de la piel.

El mecanismo de limpieza del agua micelar se basa en la limpieza por emulsificación.

La acción limpiadora del agua micelar es doble:

a) Por un lado, las micelas emulsionan el sebo excesivo de la piel así como otros componentes lipídicos.

b) Por el otro, el medio hidrosoluble (agua o un hidrolato) remueve la suciedad hidrosoluble presente en la piel.

En general, al agua micelar no es una limpiadora eficaz. Por eso, debería utilizarse como una pre-limpiadora de la piel.

Además de su acción "limpiadora" el agua micelar podría hidratar y tonificar la piel, dependiendo de los ingredientes utilizados en su fabricación.

20.3 Aplicaciones

Los principios activos se administran en suspensión:

- Cuando el principio activo es insoluble o poco soluble en un disolvente adecuado.

- Cuando el principio activo es soluble, pero su estabilidad en disolución es limitada.

- Cuando se desean enmascarar los caracteres organolépticos desagradables del principio activo.

- Cuando se desea aumentar la biodisponibilidad del principio activo.

20.4 Estabilidad

20.4.1 Suspensión estable

Una suspensión es estable cuando cumple las siguientes condiciones:

1. Tiempo de estabilidad. La suspensión permanece homogénea durante un tiempo mínimo. Aquel que transcurre entre la agitación del recipiente y la retirada de la dosis correspondiente.

2. Redispersión fácil. El sedimento que se forma durante el almacenamiento puede resuspenderse fácilmente mediante agitación.

3. Viscosidad equilibrada. La viscosidad está bien equilibrada, de forma que la retirada de la dosis y su aplicación sea fácil, pero también dificulte la sedimentación.

4. Tamaño de partícula homogéneo y pequeño. El tamaño de partícula es pequeño y homogéneo; ello proporciona una textura más aceptable a la formulación.

5. Comportamiento reológico adecuado.

20.4.2 Inestabilidad

Las suspensiones presentan una serie de problemas relativos a su formulación entre las que cabe citar problemas de humectación, sedimentación, derivados de las interacciones existentes entre las partículas, de crecimiento de cristales y de adsorción de las partículas al envase.

Un término que se suele utilizar en el campo de las suspensiones es el de "caking", formación de un sedimento no redispersable en una suspensión. Las principales causas de caking son la formación de puentes cristalinos entre partículas y la de coagulados. Idealmente podría definirse una suspensión como estable cuando no se produce agregación entre sus partículas y éstas permanecen uniformemente distribuidas en el medio de dispersión. Sin embargo, las suspensiones reales no se comportan de esta forma.

Los fenómenos de inestabilidad que se pueden dar en las suspensiones son los siguientes:

a) **Flotación**. Las partículas forman pequeños aglomerados que flotan en el líquido dispersante. Suele ocurrir con principios activos hidrófobos, que tienen una gran afinidad por las burbujas de aire. Se produce su flotación. Este fenómeno puede evitarse empleando tensioactivos como humectantes.

b) **Floculación**. Las partículas forman pequeños aglomerados de tipo grumoso en el seno del líquido dispersante. Este fenómeno se puede evitar añadiendo humectantes.

c) **Cristalizaciones**. Puede ocurrir cuando hay principios activos cristalinos con mínima solubilidad en el líquido dispersante. La cristalización formada se produce en el seno de la suspensión. Este fenómeno puede corregirse aumentando la viscosidad del líquido dispersante.

d) **Caking**. También llamada formación de «tortas», es la formación en el fondo del recipiente que contiene la suspensión de acúmulos de material pulverulento prácticamente imposible de dispersar incluso mediante agitación enérgica. La falta de humectantes, la agregación de las partículas y la excesiva cantidad de viscosizante favorecen dicho fenómeno.

20.4.3 Estabilidad

20.4.3.1 Factores que intervienen en la estabilidad de una suspensión

Factores a considerar en la formulación de suspensiones:

a) **La granulometría**. El tamaño de las partículas afectan a:

- La estabilidad de la suspensión.
- La textura.
- La biodisponibilidad

b) **La humectabilidad**. Para poder obtener una suspensión, es indispensable que el líquido humecte a las partículas del sólido, es decir, que el líquido desplace al aire en contacto con el sólido y se pueda situar a su alrededor. Si esto no ocurre no se puede redispersar una fase en la otra.

Para garantizar una humectación adecuada, la tensión interfacial entre el sólido y el líquido se debe reducir de forma que el líquido desplace al aire adsorbido en las superficies sólidas.

El problema de la humectación es una consecuencia de la tensión interfacial, en este caso la establecida en la interfaz sólido-líquido. Para reducir dicha tensión se recurre a la utilización de agentes humectantes como tensioactivos, coloides hidrofílicos y disolventes. Los tensioactivos con un valor de balance hidrofilia - lipofilia (HLB) comprendido entre 7 y 9 son los más adecuados ya que las cadenas hidrofóbicas del tensioactivo se adsorben en las superficies de las partículas hidrofóbicas, mientras que los grupos polares se proyectan hacia el medio acuoso y se hidratan.

La humectación del sólido se produce como resultado de la caída de la tensión interfacial entre el sólido y el líquido y, en menor grado, entre el líquido y el aire. Las desventajas de la incorporación de los agentes tensioactivos pueden ser la excesiva formación de espuma y la formación de un sistema defloculado.

c) **La viscosidad**. Una suspensión farmacéutica ideal es aquella que en reposo, durante su almacenamiento, posea una elevada viscosidad; así se evitan los procesos de sedimentación, caking y agregación. Pero también interesa que tras una agitación simple (por ejemplo, manual), la viscosidad se reduzca para permitir la reconstitución y homogenización necesaria para la retirada de la dosis correcta. Tras efectuar la retirada de la dosis, interesa que la elevada viscosidad inicial se recupere rápidamente para evitar procesos de inestabilización.

En el caso de productos de uso tópico, se debe diseminar fácilmente pero no debe ser tan fluido como para deslizarse por la superficie de la piel.

Para modificar la viscosidad de las suspensiones se utilizan agentes viscosizantes, dentro de los cuales es posible destacar varios grupos: polisacáridos, derivados hidrosolubles de la celulosa, silicatos hidratados, polímeros derivados del ácido poliacrílico (Carbopol®) y el dióxido de sílice coloidal.

Entre los viscosizantes más utilizados están los derivados de la celulosa, como la metilcelulosa o bien la celulosa microcristalina que, además de aumentar la viscosidad por gelificación, previene el efecto defloculante que podría producir por la adición de electrolitos.

d) La **formación de sistemas floculados o defloculados**. Una vez incorporado un agente humectante adecuado, es necesario determinar a continuación si la suspensión está floculada o defloculada y decidir qué estado es preferible. El estado de la solución depende de las magnitudes relativas de las fuerzas de repulsión y atracción entre las partículas.

Una suspensión "ideal" consistiría en un sistema defloculado que tuviera una viscosidad suficientemente alta para prevenir la sedimentación. Sin embargo, no se puede garantizar que se mantenga homogéneo durante todo el periodo de validez del producto. Habitualmente, se alcanza un compromiso en el que la suspensión se encuentra parcialmente floculada para permitir la redispersión adecuada si es necesario, y con una viscosidad apropiada de forma que la velocidad de sedimentación sea mínima.

En el proceso de formulación de una suspensión, después de la adición del agente humectante, se adiciona el agente floculante para lograr el grado correcto de floculación. Una floculación escasa confiere unas propiedades no deseadas que se asocian con los sistemas defloculados, mientras que un producto floculado en exceso tendrá un aspecto poco elegante.

Por último, y para minimizar la velocidad de sedimentación, se añade el agente suspensor más adecuado.

20.4.3.2 Cómo aumentar la estabilidad de una sustpensión

Métodos para aumentar la estabilidad de una suspensión:

a) **Disminuir el tamaño de partícula del polvo ó soluto**, pulverizándolo (en su caso) al máximo.

b) **Adicionar humectantes y/o tensioactivos** que rodean las partículas sólidas y mojan el polvo.

Humectantes:

- Propilenglicol.
- Glicerina.
- Sorbitol líquido.

Tensioactivos: Tween.

c) **Aumentar la viscosidad del disolvente**, mediante la adición de viscosizantes.

Viscosizantes para suspensiones acuosas:

- Metilcelulosa.
- Carboximetilcelulosa sódica.

- Bentonita.
- Veegun.
- Carbopol-940 (para vía tópica).
- Carbopol-934P (para vía oral).

Viscosizantes para suspensiones oleosas:

- Monoestearato de aluminio.
- Aerosil.

> Las suspensiones deben agitarse antes de su aplicación asegurar la resuspensión, lo más homogénea posible, de los principios activos dispersos.

La caducidad de las suspensiones acuosas, generalmente, es corta.

20.5 Formulación
20.5.1 Fórmula patrón

Las suspensiones son inestables por su propia naturaleza: tienden a separarse las dos fases (precipita ó sedimenta el polvo; ó se separan los dos líquidos). Cuando se agitan presentan aspecto turbio, y cuanto mayor sea el tamaño de partícula, menos estable será la suspensión.

FÓRMULA PATRÓN

Fórmula::

- Agente floculante (si procede): c.s
- Aromas (si procede): c.s.
- Conservante acuoso: c.s.
- Humectante: c.s.
- Medio dispersante (Agua destilada, etc.): c.s.
- Principio(s) activo(s): c.s.
- Regulador del pH (si procede): c.s.
- Viscosizante (si procede): c.s.

PREPARACIÓN

Preparación:

1. Pesar todos los componentes de la preparación.
2. Pulverizar los sólidos en el mortero hasta obtener un polvo fino.
3. Calentar la cantidad de agua purificada especificada en la formulación, si procede.
4. Añadir lentamente y bajo agitación, los conservantes, si procede. Agitar hasta su completa disolución.
5. Atemperar la solución obtenida en el punto 4, hasta 25 - 30ºC.
6. Añadir lentamente bajo agitación el agente humectante y él/los principio/s activo/s.
7. Añadir a la fase anterior, el agente floculante, si procede.
8. Adicionar lentamente, bajo agitación, los viscosizantes, si procede. Debe obtenerse una dispersión de aspecto homogéneo, sin presencia de producto aglomerado.
9. Incorporar el resto de los componentes de la suspensión y enrasar la preparación.
10. Homogeneizar la suspensión obtenida mediante agitación.
11. Proceder al acondicionamiento de la suspensión, según las especificaciones particulares de cada formulación. El tipo de envase utilizado debe ser adecuado y compatible con la suspensión que contiene.

20.5.2 Agua micelar

Como ejemplo, se propone la siguiente fórmula que utiliza productos de origen vegetal.

FÓRMULA

Fase A

Ingredientes:

- Hidrosol de jasmín: 60%
- Jugo de aloe vera: 23,9%
- Dermofeel® PA-3 (INCI: Sodium Phytate, Aqua, Alcohol). Agente quelante: 0.10%

Fase B

Ingredientes:

- Panthenol: 2%
- Sorbitol: 2%
- Lactado sódico: 2%
- FSS Phyto-Biotics Saffron extract (INCI: Water & Crocus Sativus Meristem Cell Extract). Principio activo. Antioxidante.: 2%

Fase C

Ingredientes:

- Sodium Cocoyl Glutamate. Tensioactivo.: 5%

Fase D

Ingredientes:

- Dermosoft® 1388 eco (INCI: Glycerin, Aqua, Sodium Levulinate, Sodium Anisate). Fragancia con propiedades anti-inflamatorias, amplia actividad antimicrobiana y efectos hidratantes: 2.5%
- Verstatil® BL (INCI: Aqua, Sodium Levulinate, Sodium Benzoate). Conservante.: 0.5%

PREPARACIÓN

Preparación:

Fase A

1. En un vaso de precipitados de vidrio desinfectado, pese el hidrosol de jazmín y el jugo de aloe.

2. Agregue el quelante y revuelva bien.

Fase B

3. Agregue el pantenol, sorbitol y lactato de sodio a la mezcla de hidrosol.

4. Finalmente, agregue el extracto de azafrán y revuelva bien.

Fase C

5. Agregue el cocoil glutamato de sodio.

6. Compruebe el pH y ajústelo a un pH de entre 5,2 y 5,5 si es necesario utilizando ácido láctico o ácido cítrico.

Fase D

7. Con el pH ajustado, podemos agregar el Dermosoft® 1388 eco y el Verstatil® BL.

8. Transferir a un recipiente con tapa en aerosol.

9. Etiquetar.

OBSERVACIONES

Observaciones:

No utilizarla alrededor de los ojos porque tiene un pH entre 5,2 y 5,5 que irritaría los ojos que requieren un pH de 7,4.

Fuente bibliográfica: Herb & Hedgerow Ltd.

21 Sistema conservante

Un **sistema de conservación** describe la combinación de propiedades físicas de un producto cosmético, su embalaje y los ingredientes de conservación utilizados en su formulación para garantizar la calidad del producto y la seguridad para el consumidor.

Sistema conservante es el conjunto de componentes de un producto cosmético que aseguran la estabilidad microbiológica del producto final durante toda su vida útil en las condiciones normales y razonablemente previsibles de uso.

Componentes del sistema conservante:

a) Materias primas no contaminadas.

b) Conservantes.

c) Envase.

d) Buenas prácticas de fabricación.

21.1 Exposición de los productos cosméticos a los microorganismos

Los productos cosméticos están expuestos a los microorganismos principalmente de tres maneras:

a) En primer lugar, los microorganismos no deseables pueden estar presentes en algunas materias primas.

b) En segundo lugar, los microorganismos pueden introducirse en el producto cosmético durante el proceso de fabricación.

c) En tercer lugar, el consumidor puede introducir los microorganismos en productos cosméticos durante su utilización.

Los microorganismos están por todas partes en el ambiente y en el cuerpo humano y pueden introducirse en un producto cosmético en cualquier momento durante su ciclo de vida.

Los microorganismos pueden multiplicarse al obtener alimento de un producto cuya conservación no sea la adecuada, y estropearlo haciéndolo poco atractivo para su uso e incluso haciendo imposible su uso.

Muchos productos cosméticos están compuestos a base de agua y se almacenan habitualmente a temperatura ambiente en medios húmedos (por ejemplo, el cuarto de baño), oscuros, calurosos, o en condiciones en que el agua puede introducirse fácilmente en el producto. Todas estas condiciones facilitan la multiplicación de los microorganismos contaminantes y presentes en los productos cosméticos.

Además, muchos productos cosméticos están diseñados para un uso múltiple o repetido, lo que facilita la introducción de microorganismos durante su manipulación o utilización por los consumidores.

Por estas razones, el control de las materias primas, las buenas prácticas de fabricación y el diseño de los envases desempeñan una labor fundamental en la concepción de los sistemas de conservación de los productos cosméticos.

Atendiendo a su riesgo microbiológico, los productos cosméticos se clasifican en:

a) Producto cosmético de bajo riesgo microbiológico.

b) Producto cosmético de medio riesgo microbiológico.

c) Producto cosmético de alto riesgo microbiológico.

21.2 Producto cosmético de bajo riesgo microbiológico

Los productos cosméticos de bajo riesgo microbiológico se caracterizan por lo siguiente:

a) Actividad del agua en la formulación. Productos cosméticos que no contienen agua.

b) pH de la formulación. Productos cosméticos altamente ácidos (pH menor a 3) o altamente alcalinos (pH mayor a 10).

c) Contenido de alcohol. Productos cosméticos con una concentración de alcohol mayor al 20 %.

d) Formulación con materias primas que pueden crear un ambiente hostil. Productos cosméticos que contienen: agentes oxidantes fuertes, solventes orgánicos polares, tinturas oxidantes, clorhidrato de aluminio y sales relacionadas o gases propelentes.

e) Condiciones de producción. Si el envasado se realiza a más de 65 °C.

f) Tipos de envase. Productos cosméticos envasados en recipientes presurizados o frascos con dosificadores, o productos monodosis.

g) La combinación de cualesquiera de los factores anteriormente mencionados.

21.3 Producto cosmético de alto riesgo microbiológico

Los productos cosméticos de alto riesgo microbiológico y que precisan de un sistema conservante son los productos cosméticos con alto contenido de agua, como las cremas, las lociones, las máscaras y los perfiladores de ojos líquidos.

Los productos autoconservantes (es decir, aquellos en los que las bacterias no pueden proliferar debido a su composición) no necesitan conservantes a menos que su uso por los consumidores pueda provocar una proliferación microbiana. Por ejemplo, las barras de labios o los productos de maquillaje que se utilizan de forma repetida pueden favorecer la aparición de moho en la superficie si se formulan sin un conservante antifúngico.

21.4 Control microbiológico de un producto cosmético

El control microbiológico de un producto cosmético es imprescindible para:

a) Garantizar la seguridad del consumidor.

b) Mantener la calidad y características organolépticas del producto durante toda su vida útil.

c) Evitar la posible crisis de imagen del fabricante o marca causada por el deterioro del producto.

En la actualidad no hay un método oficial de control microbiológico de cosméticos, pero organismos internacionales como las Normas ISO (International Standard Organization) tratan de armonizar y establecer parámetros de control reproducibles y que seguren la fiabilidad de los resultados obtenidos.

Según la norma **ISO 29621**, todo fabricante de cosméticos debe garantizar que el producto, al momento de la compra, cumpla con los límites máximos establecidos para la presencia de ciertos tipos de microorganismos que podrían afectar la calidad del producto y la salud del consumidor. Asimismo, debe garantizar que los microorganismos introducidos durante la utilización normal del producto no vayan a afectar la calidad o la seguridad de este.

Los criterios de aceptación/rechazo de lotes según la norma **ISO 17516:2014** son los indicados en la siguiente tabla.

Microorganismo	Producto cosmético para niños, menores de tres años de edad, área ocular o membranas mucosas.	Otro producto cosmético.
Microorganismos totales aerobios mesófilos (bacterias, mohos y levaduras)	$\leq 1 \times 10^2$ UFC por g o ml[a]	$\leq 1 \times 10^3$ UFC por g o ml[b]
Escherichia coli	Ausencia en 1 g o 1 ml	Ausencia en 1 g o 1 ml
Pseudomonas aeruginosa	Ausencia en 1 g o 1 ml	Ausencia en 1 g o 1 ml
Staphylococcus aureus	Ausencia en 1 g o 1 ml	Ausencia en 1 g o 1 ml
Candida albicans	Ausencia en 1 g o 1 ml	Ausencia en 1 g o 1 ml

Debido a la variabilidad inherente en el método de recuento en placa, según el Capítulo 61 de la USP o le capítulo 2.6.12 de la EP. Interpretación de resultados, los resultados se consideran fuera del límite si:

- [a] > 200 UFC/g o mL.
- [b] > 2000 UFC/g o mL.

21.5 Conservantes

Los cosméticos necesitan conservantes, ingredientes capaces de controlar la carga microbiana durante el tiempo de uso del producto y dentro del plazo de tiempo de vida útil

Los **conservantes** son sustancias que evitan el deterioro del producto cosmético debido a la oxidación y enranciamiento de la fase oleosa y a la contaminación microbiana (bacterias, mohos y levaduras) de la fase acuosa. No obstante hay que tener en cuenta que los conservantes pueden sensibilizar a los usuarios expuestos.

El pH y la actividad de agua (a_w) son dos de los principales atributos físicos de un cosmético que constituyen la base para la selección de ingredientes de conservación compatibles.

21.5.1   Tipos de conservantes

Tipos de conservantes:

- **Antioxidantes**. Precisados en productos cosméticos con fase oleosa.
- **Antimicrobianos y/o antifúngicos**. Precisados en productos cosméticos con fase acuosa.

En el Anexo se incluyen los conservantes mayoritariamente utilizados en los productos de cosmética.

Como normal general, los conservantes derivados de productos vegetales no son tan efectivos como los sintetizados químicamente.

El anexo V del *Reglamento (CE) Nº 1223/2009 sobre productos cosméticos* contiene **la lista de conservantes admitidos en los productos cosméticos**. En esta lista se indica la concentración máxima de sustancia permitida en el producto cosmético preparado para su uso.

21.5.2   Propiedades de un conservante de un producto cosmético

Propiedades de un conservante de un producto cosmético:

a) Efectividad frente a una gran gama de microorganismos.

b) Estabilidad frente al calor y almacenamiento prolongado.

c) Ausencia de efectos tóxicos e irritantes en la piel.

d) Seguro en las zonas cutáneas usadas.

e) Activo en bajas concentraciones.

f) Efectivo en un intervalo amplio de pH.

g) Sin olor y color que interfiere con las características del producto cosmético.

h) Aprobado en Europa, Estados Unidos y Japón.

21.5.3 Conservantes antioxidantes

Los antioxidantes son sustancias que evitan fenómenos de oxidación responsables de alterar las características de la formulación del producto cosmético.

Los antioxidantes se utilizan en todos aquellos productos susceptibles de alterarse en contacto con el oxígeno.

Los aceites vegetales y las grasas son las sustancias más susceptibles a la oxidación.

Las reacciones de oxidación se evitan tomando las siguientes precuaciones:

a) Evitar temperaturas elevadas.

b) Utilizar quelantes para prevenir las reacciones catalizadas por metales.

c) Usar envases opacos o topacio para evitar las radiaciones.

21.5.3.1 Antioxidantes

Compuestos antioxidantes:

- Ácido ascorbico y ascorbato sódico. Dosificación: 0,1%
- Ácido galico y sus ésteres. Dosificación: 0,05 – 0,1%
- BHA (Butilhidroxianisol). Dosificación: 0,005 - 0,02%
- BHT (Butilhidroxitolueno). Dosificación: 0,01 – 0,02%
- Compuestos sulfurados: sulfito sódico, bisulfito sódico, metabisulfito sódico. Dosificación: 0,5 por mil.
- Extracto de romero. Dosificación: 0,05 – 0,4%
- Palmitato ascorbilo y ésteres de la vitamina C. Dosificación: 0,05 - 0,075%
- Tocoferoles. Vitamina E. Dosificación: 0,1 – 0,2%

21.5.3.2 Sinérgicos

Sustancias que tienen poco efecto antioxidante por sí mismas pero potencian el efecto de los antioxidantes.

Compuestos sinérgicos:

- Ácido cítrico. Dosificación: 0,005 - 0,01 %
- Ácido tartático. Dosificación: 0,01 - 0,02 %
- EDTA disódico. Dosificación: 0,005 - 0,1 %

21.5.4 Conservantes antimicrobianos y/o antifúngicos

Los conservantes antimicrobianos y/o antifúngicos previenen o limitan la contaminación microbiológica y evitan el deterioro de la fórmula del compuesto cosmético.

La eficacia de un conservante antimicrobianos y/o antifúngicos depende de los siguientes factores:

a) Dosificación o concentración en el producto cosmético.

b) Sensibilidad del microorganismo al conservante.

c) Interacción entre el conservante y otros componentes del producto cosmético.

d) pH de la fórmula.

e) Coeficiente de reparto.

f) Tipo de tensioactivo usado en el producto cosmético.

21.5.4.1 Modo de acción

Los conservantes antimicrobianos de los productos cosméticos actúan de dos maneras:

a) La primera consiste en eliminar las células vegetativas que están presentes en el producto cosmético en el momento de su fabricación. Por lo general esto se consigue mediante fuerzas químicas que perturban las paredes celulares o interfieren con las vías bioquímicas.

b) La segunda consiste en bloquear o frenar la proliferación de microorganismos creando un entorno que impida su reproducción o germinación (en el caso de esporas).

Frenando el crecimiento y la proliferación de microorganismos, estos ingredientes desempeñan un importante papel en la prevención del deterioro de los productos y protegen a los consumidores de los posibles efectos adversos para la salud como las infecciones cutáneas u oculares que podrían derivarse de la contaminación de los productos por parte de estos microorganismos.

21.5.4.2   Conservantes antimicrobianos

Conservantes antimicrobianos utilizados en los productos cosméticos naturales

- **Complexe benzoate & sorbate**. Dosificación: 0,5 – 1%. Periodo de conservación: 1 – 2 meses.
- **Cosgard**. Dosificación: 0,2 – 1%. Periodo de conservación: 2 – 3 meses
- **Dermosoft® LP**.
- **Geogard 221**: alcohol bencílico, ácido deshidroacético. Dosificación: 0,2-1,1%.
- **Geogard ultra**. Dosificación: 0,6 - 2.0%
- **ECT de Geogard**. Dosificación: 0,6 - 1,0%.
- **EPP. Extrait pépins de pamplemousse**. Dosificación: 0,1 – 1%. Periodo de conservación: 1 mes.
- **Kem DHA.** Dosificación: 0,2-0,8%
- **Kem BS**. Dosificación: 0,2-1%
- **Kem NAT**. Dosificación: 1,0-2,0%
- **Kem E.** Dosificación: 0,5-1,2%.
- **Leucidal**. Dosificación: 0,5 – 3%. Periodo de conservación: 1 mes.
- **Naticide**. Dosificación: 0,3 – 1%. Periodo de conservación: 1 – 2 meses.
- **SharonTM Biomix ECO.**
- **Sharomix® 705.**
- **Versatil TBG**: citrato trietilo, gliceril caprilato, ácido benzoico. Dosificación: 1,0-2,0%

21.5.5 Concentraciones de los conservantes

Concentraciones comunes de los conservantes en los cosméticos se indican en la siguiente tabla.

Conservante	%
Acido benzóico	0,1 – 0,5
Acido benzóico y benzoato sódico	0,1 – 0,5
Acido caprílico	0,5 – 2
Acido salicílico	0,1 – 0,5
Acido sórbico	0,1 – 0,5
Alcohol bencílico	0,3 – 1
Aminat CG	1 – 4
Benzoato sódico	0,1 – 0,5
Caprilil glicol	0,3 – 1
Extracto semillas de pomelo	1 – 2
Fenoxietanol	0,5 – 1
EUXYL K712	0,5 – 1,5
Geogard 221- Cosgard 221	0,2 – 1,1
Geogard ECT	0,6 – 1
Geogard ultra	0,75 – 2
ISCAGUARD BOA	0,5 – 1
Kem-Nat	1 – 2
Leudidal	2 – 4
Monolaurato de glicerilo	0.1 – 1
Rokonsal BSN	0,2 – 1
Sharomix 705	0,6 – 1,2
Sorbato potásico	0,1 – 0,5
Sorbato potásico y Benzoato sódico	0,1 – 0,5

21.6 Prueba de eficacia

En el caso de que el producto cosmético vaya a comercializarse hay que demostrar la <u>eficacia antimicrobiana</u> del conservante (o sistema conservante) mediante la prueba Challenge test.

La prueba Challenge test consiste en la contaminación artificial del producto mediante cepas en un determinado orden de concentración; y, el posterior seguimiento de la supervivencia de los microorganismos inoculados.

<u>Desarrollo de la prueba Challenge test:</u>

1. Inoculación independiente de cepas cuantificadas.
2. Estudio de la supervivencia de los microorganismos a 28 días.
3. Observación de los resultado**s**.

En esta prueba, los microorganismos se introducen (1×10^6 microbios/gramo) en el producto cosmético el día 1 con una nueva inoculación el día 21.

En la prueba de eficacia se inocula el producto cosmético con una mezcla de los siguientes microorganismos:

- *Staphylococcus aureus* – gram positivo.
- *Escherichia coli* – gram negativo.
- *Pseudomonas aeruginosa* – gram negativo.
- *Candida albicans* – levadura.
- *Aspergillus niger* – hongo.

El período de prueba total es de 28 días con conteos de placas que se realizan en los días 0, 1, 2, 7, 21 y 28. Se juzga que el conservante ha pasado la prueba de eficacia si tiene la capacidad de matar los microorganismos introducidos y conserva su actividad conservante tras la reinoculación el día 21.

En paralelo se inocula una muestra de control sin conservantes en la cual crecerán los microorganismos.

22 Estabilidad

La **estabilidad de un producto cosmético** se define como la capacidad de un producto cosmético para conservar sus propiedades químicas, físicas y microbiológicas dentro de límites especificados, a lo largo de su tiempo de vida útil y durante el uso del producto.

La pérdida de estabilidad puede ser consecuencia de las alteraciones en los cosméticos:

a) **Alteraciones físicas** en las que no se modifica la naturaleza química de los ingredientes, pero sí el estado físico.

b) **Alteraciones químicas** como la oxidación y la hidrólisis.

c) **Alteraciones biológicas** debido a que los cosméticos pueden ser foco de contaminación microbiana.

De acuerdo con la legislación de los productos cosméticos en la Unión Europea, la evaluación de la estabilidad de un producto cosmético en las condiciones de almacenamiento razonablemente previsibles es un requisito esencial para asegurar la seguridad del mismo.

La estabilidad de los productos cosméticos se evalúa en estudios a tiempo real. Para ello se realizan experimentos relacionados con las características físicas, químicas, biológicas, biofarmacéuticas y microbiológicas de un producto cosmético, durante y más allá del tiempo de conservación y el periodo de almacenamiento previstos.

Las condiciones de almacenamiento recomendadas por los fabricantes sobre la base de los estudios de estabilidad deben garantizar el mantenimiento de la calidad, la inocuidad y la eficacia a lo largo del tiempo de conservación del producto.

22.1 Factores de la estabilidad

La estabilidad real de un producto cosmético depende en gran medida de la formulación y del sistema de cierre del envase seleccionado por el fabricante.

Los factores que influencian la estabilidad de una formulación cosmética pueden ser clasificados en extrínsecos e intrínsecos.

22.1.1 Factores extrínsecos

Los **factores extrínsecos** son los factores externos a los cuales el producto cosmético está expuesto.

Factores extrínsecos que afectan la estabilidad e un producto cosmético:

a) El envejecimiento del producto que altera las características organolépticas, físico-químicas, microbiológicas y toxicológicas.

b) La exposición a temperaturas extremas. La temperatura elevada acelera reacciones físico-químicas y químicas, ocasionando alteraciones en la actividad de componentes, viscosidad, aspecto, color y olor del producto. La temperatura baja produce alteraciones físicas como turbiedad, precipitación, cristalización.

c) La exposición a la luz y al oxígeno. La luz ultravioleta, conjuntamente con el oxígeno, origina la formación de radicales libres y desencadena reacciones de óxido-reducción.

d) La exposición a la humedad de las formas cosméticas sólidas.

e) El desarrollo de microorganismos. Las emulsiones, geles, suspensiones o soluciones son por su contenido en agua los productos cosméticos más susceptibles a la contaminación microbiana.

f) La exposición a la vibración puede afectar la estabilidad de las formulaciones durante el transporte, ocasionando separación de fases de emulsiones, compactación de suspensiones o alteración de la viscosidad, entre otros.

g) El material de acondicionamiento.

22.1.2 Factores intrínsecos

Los **factores intrínsecos** son factores relacionados con la propia naturaleza de las formulaciones y, sobre todo, con la interacción de sus ingredientes entre sí y/o con el material de acondicionamiento.

Dan como resultado incompatibilidades de naturaleza física o química (pH, reacciones de óxido-reducción y de hidrólisis, interacciones físico-químicas...) que pueden, o no, ser visualizadas por el consumidor.

22.2 Clasificación de los productos cosméticos según su susceptibilidad microbiológica

En relación con la susceptibilidad microbiológica, se distinguen tres categorías de productos:

a) **Productos de alto riesgo microbiológico** o **categoría 1.** Todos los productos, que precisan tanto un ensayo de eficacia conservante como un ensayo de calidad microbiológica del producto acabado. Ej.: emulsiones O/A, soluciones acuosas, geles.

b) **Productos de riesgo microbiológico moderado**, o **categoría 2**. Productos monodosis y productos que no se pueden abrir (por ejemplo, para los que el envase permite dosificar el producto sin que este entre en contacto con el aire), para los cuales solo es necesario realizar ensayos de la calidad microbiológica del producto acabado. No obstante, deberá proporcionarse una justificación científica. Ej.: emulsiones A/O, soluciones hidroalcohólicas.

c) **Productos de bajo riesgo microbiológico** o **categoría 3**. Productos para los que no se precisa realizar ensayos de eficacia conservante ni ensayos de calidad microbiológica del producto acabado. No obstante, debe proporcionarse una justificación científica. Ej.: productos alcohólicos, productos lipidíeos, etc.

22.3 Evaluación

En general se realizan dos evaluaciones de la estabilidad de un producto cosmético:

a) Evaluación de la estabilidad preliminar.

b) Evaluación de estabilidad forzada.

c) Evaluación de la estabilidad a largo plazo.

22.3.1 Zona climática

En el diseño de los ensayos de estabilidad hay que tener en cuenta las características de la Zona Climática donde los productos serán producidos y/o comercializados, así como las condiciones de transporte a las cuales serán sometidos. A este respecto, se distinguen las cuatro zonas climáticas siguientes:

a) Zona I: templada.

b) Zona II: sub tropical, posiblemente con humedad elevada.

c) Zona III: cálida/seca.

d) Zona IV: cálida/húmeda.

La zona climática en la que se va a comercializar el producto cosmético condiciona la temperatura fijada para realizar los estudios de estabilidad.

Cuando el objetivo son países con ciertas regiones situadas en las zonas III o IV, y también cuando se pretende comercializar en todo el mundo, se recomienda incluir las condiciones correspondientes a la zona climática IV en el diseño del estudio de estabilidad.

22.3.2   Variables de estabilidad

Las variables a evaluar en los estudios de estabilidad más comunes son: temperatura (ambiente, elevada, baja), exposición a la luz y ciclos de congelación y descongelación.

22.3.3   Parámetros evaluados

La selección de los parámetros evaluados en los estudios de estabilidad se realiza teniendo en cuenta las características del producto cosmético en estudio y de los ingredientes utilizados en la formulación definidos por el formulador.

En general, se evalúan los siguientes parámetros:

a) Parámetros organolépticos. Aspecto, color, olor y sabor, cuando sea aplicable.

b) Parámetros físico-químicos. Valor de pH, viscosidad, densidad y, en algunos casos, debe realizarse un análisis cuantitativo de ciertos ingredientes de la formulación.

c) Parámetros microbiológicos. Conteo microbiano y prueba de desafío del sistema conservante (challenge test).

22.3.4   Estabilidad preliminar

El estudio de estabilidad preliminar tiene como objetivo orientar al fabricante en el proceso de preformulación, no determinar la fecha de duración mínima.

Durante la evaluación de la estabilidad preliminar se emplean condiciones extremas de temperatura con el fin de acelerar posibles reacciones entre sus componentes, buscando posibles señales de inestabilidad. Por lo tanto, las muestras del producto cosmético son sometidas a calentamiento en estufas, a enfriamiento en refrigeradores y a ciclos alternados de enfriamiento y calentamiento.

El estudio de estabilidad preliminar tiene una duración de 28 días.

El estudio de estabilidad preliminar se realiza 3 veces (3 ensayos).

Cada ensayo consta de un ciclo de calentamiento y de un ciclo de enfriamiento.

- Temperaturas del ciclo de enfriamiento: -10±2°C y 5±2°C.
- Temperaturas del ciclo de calentamiento: 37±2°C, 40±2°C, 45±2°C y 50±2°C.
- El intervalo de tiempo para cada temperatura es de 24 horas.

El número de ciclos del primer ensayo es de 14.

El número de ciclos del segundo ensayo es de 12.

El número de ciclos del tercer ensayo es de 12.

En cayo ensayo se somete a la muestra a una temperatura extrema distinta.

22.3.5 Estabilidad forzada

El estudio de estabilidad forzada es predictivo y tiene como objetivo proporcionar datos para prever la estabilidad del producto, la fecha de duración mínima y la compatibilidad de la formulación con el material de acondicionamiento.

22.3.5.1 Exposición a temperaturas extremas

Las muestras del producto cosmético son sometidas a calentamiento en estufas, enfriamiento en refrigeradores, exposición a la radiación luminosa y al ambiente y a ciclos alternados de enfriamiento y calentamiento. La finalidad es acelerar posibles reacciones entre sus componentes, buscando posibles señales de inestabilidad.

Generalmente tiene una duración de 90 días que puede ser extendido a seis meses o hasta un año, dependiendo del tipo de producto.

En cada ensayo se somete a la muestra a todas las temperaturas extremas (enfriamiento y calentamiento) relevantes,

Es decir, se conservan varias muestras a ls distintas temperaturas (-10±2°C, 5±2°C, 37±2°C, 40±2°C, 45±2°C y 50±2°C) y a la radiación durante: inicio, 1 día, 7 días, 15 días, 30 días, 60 días y 90 días.

22.3.5.2 Exposición a radiación luminosa

Respecto a la realización del estudio de exposición a la radiación luminosa, la fuente de iluminación puede ser la luz solar captada a través de vitrinas especiales para ese fin o focos que presenten espectro de emisión semejante al del Sol, como los focos de xenón.

También pueden utilizadas fuentes de luz ultravioleta.

22.3.6 Estabilidad a largo plazo

La estabilidad a largo plazo, estabilidad de larga duración o prueba de anaquel tiene como objetivo validar los límites de estabilidad del producto y comprobar el plazo de validez estimado en la prueba de estabilidad acelerada.

Para realizar el ensayo de estabilidad a largo plazo se mantiene la muestra del producto cosmético a una temperatura equivalente a la temperatura de la zona climática donde se va a distribuir el producto durante un tiempo equivalente al plazo de validez estimado a través del ensayo de estabilidad forzada.

22.3.6.1 Compatibilidad con el material de almacenamiento

Paralelamente al ensayo de estabilidad a largo plazo se realiza el ensayo de la compatibilidad de la muestra del producto cosmético con el material de almacenamiento.

En el ensayo de la compatibilidad de la muestra del producto cosmético con el material de almacenamiento se utilizan la misma temperatura y tiempo que en el ensayo de estabilidad a largo plazo,

En el ensayo de la compatibilidad de la muestra del producto cosmético con el material de almacenamiento se monitorizan fenómenos de absorción, migración, corrosión y otros que comprometan la integridad del envase.

Cuando el material de almacenamiento contiene polipropileno (PP), polietileno de alta densidad (PEAD), polietileno de baja densidad (PEBD), polietileno tereftalato (PET), poliestireno (PS) y policloreto de vinil (PVC), suele evaluarse:

a) Alteraciones en la formulación (aspecto, color, olor, entre otros).

b) Aspecto y funcionalidad del embalaje.

c) Interacción y migración de componentes entre embalaje y producto.

d) Porosidad al vapor de agua.

e) Transmisión de la luz.

f) Termosellado (cuando sea aplicable).

g) Deformaciones (colapsar o encorvar).

22.4 Cuando realizar un estudio de estabilidad

La determinación de la fecha de duración mínima es un requisito legal esencial a cumplimentar previamente a la comercialización de un producto cosmético.

También hay que realizar un nuevo estudio de estabilidad cuando se ha producido:

a) Una modificación cualitativa o cuantitativa de la formulación del producto cosmético.

b) Una modificación parcial o total del proceso de fabricación del producto cosmético.

c) Una ampliación o modificación del tamaño del lote estándar.

d) Un cambio en la instalación de fabricación, siempre y cuando dicha modificación implique nuevas condiciones en las que se realizó el estudio ya existente.

e) Un cambio de proveedores de materias primas, siempre y cuando esto implique modificar las especificaciones de las materias primas.

f) Un cambio de proveedores de material de envase, siempre y cuando esto implique novedades en las especificaciones del material de envase.

g) Una modificación del envase en cuanto a sus características y especificaciones.

h) Un reprocesamiento parcial o total de un lote, siempre y cuando este haya sido parte de un estudio de estabilidad.

i) Un cambios que, a criterio del fabricante, puedan afectar significativamente la calidad del producto.

22.5 Criterios de estabilidad

Los criterios a considerar para evaluar la estabilidad de formulaciones cosméticas son los siguientes:

a) Aspecto. El producto debe mantenerse íntegro durante toda la prueba, manteniendo su aspecto y uniformidad inicial en todas las condiciones excepto en temperaturas elevadas, congelador o ciclos en los que pequeñas alteraciones son aceptables.

b) Viscosidad.

c) Compatibilidad con el material de acondicionamiento. Hay que considerar la integridad del embalaje y de la formulación, evaluándose el peso, el lacrado y la funcionalidad.

d) Valoración de contenido de ingredientes activos. Para ello se realizan análisis de muestras de cada lote del producto cosmético y se cuantifica el contenido en principios activos.

Para interpretar los resultados obtenidos en los ensayos de estabilidad se utiliza el análisis estadístico.

22.6 Fecha de caducidad

La fecha de caducidad es la fecha teórica que se calcula que pueden permanecer nuestros cosméticos en condiciones óptimas inalterados y útiles para ser empleados con garantías de cuidar nuestra piel.

La fecha de caducidad se calcula en base a los estudios de estabilidad. Experimentalmente se plantean condiciones desfavorables de temperatura y humedad.

22.7 Periodo después de la apertura (PAO)

La Unión Europea establece que los cosméticos que no lleven fecha de caducidad deben llevar un logo en el envase o en el cartonaje de un bote abierto con un número seguido de una "M". Este número indica la cantidad de meses durante los cuales se puede utilizar el producto una vez lo hayamos abierto.

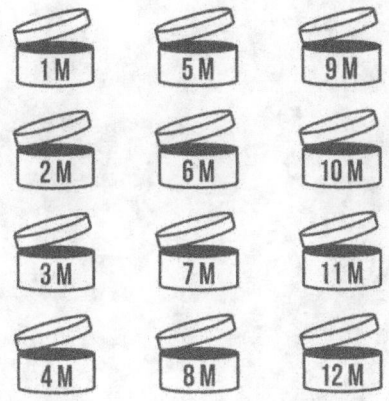

Periodo después de apertura

23 Anexos

23.1 Antioxidantes

23.1.1 La vitamina E. Tocoferol.

INCI: Tocopherol.

Sinónimos: E-306.

Descripción: Antioxidante natural para prolongar la conservación de los cosméticos que contienen fase oleosa.

Función: Antioxidante (previene la ranciedad de los aceites y mantecas vegetales) y anti-envejecimiento (previene el envejecimiento de la piel debido a la oxidación.

Estado físico: Líquido viscoso de color naranja-marrón con un olor característico a aceite de girasol.

Densidad: 0,95 g/mL.

Solubilidad:

- Insoluble en el agua.
- Soluble en grasas animales y aceites vegetales, aceites esenciales y minerales.
- Soluble en etanol.
- Miscible con disolventes orgánicos.
- Soluble en emulsiones.

Dosificación:

- Rango: 0,02 – 0,5%.
- Como antioxidante: 0.02 a 0.2% (del peso de los aceites para preservar).
- Como activo: 0.1 a 0.5% (del peso total de la preparación)
- Utilizar de 0,1 - 0,2% (de 2 a 4 gotas por 100 g) respecto al contenido de la fase oleosa de la fórmula.

Preparación: Añadirlo al final de la formulación cunado está a temperatura ambiente.

Propiedades:

- Antioxidante: protege los aceites y las mantecas de la ranciedad.

- Antienvejecimiento: bloquea la acción de los radicales libres en la piel, en particular reduce el daño celular relacionado con la exposición a los rayos UV.
- Actividad anti-inflamatoria en la piel (útil en caso de quemaduras solares, erupciones.)
- Ayuda a mantener la elasticidad e hidratación de la piel al fortalecer la película hidrolipídica de la piel.
- Mejora la microcirculación cutánea.

Usos:

- Antioxidante de cualquier cosmético con fase oleosa.

23.1.2   Tocobiol® C

INCI: Tocopherol, Beta-Sitosterol, Squalene

Descripción:

- Tocobiol® C es un antioxidante 100% natural (conforme a Ecocert) que se obtiene mediante procesos exclusivamente físicos y sin utilizar ningún disolvente químico.
- Contiene una mezcla de tocoferoles (en su proporción natural) combinada con las sustancias naturales que quedan retenidas después de la extracción de los mismos: esteroles, escualeno, monoglicéridos.
- La materia prima de origen es aceite de soja o de girasol (no manipulado genéticamente).
- La sinergia entre los compo-nentes del Tocobiol® C se traduce en un poder anti-oxidant excelente, superior al de las mezclas de toco-feroles Bioxan® T. Además, presentan muy buena resistencia a la temperatura.

Dosificación: Del 0,1 – 3%

Propiedades:

- El Tocobiol C evita el enranciamiento de los aceites de forma más natural y eficaz, que cualquier otro tocoferol, resultando además más económico, ya que por su alta eficacia son necesarias dosis de uso muy bajas.

23.2 Bases para champús
23.2.1 Base champú Bebé

INCI: Aqua, Sodium Lauryl Methyl Isethionate, Cocamidopropyl Betaine, Lauryl Glucoside, Sodium Chloride, Sodium Methyl Isethionate, Phenoxyethanol, Sodium Lauroyl Isethionate, Sodium Benzoate, Trisodium Sulfosuccinate, Polyquaternium, Lauric Acid, Zinc Dilaurate, Trisodium Ethylenediamine Disuccianate, Sodium Laurate.

Descripción:

- Base es de origen vegetal y está enriquecida con aditivos acondicionadores. Cuenta con agentes tensioactivos suaves y es ideal para hacer champú para bebés, para personas que tienen la piel atópica o para quienes sufren de dermatitis capilar, ya que no contiene sulfatos.
- Adaptable a los diferentes tipos de cabellos añadiendo aditivos naturales.
- No precisa espesantes.

Estado físico: Líquido viscoso sin olor.

pH: 5 – 6.

Modo de empleo:

1. Pesar la cantidad de champú base bebé que precise.
2. Agregar, como máximo, un 2% de aditivos.
3. Echar unas gotas de perfume.
4. Mezclar bien todos los ingredientes hasta que se integren por completo.
5. Envasar.

Usos: Base de champú para bebés.

Incompatibilidades: Materias que deben evitarse: agentes oxidantes fuertes y ácidos fuertes.

23.2.2 Base champú-B

INCI:

- AQUA, SODIUM LAURETG SULFATE, COCO-GLUCOSIDE, COCAMIDOPROPYL BETAINE, PROPYLENGLICOL, PEG 55 PROPYLENE GLICOL, SODIUM CHLORIDE, COCAMIDOPROPYLBETAINE OXYDE, PHENOXYETHANOL, PHENETHYL ALCOHOL, CAPRYLYL GLYCOL.

Descripción: Base para champú con alta compatibilidad con la mucosa ocular, excelentes características dermatológicas. Fácil espesamiento, gran estabilidad de espuma, escaso olor y color. Presenta efecto acondicionador del cabello.

Estado físico: Líquido viscoso incoloro.

pH: 6,93 (min. 6,5 - max. 7,5).

Modo de empleo:

1. Preparar la Fase A acuosa mezclando sus ingredientes.
2. Añadir la base champú-B a la Fase A.
3. En baño maría a una temperatura máxima de 40ºC mezclar sin formar espuma hasta la completa incorporación de la Fase A.
4. Ajustar el pH a 5.5 con *Trietanolamina* si fuera preciso.

Usos: Elaboración de champús.

23.2.3 Base N Champú

INCI: Aqua, Sodium Laureth Sulfate, Cocamidopropyl Betaine, PEG-30 Glyceryl Laurate, Sodium Chloride, PEG-18 Glyceryl Oleate / Cocoate, Propylene Glycol, PEG-55 Propylene Glycol Oleate, Sodium Benzoate, Sodium Sulfate, Benzoic Acid, Methylisothiazolinone, Iodopropynyl Butylcarbamate.

Composición:

a) Aqua: > 50%

b) Sodium Laureth Sulfate: 5 - 10%

c) Cocamidopropyl Betaine: 1 - 5%

d) PEG-30 Glyceryl Laurate: 1 - 5%

e) Sodium Chloride: 1 - 5%

f) PEG-18 Glyceryl Oleate / Cocoate: 0,1 - 1,0%

g) Propylene Glycol: 0,1 - 1,0%

h) PEG-55 Propylene Glycol Oleate: 0,1 - 1,0%

i) Sodium Benzoate: 0,01 - 0,1%

j) Sodium Sulfate: 0,01 - 0,1%

k) Benzoic Acid: 0,01 - 0,1%

l) Methylisothiazolinone: 0,001-0,01%

m) Iodopropynyl Butylcarbamate: 0,001-0,01%

Descripción:

- La Base N-champú está formada por un compuesto micelar mixto anfótero aniónico que le confiere excelentes propiedades espumógenas y limpiadoras, siendo inocuo frente a las mucosas oculares y la piel, respetando la integridad del cabello, permitiendo su utilización frecuente, proporcionando soltura y luminosidad a los cabellos más delicados.

- Su poder limpiador es el indicado para que actúe en poco tiempo y el aclarado se realice fácilmente. No es agresivo para la epidermis ni para el cabello por lo que no se produce excesivo desengrase del cuero cabelludo. Contiene asimismo componentes no iónicos con propiedades emulsificantes de la grasa, solubilizantes y suavizantes que evitan el efecto rebote de grasa, dejando el cabello suave, sedoso y deselectrizado, facilitando el peinado, tanto en seco como en mojado.

- La Base N-champú lleva incorporado un conservante (Dowicil 200) de amplio espectro microbicida, por lo que no hace falta incorporar conservantes.

- Dermatológicamente inocuo.

Estado físico:

- Liquido viscoso, límpido, incoloro o ligeramente amarillento, con olor característico.

pH: 5,2 - 6,8.

Solubilidad: Muy soluble en el agua y en etanol.

Dosificación:

- La Base N-champú es el componente principal y mayoritario de las fórmulas, al que se le añaden los principios activos o cosméticos, normalmente del 90 al 100% de la fórmula.

- Si se desea aumentar la viscosidad de las formulaciones, se puede añadir *Viscositt-15*, Dietanolamida de ácidos grasos de coco, o una solución al 10% de cloruro sódico.

Usos:

- La Base N-champú es una base para la preparación de champús de todo tipo (frecuencia, cabellos delicados, bebés, o coadyuvantes en tratamientos dermatológicos), así como jabones líquidos y otras preparaciones para la higiene capilar y corporal.
- Indicado para el lavado y tratamiento de cabellos grasos.

Incompatibilidades: No debe emplearse cinc piritiona con esta Base N-champú.

23.3 Bases para cremas

23.3.1 Base neutre Crème à tout faire BIO

INCI: Aqua (eau purifiée), Shorea robusta seed butter* (beurre végétal de Sal BIO), Glycerin (glycérine), Carthamus tinctorius seed oil* (huile végétale de Carthame BIO), Simmondsia chinensis seed oil* (huile végétale de Jojoba BIO), Theobroma cacao seed butter* (beurre végétal de Cacao BIO), C10-18 Triglycerides (agent épaississant, d'origine végétale), Lactobacillus ferment (agent hydratant d'origine naturelle), Dicaprylyl carbonate (agent émollient, d'origine végétale), Glyceryl stearate citrate (émulsifiant doux, d'origine naturelle), Helianthus annuus seed oil (hule végétale de Tournesol, huile support du tocopherol), Polyglyceryl-3 stearate (émulsifiant doux, d'origine naturelle), Calendula officinalis flower extract* (extrait de fleurs de Calendula BIO), Glyceryl Stearate (émulsifiant doux, d'origine naturelle), Aloe barbadensis leaf juice powder* (poudre d'Aloe vera BIO), Coco nucifera fruit extract (extrait de noix de coco), Tocopherol (vitamine E), Bisabolol* (actif apaisant, d'origine végétale), Silica (silice), Hydrogenated lecithin (émulsifiant doux, d'origine naturelle non OGM), Lactobacillus (agent hydratant d'origine naturelle), Sodium levulinate (agent antimicrobien d'origine naturelle), Xanthan gum (gélifiant naturel), Sodium anisate (agent antimicrobien d'origine naturelle), Levulinic acid (agent antimicrobien d'origine naturelle), Phytic acid (sequestrant), Glycine soja oil (huile végétale de soja non OGM).

Descripción:

- Crema no grasa adaptable a todos los usos: crema facial, cuerpo, manos, pies, mascarilla e incluso cuidado del cabello.
- Crema especialmente indicada para las pieles secas y deshidratadas.

Función: Crema base para todo tupo de pieles especialmente las secas.

Modo de empleo:

1. Añadir a la crema base: principios activos, fragancia, y colorante.
2. Mezclar bien.
3. Envasar.

Propiedades:

- Protege, hidrata, nutre, alivia y suaviza la piel.
- Adecuada para todo tipo de pieles, especialmente las secas y deshidratadas.
- 100% natural, en su composición se excluyen: perfume, colorante sintético, parabeno, fenoxietanol, ftalato, derivados petroquímicos como parafina o silicona, OGM, material de origen animal.
- Indispensable y esencial, es una verdadera "navaja suiza", se adapta a todos los usos: cara, cuerpo, manos y pies, cabello.

Usos:

- Crema facial.
- Crema corporal.
- Crema capilar.

Caducidad: Una vez abierto tiene una caducidad de 9 meses.

23.3.2 Base micellaire concentreé

INCI: Glycerin, Aqua, Sodium PCA, Sucrose laurate, Hydrogenated starch hydrolysate, Sucrose dilaurate, Sucrose trilaurate, Biosaccharide gum-1, Glyceryl caprylate, Sodium levulinate, Sodium anisate.

Descripción:

- Base micelar concentrada neutra ultra suave, sin perfume ni colorante, apta para todo tipo de pieles.
- Producto 100% de origen natural, sin conservantes de síntesis, sin derivados petroquímicos (parafina, silicona, PEG.), sin OMG ni material de origen animal. Producto no probado en animales, de acuerdo con la normativa, incluso para exportación.

Función: base micelar.

Estado físico: Líquido.

Propiedades:

- Para limpiar y limpiar perfectamente la cara y los ojos, incluso el maquillaje resistente al agua.
- Permite hidratar las aguas micelares y muy suave.
- Gran comodidad de uso, productos desmaquillantes y limpiadores muy suaves, deja la piel limpia e hidratada. Apto para todo tipo de pieles.
- Muy bien tolerado por la piel y los ojos.
- Permite aceites micelares bifásicos y aceites de ducha bifásicos para una piel limpia, nutrida y protegida. Ideal para pieles secas y tendencia atópica.
- Le permite hacer aceites de baño aromáticos y lechosos al solubilizar sus aceites vegetales, aceites esenciales, fragancias cosméticas en el agua de baño.

Caducidad: Una vez abierto tiene una caducidad de 12 meses.

23.3.3 Crema base hidratante

INCI: Aqua, Capric/caprylic Triglyceride (coco fraccionado), Butyrospermum Parkii Butter (manteca karité), Glyceryl Stearate, Theobroma Cacao Seed Butter* (manteca cacao), Cera Alba (cera abeja), Glycerine, Sodium Stearoyl Glutamate, Sucrose Stearate, Simmondsia Chinensis Fruit Oil (jojoba), Camellia Sinensis Seed Oil* (camelia), Coco-Glucoside, Xanthan Gum, Aloe Barbadensis Leaf Juice Powder* (aloe vera), Pro-vitamin B5, Tocopherol (vitamina E), Lactic Acid, Dehydroacetic Acid.

Descripción: Emulsión O/W que destaca por su textura ligera y fluida. Libre de siliconas, parabenos y parafina. Creada para equilibrar los niveles de humedad en la piel y restaurar la textura y el tono.

Estado físico: Crema blanca.

pH: 5 – 7.

Dosificación:

- Permite incorporar hasta un 6% de principios activos, tanto oleosos como acuosos.

Modo de empleo:

Para elaborar 100 gr de crema hidratante casera:

1. Pesar 94 gr de crema base hidratante en un recipiente limpio y desinfectado.

2. Añadir 6 gr de activos y mezclar bien todos los ingredientes hasta que estén perfectamente integrados. También se puede agregar unas gotas de esencia y colorante.

3. Envasar en el tarro elegido y etiquetar con una de las pegatinas que también encontrarás en nuestra tienda online.

Usos:

- Indicada para formulaciones para pieles normales y mixtas, ya que posee más cantidad de agua que de aceites.

23.3.4   Crema base Lanette

INCI: Aqua, paraffinum liquidum, decyl oleate, glycerin, cetearyl alcohol, cetyl alcohol, microcrystalline Wax, hydrolyzed collagen, panthenol, tocopheryl acetate, triethanolamine, stearic acid, glyceryl stearate, Peg-100 stearate, diazolidinyl urea, sodium benzoate, carbomer, potassium sorbate, sodium C12-18 alkyl sulfate, sodium cetearyl sulfate, magnesium chloride, magnesium nitrate.

Composición: Aqua, isopropyl palmitate, cetearyl alcohol, Glyceryl stearate SE, hidrogenated polyisobutene, glyceryal stearate, PEG-100 stearate, glycerin, phenoxyethanol, synthetic beeswax, BHT, chlorphenesin, citric acid.

Descripción: Crema O/W de carácter no iónico. Crema base recomendada para elaborar cosméticos para pieles normales, secas y maduras.

Estado físico: Sólido blanco, semi-viscoso, con olor característico.

pH: 5 – 7.

Dosificación:

- Permite incorporar hasta un 10% de principios activos.
- Adicionar 0,1% de conservante por cada 10% de principios activos añadidos.

Modo de empleo:

1. Pesar la crema base lanette necesaria en un recipiente desinfectado previamente con alcohol 96°. Por ejemplo, para hacer 200 gr de crema, tienes que pesar 180 gr de base lanette.

2. Añadir un 10% de activos, utilizando siempre los que mejor se adapten a tu tipo de piel. Siguiendo el ejemplo anterior, serían 20 gr de activos en total.

3. Mezclar bien todos los ingredientes y personalizar tu crema con unas gotas de esencia aromática y de colorante líquido.

4. Remover para que todos los ingredientes de la crema queden perfectamente integrados y envasar.

Usos: Usado principalmente en dermatosis agudas y subcrónicas. Apropiada para pieles mixtas o normales y grasas. Suaviza y mantiene la piel elástica. Adecuada para la elaboración de fórmulas con sustancias catiónicas (Neomicina sulfato, clorhexidina gluconato, Lidocaína HCL, etc.)

23.3.5 Crema base piel seca

INCI: Aqua, caprylic/capric triglyceride, c12-15 alkyl benzoate, hydrogenated polyisobutene, cetearyl alcohol, glycerin, isopropyl palmitate, glyceryl stearate, peg-100 stearate, butyrospermum parkii butter, phenoxyethanol, glyceryl stearate se, synthetic beeswax, glyceryl rosinate, bht, chlorphenesin, acrylates/c10-30 alkyl acrylate crosspolymer, olea europaea oil unsaponifiables, sodium hydroxide.

Descripción: Emulsión O/W recomendada para formular cremas para piel seca. Tiene una textura mantecosa y es muy cremosa, densa y espesa. Además esta crema base O/W destaca por su acción hidratante, ya que entre sus ingredientes figuran glicerina, manteca de karité y aceite de oliva, tres ingredientes con propiedades emolientes e hidratantes.

Estado físico: Crema blanca.

pH: 5 – 7.

Dosificación: Permite incorporar hasta un 5% de principios activos, tanto oleosos como acuosos.

Modo de empleo:

1. Pesar la cantidad necesaria de crema base piel seca en un recipiente previamente desinfectado con alcohol 96º.
2. Añadir los principios activos que desees. Recuerda que no se debe superar el 5%.
3. Remover bien hasta que todos los ingredientes estén perfectamente integrados.
4. Incorporar unas gotas de esencia aromática y de colorante al gusto y volver a mezclar.
5. Envasar la crema para piel seca casera en un tarro y estará lista para usar.

Usos: Formulación de cremas para piel seca.

23.4 Base para gel de manos
23.4.1 Base gel de manos concentrado

INCI: Aqua, Sodium Laureth Sulfate, Propylene glycol, Sodium chloride, Cocamine oxide conditioning, Cocamidropropyl betaine, Citric acid, Tetrasoidum EDTA, Polyquaternium, Magnesium nitrate, Magnesium chloride, Methylchloroisothiazoline, Methylisothiazolinone.

Descripción: Gel base concentrado para elaborar jabón líquido para manos.

Estado físico: Líquido viscoso de claro a ligeramente turbio.

pH: 6 – 7.

Solubilidad: Soluble en el agua.

Dosificación: Diluir un 20% de esta base con un 80% de agua desmineralizada.

Modo de empleo:

a) Para hacer jabón líquido casero lo primero es pesar bien los ingredientes.

b) Una vez que tenemos las cantidades exactas hay que diluir la base concentrada en el agua.

c) Cuando ambos ingredientes estén bien integrados se añade el conservante y se revuelve la mezcla.

d) Agregar el principio activo elegido para enriquecer el jabón, el colorante y la esencia.

e) Si ha quedado demasiado líquido se puede incorporar un poco de sal común para espesarlo. Añade 0,5 gr de sal y remueve bien. Si lo quieres más espeso puedes incorporar mayor cantidad de sal. Eso sí, ten en cuenta que puede enturbiar el resultado final.

f) Solo queda envasarlo en un práctico frasco y personalizarlo con alguna de las etiquetas que encontrarás en nuestra tienda online. Así de fácil podrás hacer jabón líquido casero.

Usos: Para elaborar jabón líquido de manos.

23.5 Base para jabón líquido

23.5.1 Jabón base líquido

INCI: Aqua, Decyl glucoside, Sodium cocoamphoacetate, Xanthan gum, Benzyl alcohol, Citric acid, Sodium chloride, Sodium benzoate, Potassium sorbate.

Descripción:

- El Jabón Base Líquido es una formulación seleccionada para conseguir la base jabón líquida con pH 5,0 totalmente cuidadosa con el manto hidrolipídico de la piel y el cabello además de contener tensoactivos suaves y componentes biodegradables.

Estado físico: Líquido.

Dosificación:

- Las emulsiones se pueden incorporar hasta un 10%.
- Las fases oleosas como son aceites vegetales, aceites esenciales, se incorporarán fácilmente hasta un 20%.
- Las fases acuosas como pueden ser los hidrolatos hasta un 30%.

Usos:

- El jabón base líquido permite realizar espectaculares geles corporales, champús, bálsamos capilares, mascarillas y cualquier formulación detergente.

23.6 Base para mascarilla

23.6.1 Base masque capillaire BIO

INCI: Agua de hoja de Rosmarinus Officinalis, aguamarina, alcohol cetearílico, triglicérido caprílico / cáprico, glicerina, lecitina, sulfato de cetearilo sódico, aceite vegetal, capilato de glicerilo, inulina, aceite de semilla de ricinus communis, aceite de semilla de Simmondsia chinensis (jojoba), paryki mantequilla, alcohol bencílico, goma de xantano, aceite de semilla de Helianthus annuus, tocoferol, ácido láctico, ácido deshidroacético, limoneno.

Descripción: Un verdadero bálsamo para el cuidado, esta mascarilla para el cabello de base neutra, rica en aceites vegetales de jojoba, ricino y manteca de karité, protege, suaviza y nutre tu cabello.

Función: Mascarilla base.

<u>Estado físico</u>: Cremoso.

<u>Propiedades</u>:

- Acondicionador, hidratante y fortalecedor del pello.
- Base neutra ultra suave para el cuidado del cabello, sin perfume ni colorante, adecuada para todo tipo de cuero cabelludo y cabello, incluso los más secos.
- De origen natural, sin parabenos, fenoxietanol, ftalato, derivados petroquímicos (parafina, silicona, PEG.), sin amonio cuaternario, sin OMG y de origen animal. Producto no probado en animales, de acuerdo con la normativa, incluso para exportación.
- Un verdadero elixir de belleza, esta base para el cuidado del cabello se puede usar como una máscara pura, acondicionador y crema para el cabello sin enjuagar o embellecer con ingredientes activos y aceites esenciales adaptados a tu cabello.
- Rico en aceites vegetales vírgenes de *Jojoba BIO* y *Ricin BIO* (fortificante), manteca de karité Bio (nutritiva y protectora) en hidrolizado de romero BIO (reequilibrio y estimulante) y glicerina vegetal (hidratante).
- Fácilmente enjuagable, no pesa el cabello, no deja una película grasosa y penetra el corazón de la fibra capilar.
- Esta base de mascarilla para el cabello regenera y envaina la fibra capilar, su cabello es suave y brillante, encuentran fuerza, resistencia y belleza.
- La lecitina vegetal y el pH ácido del cuidado, desarrollado para estar en perfecta adecuación con el del cabello, hace que el cabello sea fácil de desenredar sin la presencia de amonio cuaternario.
- Un pH perfectamente tolerado por el cuero cabelludo e ideal para el brillo del cabello.

<u>Usos</u>:

- Tal cual o con otros ingredientes activos, aceites esenciales, fragancias o colorantes de su elección.
- En mascarilla antes del champú.
- En acondicionador.
- Máscara de belleza para después del champú.
- En el cuidado del cabello sin enjuagar.

- Como apoyo para hacerse otros tipos de cuidado del cabello (exfoliante para el cuero cabelludo, champú acondicionador).
- Para todo tipo de cabello y cuero cabelludo, incluso los más secos y sensibles.

23.7 Conservantes
23.7.1 Ácido benzóico

INCI: Benzoic acid.

Sinónimos: Ácido bencenocarboxílico. Ácido fenilcarboxílico. Ácido fenilfórmico. Carboxibenceno. Hidrato de benzoílo. Ácido dracílico. Flores de Benjuí. E-210.

Descripción:

- Agente con propiedades antifúngicas y antibacterianas, utilizándose como conservante de preparaciones farmacéuticas y cosméticas (colutorios, etc.).
- Actúa sobre la membrana de los microorganismos, y también compite con las coenzimas.

Estado físico: Polvo cristalino, blanco o casi blanco, o cristales incoloros y con un ligero olor agrio.

pH: 2,5 - 4,5.

Punto de fusión: 122,4°C.

Solubilidad:

- Poco soluble en el agua, soluble en el agua a ebullición, fácilmente soluble en etanol al 96%, y en aceites grasos.
- Solubilidad en el agua: 0.29 g/ 100 mL a 20°C.

Dosificación:

- Como conservante en preparados farmacéuticos tópicos o vaginales al 0,1 – 0,2%.
- Como conservante en productos cosméticos, al 0,1 – 0,5%.
- Para el tratamiento vía tópica de infecciones fúngicas, al 2 – 10%.

Propiedades:

- Fotosensible.
- Utilizado como conservante, protegiendo a los productos de las bacterias y los hongos.
- Moderadamente eficaz contra bacterias Gram +, levaduras y mohos, pero poco contra bacterias Gram-,
- Queratolítico y cicatrizante. Con este fin se asocia al ácido salicílico.

- Su acción aumenta cuando se mezcla con sorbato potásico.

Usos: Tratamiento tópico de infecciones fúngicas de la piel, en forma de polvos, pomadas, o lociones, muchas veces asociado con ácido salicílico.

Incompatibilidades:

- Incompatible con proteínas, sales cálcicas, férricas, y de metales pesados, caolín, y medios con pH > 5.
- El ácido benzoico es incompatible con compuestos de amonio cuaternario (Honeyquat, policuaternario) y tensioactivos no iónicos. No utilizar con vitamina C o EDTA.

Efectos secundarios:

- El ácido benzoico y los benzoatos pueden liberar histamina, la cual puede ocasionar reacciones alérgicas.
- Puede originar reacciones de hipersensibilidad, e irritación de la piel, ojos, y membranas mucosas.
- No tiene efectos acumulativos, mutágenos o carcinógenos, ya que se absorbe rápidamente en el intestino, eliminándose rápidamente en la orina sin que llegue a acumularse en el organismo.

Observaciones: Fotosensible

23.7.2 Ácido caprílico

INCI: Caprylic acid.

Sinónimos: Ácido octanoico.

Descripción: El ácido caprílico es una sustancia grasa que se puede encontrar de forma natural en los productos lácteos, el aceite de palma y el aceite de coco.

Estado físico: Líquido incoloro.

pH (actividad óptima): 2,5 – 8,5.

Punto de ebullición: 239°C.

Solubilidad:

- Solubilidad en el agua a 20°C: 0,68 g/L.
- Soluble en disolventes orgánicos.

Dosificación: 0,5 – 2,0%.

Propiedades:

- Tiene propiedades antibacterianas, antivirales y antifúngicas.
- Eficaz contra infecciones vaginales por Candida Albicans, que provoca la candidiasis.
- Eficaz contra especies de levaduras como Geotrichium y rhodotorula.
- Eficaz contra infecciones por hongos como la tiña.

Usos: Conservante en champús, cremas y jabones.

23.7.3 Ácido salicílico

INCI: Salicylic acid.

Sinónimos: Acido 2-hidroxibenzoico. Ácido orto-hidroxibenzoico. Ácido espireico. Ácido espirólico.

Estado físico: Polvo cristalino, blanco o casi blanco, o cristales aciculares, blancos o incoloros.

pH (actividad óptima): 4 – 6.

Punto de fusión: 159ºC.

Solubilidad:

- Poco soluble en el agua. Su solubilidad en el agua se puede aumentar con bórax, citratos, fosfato sódico, o acetato amónico.
- Fácilmente soluble en etanol al 96%.
- Bastante soluble en cloruro de metileno.
- Hasta el 3%, en solución hidroalcohólica se debe tener un 30% de alcohol mínimo para que se solubilice bien.
- A partir del 3% se debe tener mínimo un 70% de grado alcohólico

Dosificación:

- Rango: 0,1 – 0,5%.
- Se incorpora a las emulsiones disuelto en la cantidad mínima de alcohol.

Usos:

- Se siempre por vía tópica en forma de soluciones, polvos, pastas, pomadas, cremas, geles, colodiones, etc....

Incompatibilidades:

- Sales férricas, acetato de plomo, yodo, álcalis (p. ej. carbonatos alcalinos y otras sales básicas).

- A concentraciones superiores al 2% presenta problemas de compatibilidad con emulsiones no-iónicas (p. ej. con el Neo PCL O/W).

Efectos secundarios:

- El ácido salicílico es un irritante suave y puede ocasionar dermatitis si se aplica repetidamente sobre la piel.

Observaciones:

- Fotosensible, coloreándose gradualmente al exponerlo a la luz solar.
- Irritante para la mucosa nasal, provocando el estornudo.
- Tanto en el cartonaje como en el prospecto se recomienda añadir la frase "En uso tópico es un irritante moderado que puede causar dermatitis"

23.7.4   Ácido sórbico

INCI: Sorbic acid.

Sinónimos: Ácido 2,4-hexadienoico. E-200.

Descripción: Eficaz contra levaduras, mohos y bacterias.

Estado físico: Polvo cristalino, blanco o casi blanco.

pH (actividad óptima): 2 – 6,5.

Punto de fusión: 134,5ºC.

Solubilidad:

- Poco soluble en el agua.
- Fácilmente soluble en etanol al 96 por ciento.

Dosificación:

- Si se usa solo: 0.15 – 0.3%.
- Si se usa en combinación con otros conservantes: 0,1 – 0,2%.

Modo de empleo:

- En emulsiones es mejor usar partes iguales del ácido y de la sal de potasio por razón del coeficiente de reparto.
- En el caso de emulsiones, se agrega en la fase acuosa.

Propiedades:

- Presenta propiedades antibacterianas y antifúngicas, particularmente contra mohos y levaduras,

Incompatibilidades: Álcalis.

Observaciones:

- El Ácido sórbico es fácilmente oxidable, especialmente en presencia de luz.
- No es un conservante de amplio espectro, por lo que es conveniente no usarlo solo. La eficacia aumenta al combinarlos con otros antimicrobianos o con glicoles como el propilenglicol.

23.7.5 Alcohol bencílico

INCI: Benzyl alcohol.

Sinónimos: Fenilmetanol. Fenilcarbinol. Bencenometanol. alfa-Hidroxitolueno. E1519.

Estado físico: Líquido oleoso, límpido e incoloro.

Solubilidad:

- Soluble en el agua.
- Miscible con etanol al 96% y con aceites grasos y esenciales.

Dosificación:

- Como conservante en preparaciones farmacéuticas, habitualmente al 1 – 2%.
- Como solubilizante, al 5% o más.
- Como desinfectante y como anestésico, al 10%.
- Se ha llegado a usar hasta el 33%.

Propiedades:

- Conservante antimicrobiano con acción bacteriostática, empleado principalmente contra bacterias Gram+ y algunos hongos.

- Utilizado como solubilizante, ya que es un coadyuvante par aumentar la solubilidad de muchas sustancias.

- El alcohol bencílico diluido posee una actividad anestésica_local débil y antipruriginosa, utilizándose en algunas preparaciones para este fin.

Incompatibilidades:

- Agentes oxidantes, ácidos fuertes, surfactantes no-iónicos, metilcelulosa, grasas, y algunas gomas y plásticos (como el polietileno o el poliestireno, pero no con polipropileno y plástios fluorados como el Teflón).

Efectos secundarios:

- Empleado como conservante, puede producir reacciones de hipersensibilidad.

- La ingestión o inhalación accidental del alcohol bencílico puro puede ocasionar náuseas, vómitos, diarreas, dolores de cabeza, vértigos y depresión del SNC. Estos síntomas no están asociados a un uso correcto y a las dosis indicadas como conservante.

- Se han producido algunos casos de reacciones neurotóxicas en pacientes a los que se les ha administrado una inyección intratecal que contenía alcohol bencílico como conservante.

- La aparición de un síndrome tóxico fatal en niños prematuros se ha atribuido al uso de alcohol bencílico como conservante de las soluciones empleadas por vía intravenosa, restringiéndose por ello su utilización en niños.

Observaciones:

- Fotosensible y oxidable.
- Termolábil e inflamable, manejar por debajo de 40ºC.
- Excipiente de declaración obligatoria.

23.7.6 Aminat-CG

INCI: Glyceryl Caprylate (and) Propanediol (and) Ethyl Lauroyl Arginate HCl (and) Glycerin.

Descripción:

Formulado combinanado LAE® (Ethyl lauroyl arginate, E-243) con glicerilo caprilato, usando 1.3 propanodiol y glicerina.

Usos:

AMINAT-CG® es un producto multifuncional que puede ser utilizado por formuladores de cuidado personal como Conservante, especialmente en productos naturales para el cuidado de la piel y productos para el cuidado del cabello, tratamientos capilares y champús. Además, se puede utilizar como activo principal en dermo-purificante y desodorante.

Estado físico: Líquido transparente, ligeramente amarillo

pH (actividad óptima):

Densidad: 1.06 ± 0.02 g/mL

Viscosidad: < 1000 mPa·s

Dosificación: 0.5-1.5%

23.7.7 Aminat®-G

INCI: Glycerin and Ethyl Lauroyl Arginate HCl.

Descripción:

- Conservante natural aprobado por ECOCERT.
- Conservante de amplio espectro (bacterias, mohos y levaduras) con propiedades de tensioactivo catiónico.

Estado físico: Líquido.

pH (actividad óptima): 3 – 7.

Densidad: 1,22 g/mL

Solubilidad:

- Soluble en el agua y alcohol.
- Soluble en grasas y aceites, gracias a sus propiedades tensioactivas.

Dosificación:

- Dosis entre 0,5 y 1% en toallitas, cremas solares, leches corporales y productos faciales.
- Dosis entre 0,75 y 1% en desmaquillantes.
- Dosis entre 0,25 y 0,75% en champús y acondicionadores para cabello.

Propiedades: Aporta suavidad a la piel y el cabello debido a su naturaleza catiónica.

Usos:

- Puede ser usado en cremas, lociones, leches corporales, acondicionadores para el cabello y como activo antimicrobiano en jabones, champús anticaspa y desodorantes.

23.7.8 Dermorganics® 1388. Dermosoft® ECO 1388

INCI: Glycerin, Aqua, Sodium Levulinate, Sodium Anisate.

Descripción: Conservante natural aprobado por ECOCERT.

Estado físico: Líquido.

pH (actividad óptima): 4 – 5,5.

Dosificación: Rango: 2 - 4%.

Propiedades:

- Efectos hidratantes.
- Propiedades antiinflamatorias.
- Apto para todo tipo de pieles.
- Actúa especialmente bien sobre pieles irritadas y con acné.
- Su olor no interfiere en las formulaciones.
- Conserva los productos caseros un máximo de 3 meses.

Usos:

- Puede emplearse tanto en emulsiones de aceite-en-agua (O/W) como en el agua-en-aceite (W/O). También en bases hidroalcohólicas.
- Puede introducirse al principio de la fase acuosa o al final (no hay problema con la temperatura).
- Para una eficacia óptima, es recomendable que el pH de la formulación se sitúe entre 4 y 5,5.

Observaciones:

Dermosoft ECO 1388 no es particularmente fuerte contra las levaduras. Recomendamos la adición de caprilato de glicerilo o sorbato de potasio para ofrecer protección contra la levadura o agregar al 0.3% para proteger contra las levaduras.

23.7.9 Dowicil® 200

<u>INCI</u>: Quaternium-15.

<u>Sinónimos</u>: Cloruro de N-(3-cloroalil) hexaminio.

<u>Descripción</u>: Agente antimicrobiano bactericida, activo frente a bacterias, levaduras, y mohos a bajas concentraciones. Es particularmente activo frente a Pseudomonas.

<u>Estado físico</u>: Polvo cristalino blanco-amarillento, higroscópico, de olor característico.

<u>pH (actividad óptima)</u>: Su actividad es independiente del pH, aunque es más efectivo a pH entre 4 – 10.

<u>Solubilidad</u>: Ligeramente soluble en el agua y en alcohol 96%, poco soluble en grasas y aceites.

<u>Dosificación</u>:

- Rango: 0,1 – 0,5%.
- Es muy efectiva la siguiente combinación en productos cosméticos: Dowicil 200 0,1% + Nipagín 0,1% en la fase acuosa, y Nipasol 0,05% en la fase grasa.

<u>Propiedades</u>:

- Las soluciones concentradas son amarillas.
- Tras varias horas de preparación, las soluciones van cogiendo pH más alcalino.

<u>Usos</u>:

- Se utiliza como conservante para uso farmacéutico y cosmético.
- Se suele incorporar a las formulaciones disuelto en una pequeña cantidad de agua o de alcohol 96%, y siempre en frío, ya que descompone a 60°C.

<u>Efectos secundarios</u>:

- En contacto con los ojos puede producir una leve irritación que desaparece en poco tiempo.
- Sobre la piel mojada (no si está seca) produce una fuerte irritación e incluso quemaduras superficiales.

<u>Observaciones</u>:

- Algunas formulaciones de bajo pH conservadas con el Dowicil 200, tienen tendencia a variar el color. Esto se corrige añadiendo pequeñas cantidades de sodio borato o sodio sulfito.

- También puede producir variación de color con el citral, por lo que se tendrán de evitar aquellos perfumes que lo contengan.
- No interacciona con los tensioactivos.

23.7.10 Euxyl® K 712

<u>INCI</u>: Benzoate. Potassium Sorbate. Aqua

<u>Descripción</u>: Euxyl® K 712 desarrolla su plena eficacia tanto en sistemas aniónicos como en sistemascatiónicos y en sistemas no iónicos.

<u>Estado físico</u>: Líquido de color amarillo-marron, con un olor característico.

<u>pH</u>:

- Sólo es eficaz en formulaciones ácidas con actividad óptima por debajo de pH 5,5. El ácido sórbico / sorbato de potasio son efectivos a un pH ácido (por ejemplo, 5).
- La alcalinidad de Euxyl® K 712 puede provocar un incremento del valor del pH. El pH del producto acabado debe medirse siempre al finalizar el proceso de elaboración.

<u>Densidad</u>: 1,166 -1,185 g/mL.

<u>Solubilidad</u>: Completamente soluble en agua y en la mayoría de los disolventes orgánicos polares.

<u>Dosificación</u>: 0,5 – 1,5%.

<u>Propiedades</u>: Acción bactericida y fungicida.

<u>Compatibilidades</u>:

- Euxyl® K 712 es compatible con substancias tensioactivas aniónicas, como los sulfatos, losetersulfatos y los sulfosuccinatos, así como con los tensioactivos no formadores de iones.
- Euxyl® K 712 no desarrolla acciones recíprocas con los iones sulfito.

<u>Observaciones</u>:

- El color del euxyl® K 712 no es estable. El concentrado es un líquido de color que va deamarillento a marrón con tendencia al oscurecimiento. Cuando se utiliza en preparaciones cosméticas no da lugar a cambios de color, siempre y cuando el pH de la fórmula sea ácido.

- La alcalinidad de euxyl® K 712 puede provocar un incremento del valor del pH. El pH delproducto acabado debe medirse siempre al finalizar el proceso de producción y, si es necesario, ajustarlo. La medida de una emulsión w/o es problemática, en este caso la medida debe ser tomada en la fase acuosa. Como norma, se deben hacer ensayos de compatibilidad dérmica y sensibilización en el caso de los productos muy ácidos.

23.7.11 Euxyl®PE 9010

INCI: Phenoxyethanol, ethylhexylglycerin.

Descripción: Conservante de amplio espectro contra bacterias, mohos y levaduras.

Estado físico:

- Líquido límpido incoloro o casi incoloro, de olor característico.

pH: Se puede utilizar en un rango: de pH de hasta 12.

Solubilidad:

- Soluble en etanol y en propilenglicol.
- Moderadamente soluble en glicerina.
- Solubilidad limitada en el agua (hasta 10 g/l) y en miristato de isopropilo.

Dosificación: Vía tópica, al 0,5 – 1%.

Propiedades:

- Actúa en la misma medida contra bacterias, levaduras y mohos.
- Demuestra tener buena compatibilidad química con tensoactivos aniónicos como los sulfatos, etersulfatos y sulfosuccinatos, así como tensoactivos no ionogénicos.
- No desarrolla acciones recíprocas con los iones sulfito.

Usos:

- En champús, cremas, lociones, jabón líquido.
- En emulsiones.

Incompatibilidades: Tensoactivos etoxilados, y algunos polímeros (policarbonato, metacrilato de polimetilo o PMMA, polímero de estireno butadieno acrilonitrilo o ABS, u otros selladores distintos de los especificados).

23.7.12 Euxyl® K 903

INCI: Benzyl Alcohol (and) Benzoic Acid (and) Dehydroacetic Acid (and) Tocopherol.

Descripción: Euxyl® K 903 es un sistema conservante completo con un amplio y equilibrado espectro de eficacia contra bacterias Gram-positivas y Gram-negativas, levaduras y mohos, siempre y cuando el pH no está por encima de 6.0.

pH (actividad óptima): 5,0 – 5,5.

Solubilidad:

- Solubilidad limitada en el agua (100 g de agua disolverán 1,2 g de Euxyl® K 903).
- Solubilidad óptima en solventes como el propylenglicol, acetona, o propanol.
- Solubilidad moderada en polyalcoholes, glicerol y sorbitol.

Dosificación: 0,4 – 1,2%

Usos:

- Uso en varios productos de cuidado personal, incluidos geles de ducha, champús, jabones corporales, cremas, lociones y toallitas húmedas. No es adecuado para productos anhidros.

- La combinación de alcohol bencílico con ácidos orgánicos en Euxyl® K 903 es un conservante extremadamente eficaz, pero lo suficientemente suave para productos para el área de los ojos donde la reducción del potencial de picadura es importante. Euxyl® K 903 también es una excelente opción para usar en toallitas húmedas para bebés y otros productos, donde se requiere suavidad para la piel.

Compatibilidades: Compatibilidad óptima en sistemas aniónicos, catiónicos y no iónicos.

23.7.13 Geogard® 211. *Cosgard*.

INCI: Dehydroacetic acid, Benzyl alcohol

Sinónimos: *Cosgard*.

Descripción: Conservante natural aprobado por ECOCERT.

Actividad antimicrobiana: Actividad antimicrobiana frente a las bacterias gram positivas. Poca actividad antimicrobiana frente a las bacterias gram negativas. Alguna actividad antimicrobiana frente a los hongos.

Estado físico: Líquido claro inodoro.

pH (actividad óptima): 2 – 7.

Solubilidad:

- Soluble en el agua, incorporar en fases acuosas (cremas, geles, champús).
- Soluble en disolventes polares orgánicos.

Dosificación:

- Se utiliza en el rango: 0,2 - 1,1% a una temperatura no superior de 30ºC y aun pH entre 2 y 7.
- Acondicionador de pelo 0.4 - 0.5%.
- Cremas faciales 1.15% Geogard ® 221 (como alternativa 0.5% Geogard ® 221 + 0.2% Potassium Sorbate).
- Gel de ducha/baño 0.6 - 0.8%.
- Champú 0.8 - 1.0%.
- Jabon para la mano 0.6 - 0.8%.
- Locion corporal 0.6 - 0.8%.
- Mascarilla facial 1%.

Modo de empleo: Añadirlo una vez la formulación este a temperatura ambiente.

Usos: Acondicionador de pelo, champú, cremas, geles de ducha, lociones corporales, mascarillas faciales. No está aprobado su uso en aerosoles.

Incompatibilidades: Los tensioactivos aniónicos pueden causar decoloración (carbómeros y ciertos surfactantes).

Observaciones: Con el tiempo el benzyl alcohol se oxida a benzil aldehído lo que resulta en un olor a almendras. El ácido dehidroacético da un tono amarillo al producto cosmético para contrarrestar este efecto hay que añadir un antioxidante como el sodio metabisulfito.

23.7.14 Georgard ECT

INCI: Benzyl alcohol, Salicylic acid, sórbic acid, glycerin.

Descripción:

- Conservante de amplio espectro efectivo contra bacterias, levaduras y mohos.
- Conservante natural aprobado por ECOCERT.

Estado físico: Líquido incoloro con poco olor.

pH (actividad óptima): 3 – 8.

Solubilidad:

- Soluble en el agua.

Dosificación: Rango: 0,6 – 1,0%.

Modo de empleo: Puede añadirse a las emulsiones una vez formadas a una temperatura < 45°C.

Propiedades: Tiene poco olor por lo que es ideal para cosméticos sin perfume y fórmulas sensibles a las fragancias.

Usos: Todo tipo de productos cosméticos.

23.7.15 Geogard Ultra™

INCI: Gluconolactona, Sodium benzoate, Calcium Gluconate.

Composición: Gluconolactona 70% a 80%, benzoato de sodio 22% a 28%, gluconato cálcico 1%.

Descripción:

- Conservante de amplio espectro que contiene benzoato sódico como el conservante principal.
- El benzoato de sodio es bacteriostático y fungicida.
- La gluconolactona se añade como quelante y secuestrante (como EDTA) de metales pesados. También es un captador de radicales libres.
- Conservante natural aprobado por ECOCERT.

Estado físico: Polvo blanco.

Solubilidad:

- Soluble en el agua.
- Insoluble en aceites vegetales.
- Insoluble en etanol.

Dosificación: Rango: 0,75 – 2,0%.

Modo de empleo:

- Soluble en el agua.
- Compatible con una amplia variedad de ingredientes de formulación también como la mayoría de los tipos de sistemas catiónicos, no iónicos y aniónicos

- Se puede usar de manera efectiva en un rango: de pH de 3 a 6 y se puede utilizarse a temperatura ambiente y elevada.
- Soluble hasta 4% en el agua ambiental; se puede dispersar fácilmente en glicoles y alquilsulfatos.
- Para maximizar la estabilidad del pH de la formulación final, puede ser necesario utilizar de un tampón de citrato de sodio y ajustar el pH como se describe a continuación:

    1. Dosifique el producto final con el nivel requerido de Geogard Ultra ™ junto con una cantidad 1.5x de citrato de sodio. Entonces, una dosis de 2% de Geogard Ultra ™ debe ir acompañado de citrato de sodio al 3%.

    2. Mezclar bien para asegurarse de que todos los sólidos se hayan disuelto y ajuste el pH de la formulación a 7.00 - 7.25 con hidróxido de sodio al 30%.

    3. Finalmente, ajuste el pH al pH deseado del producto final (pH 5.4 - 5.5 es ideal) con solución diluida de hidróxido de sodio o ácido cítrico

Usos: Todo tipo de productos cosméticos.

23.7.16 Iscaguard® BOA

INCI: Benzyl Alcohol, Dehydro Acetic Acid, Sorbic Acid and Benzoic Acid.

Sinónimos: GFecosafe WW, Gracefruit®.

Descripción:

- Conservante bacteriostático y antifúngico.
- Conservante natural aprobado por ECOCERT.

Estado físico: Líquido.

pH (actividad óptima): 3 – 6,5.

Para una eficacia óptima, recomendamos que el pH del producto terminado sea menos de 6.

Solubilidad:

- Soluble en el agua a aproximadamente el 1% calentar hasta un máximo de 40°C.
- Soluble en glicoles.

Dosificación: 0,5 – 1,0%.

Propiedades: Puede añadirse tanto a la fase acuosa como a la fase oleosa.

Usos: No utilizarse en pulverizadores (sprays).

Incompatibilidades: Cuando se utiliza con tensioactivos aniónicos como lauril sulfatos y cocamidopropil amidas, podría oscurecerse el producto.

Observaciones:

- El ácido sórbico es sensible a la oxidación que produce en una decoloración y un olor potencial disolvente. Es también es inestable a temperaturas por encima de 38°C.
- Con el tiempo (6 meses) el alcohol bencílico se oxida a benzaldehído, que huele muy fuertemente de almendras amargas.
- El ácido deshidroacético a veces puede originar un color amarillento que puede ser evitado por la adición de antioxidantes como el BHT.

23.7.17 Kem BS®

INCI: Water, Sodium Benzoate, Potassium Sorbate

Descripción:

- Kem BS es un sistema preservante de amplio rango de efectividadbasado en conservantes degrado alimenticio, el cualrepresentauna alternativa para cosméticos delicados y naturales.
- Apropiado para el uso en una variedad de cosméticos con pH acídico de hasta 5,5, su uso está globalmente aprobado y sin restricciones en productos enjuagables y de permanencia.
- Todos sus ingredientes son naturales idénticos,de grado alimenticio y aprobados para el uso en cosméticos naturales y orgánicos de acuerdo a la mayoría de las certificaciones estándar (COSMOS Ecocert, Soil Associaton, BDIH, ICEA, NaTrue).

Estado físico: Líquido amarillo pálido.

pH (actividad óptima): 2 – 5,5.

Densidad: 1.18 g/mL.

Solubilidad: Muy soluble en agua, glicerina y glicoles y ligeramente soluble en alcoholes.

Dosificación: 0,2 a 1,0 % sin el agregado de otros preservativos.

Propiedades: Estable a la decoloración y a bajas temperaturas de almacenamientoypuede tolerar temperaturas de fabricación de hasta 80°C. Su actividad depende del pH de la formulacióny tieneuna actividad máxima en elrango de pH de 2 - 5,5.

Usos:

- El Kem BSpuede ser usado en una variedad de cosméticospara la protección del crecimiento microbiano, especialmenteensistemas acuosos y emulsiones. El pH final debe ser ajustado a 5,5 como máximo. Está permitido para la preservación de cosméticos naturales de acuerdo a todos los entes de certificación.

- Cuidado del cabello: geles, champús, lociones, acondicionadores, mousses.

- Cuidado facial y corporal: serums, tónicos, geles, lociones, cremas, toallas húmedas.

- Maquillaje: bases, toallas húmedas, polvos.

- Productos para el afeitado: jabones, geles, bálsamos para después del afeitado, lociones, cremas.

- Productos solares: protectores, bronceadores, cuidado postsolar.

- Productos para el baño: geles, espumas, jabones, higiene íntima, aceites, talcos, toallas húmedas.

- Productos para bebés: champús, productos para el baño, lociones, cremas, aceites, talcos, toallas húmedas.

- Materias primas: surfactantes, extractos vegetales

23.7.18 Kem DHA®

INCI: Benzyl alcohol, Dehydroacetic acid, Water.

Descripción:

- Conservación aprobado para Cosmética Natural.

- Certificado por Ecocert.

- Conservante de amplio espectro. Efectivo contra una amplia gama de microorganismos (incluidos mohos, hongos, levaduras, bacterias).

- No es sensibilizante, no irrita la piel.

Estado físico: Líquido transparente color amarillo claro con un suave olor característico.

pH (actividad óptima): 3 – 6,5 - 7.

Densidad: 1.060 g/mL.

Solubilidad: Muy soluble en alcohol, altamente soluble en propilenglicol y ligeramente soluble en agua

Dosificación: 0,2 a 0,8 % sin el agregado de otros preservativos.

Propiedades:

- Amplio rango de efectividad, contra bacterias y especialmente hongos y levaduras. pH entre 3 y 6,5-7.
- Debe ser usado en formulaciones con pH de 3 a 6,5-7. Sensible al pH y su actividad antimicrobiana se incrementa a medida que desciende el pH. Por lo tanto, cuanto más bajo sea el pH en la fórmula mayor será su eficacia conservadora, siendo la máxima eficacia por debajo de pH 7, preferiblemente 6,5 o inferior.
- Puede tolerar temperaturas de fabricación de hasta 80°C.
- Especialmente indicado para conservar sistemas acuosos, surfactantes, emulsiones y aceites.

Usos:

- Especialmente indicado para conservar sistemas acuosos, surfactantes, emulsiones y aceites.
- Uso en cosmética natural y orgánica según certificaciones COSMOS, Ecocert, Soil Association, BDIH, ICEA, NaTrue
- Cuidado del cabello: geles, champús, lociones, acondicionadores, mousses.
- Cuidado facial y corporal: serums, tónicos, geles, lociones, cremas, toallas húmedas.
- Maquillaje: bases, toallas húmedas, polvos.
- Productos para el afeitado: jabones, geles, bálsamos, lociones, cremas.
- Productos solares: protectores, bronceadores, cuidado postsolar.
- Productos para el baño: geles, espumas, jabones, higiene íntima, aceites, talcos, toallas húmedas.
- Productos para bebés: champús, productos para el baño, lociones, cremas, aceites, talcos, toallas húmedas.
- Materias primas: surfactantes, extractos vegetales.

23.7.19 Kem Nat®

INCI: Benzyl Alcohol Glyceryl Caprylate Benzoic acid Propanediol.

Descripción:

- Amplio rango de efectividad, contra bacterias y especialmente hongos y levaduras
- Uso en cosmética natural y orgánica según certificaciones COSMOS, Ecocert, Soil Association, BDIH, ICEA, NaTrue.

Estado físico: Líquido Incoloro y con un olor muy suave.

pH: 4 – 8.

Densidad: 1,026 – 1,036 g/mL

Solubilidad:

- Muy soluble en alcohol, propilenglicol, glicerina y aceites polares.
- Muy poco soluble y dispersable en el agua.

Dosificación: Rango: 1% - 2%.

Usos:

- Especialmente indicado en formulaciones con pH neutros y ligeramente alcalinos.
- Cuidado del cabello: geles, champús, lociones, acondicionadores, mousses.
- Cuidado facial y corporal: serums, tónicos, geles, lociones, cremas, toallas húmedas.
- Maquillaje: bases, toallas húmedas, polvos.
- Productos para el afeitado: jabones, geles, bálsamos, lociones, cremas.
- Productos solares: protectores, bronceadores, cuidado postsolar.
- Productos para el baño: geles, espumas, jabones, higiene íntima, aceites, talcos, toallas húmedas.
- Productos para bebés: champús, productos para el baño, lociones, cremas, aceites, talcos, toallas húmedas.
- Materias primas: surfactantes, extractos vegetales.

23.7.20 Leucidal®

<u>INCI</u>: Leuconostoc/Radish Root Ferment Filtrate.

<u>Descripción</u>: Producto de origen 100% natural, producido por la fermentación de rábanos por las bacterias Leuconostoc Kimchii, un género de bacterias de ácido láctico y L. Kimchii que es una bacteria que se ha utilizado tradicionalmente para hacer «Kimchi» en Korea, un tipo de col fermentada que forma parte de la dieta coreana.

- Conservante antibacteriano y antifúngico.
- Conservante natural aprobado por ECOCERT.

<u>Actividad antimicrobiana</u>: La actividad antimicrobiana del Leucidal frente a las bacterias gram + y gram – es pobre. El Leucidal no posee actividad antifúngica.

<u>Función</u>: Conservante antibacteriano y antifúngico de amplio espectro, conserva las preparaciones cosméticas que contienen una fase acuosa (agua, hidrolato).

<u>Estado físico</u>: Líquido nebuloso soluble en el agua.

<u>pH (actividad óptima)</u>: 3 – 8.

<u>Densidad</u>: 1,14 – 1,18 g/mL.

<u>Solubilidad</u>:

- Soluble en el agua.
- Insoluble en lípidos.

<u>Dosificación</u>:

- Rango: 0,5 – 4%.
- Dosis recomendada: 2 – 3%.

<u>Propiedades</u>: Propiedades hidratantes y acondicionadores de la piel y de cuero cabelludo.

<u>Usos</u>:

- Conservación de emulsiones (cremas, leches).
- Conservación de productos de lavado (champús, geles de ducha, desmaquillantes).
- Conservación de geles y lociones acuosas.

<u>Asociaciones</u>:

- Para una mejor eficacia a largo plazo, especialmente en levaduras y mohos, es posible acoplar Leucidal (2%) con el complejo de benzoato y sorbato.

- Para usar como un único conservante, recomendamos usar Leucidal al 3-4%.

- Compatibilidad con materias primas: muy buena compatibilidad, compatible con todos los emulsionantes, tensioactivos y todas las gomas.

23.7.21 Monolaurato de glicerilo

INCI: Lauric acid monoglyceride.

Sinónimos: Lauricidin. Glicerol monolaurato. GML.

Descripción:

- Fuerte acción contra las bacterias, hongos y levaduras, pero también puede inhibir el crecimiento de algunos de virus.

- Buen emulsionante.

Estado físico: Escamas aceitosas de color blanco o amarillo claro.

pH (actividad óptima): 4 – 8.

Punto de fusión:

Solubilidad: Insoluble en el agua.

Dosificación: Rango: 0,1 – 1%.

23.7.22 NataPres®

INCI: Glycerin, Leuconostoc/Radish Root Ferment Filtrate, Lonicera Japonica (Honeysuckle) Flower Extract, Lonicera Caprifolium (Honeysuckle) Flower Extract, Populus Tremuloides Bark Extract, Gluconolactone.

Descripción: Conservante natural aprobado por ECOCERT.

- Tiene un espectro de actividad contra bacterias Gram-positivas y Gram-negativas. En formulaciones ensayadas por el fabricante, demostró actividad contra hongos y levaduras cuando se usa a niveles aconsejados.

Estado físico: Líquido de color amarillo pálido.

pH (actividad óptima): 2 – 8. Mayor eficacia a pH 4,9.

Solubilidad: Soluble en el agua.

Dosificación: 0.5% - 2,5%.

Usos: Productos cosméticos para el cuidado de la piel y el cabello.

Observaciones: Puede ser necesaria la protección contra los hongos y las levaduras en algunas formulaciones.

23.7.23 Naticide®

INCI: Parfum.

Sinónimos: Plantaserv Q.

Descripción: Antibacteriano y antifúngico de amplio espectro de origen 100% natural.

Actividad antimicrobiana: Pobre acción antimicrobiana contra las bacterias gram + y gram -. No posee actividad antifúngica.

Función: Conservante antibacteriano y antifúngico de amplio espectro, conserva las preparaciones cosméticas que contienen una fase acuosa (agua, hidrolato).

Estado físico: Fluido fluido incoloro a amarillo y con un olor dulce con notas de vainilla y almendras.

pH (actividad óptima): < 5.

Densidad: 1,13 g/mL.

Solubilidad:

- Insoluble en el agua. Dispensable en el agua hasta el 0,6%.
- Soluble en lípidos.
- Soluble en alcohol.

Dosificación:

- Rango: 0,3 – 1%.
- Dosis recomendada: 0.6% (del peso total de su preparación).

Modo de empleo:

- Para una dosis de 0.6%: agregue a la fórmula fría terminada y mezcle bien para homogeneizar. Recomendamos mezclar más tiempo que con otros conservantes para garantizar la buena disolución de Naticide en la emulsión.
- Para una dosis superior al 0.6% (1%. máximo): se recomienda disolver 0.6% de Naticide en la fase acuosa bajo calor antes de la emulsificación (el Naticide soporta el calentamiento), luego agregar el complemento de Naticide (0.4%. máximo) en la fórmula terminada en frío. Esto garantizará la disolución óptima de Naticide en la preparación.

Usos:

- Conservación de emulsiones (cremas, leches).
- Conservación de productos de lavado (champús, geles de baño) que contienen tensioactivos.

Asociaciones:

- Compatible con todos los emulsionantes y todas las gomas de emulsión (no se utilizan para mantener geles puramente acuosos).

Observaciones: Da un ligero olor a vainilla o almendra al producto cosmético. Efecto irritante en usuarios.

23.7.24 Optiphen™ BSB-N. Rokonsal™ BSN.

INCI: Benzyl Alcohol, Glycerin, Benzoic Acid, Sorbic Acid.

Sinónimos: OPTIPHEN ™ BSB-N.

Descripción:

- Conservante natural aprobado por ECOCERT.
- Eficaz contra bacterias gram-positivas y gram-negativas, levaduras y mohos.
- Conservante suave siempre que el pH del producto final no sea mayor que 5.

Estado físico: Líquido de color pardo claro.

pH (actividad óptima): < 5,5.

Dosificación:

- Rango: 0,5 a 1% en emulsiones.
- Al 0.2% en formulaciones de surfactante.
- Al 1% en geles (óptimamente combinados con alcohol.

Modo de empleo:

- En emulsiones W / O antes de la emulsión en la fase acuosa (pH 5.5), la estabilidad de la temperatura hasta 80 °C se da en O / W emulsiona a mano el calor.
- Ajustar el pH de la emulsión terminada debajo de 5,6.

Usos: Apropiado para todo tipo de emulsiones, lociones, champus o geles.

Observaciones:

- Con el tiempo (6 meses) el alcohol bencílico se oxida a benzaldehído, que huele fuertemente a almendras amargas.
- El ácido sórbico es sensible a la oxidación que produce una decoloración y un olor potencial a disolvente.

23.7.25 Optiphen™ BSB-W

INCI: Benzyl Alcohol, Aqua, Sodium Benzoate, Potassium Sorbate

Descripción: Conservante eficaz contra bacterias grampositivas y gramnegativas, levaduras y mohos.

pH (actividad óptima): 2 – 5,4

Dosificación: 0,3 – 1%

Solubilidad: Soluble en el agua.

Usos:

- Tanto para productos cosméticos que requieren aclarado (rinse off) como los que se aplican sin lavado posterior (leave on).
- Productos para la piel tanto que requieren aclarado (rinse off) como los que se aplican sin lavado posterior (leave on).
- Productos para el cabello tanto que requieren aclarado (rinse off) como los que se aplican sin lavado posterior (leave on).
- Toallitas húmedas.

Observaciones:

- Añadir a mezclas con una temperatura inferior a 80°C.

23.7.26 Phytocide Elderberry

INCI: *Sambucus nigra* fruit extract.

Descripción: Conservante natural derivado del fruto del árbol de saúco. Conservante antimicrobiano que protege su producto cosmético contra bacterias, hongos, moho y crecimiento de levaduras.

pH (actividad óptima): 3 – 9.

Dosificación: 1 – 5%.

Asociaciones: Se utiliza en combinación con Leucidal.

Solubilidad: Soluble en aceite.

Usos: Utilizado en la elaboración de cremas, lociones, sueros, mantequillas corporales, geles y productos para el cuidado del cabello donde los ingredientes a base de aceite están presentes.

Observaciones: Estable al calor hasta 75°C

23.7.27 Sharomix™ 705

INCI: Benzoic Acid, Sorbic Acid, Dehydroacetic Acid, Benzyl alcohol.

Sinónimos: Xaromix.

Descripción:

- Conservante natural aprobado por ECOCERT.
- Conservante que previene eficazmente la aparición de bacterias, levaduras y hongos en formulas cosméticas que contengan agua. Conservante similar al *Cosgard*, de amplio espectro compuesto por una combinación de ácidos orgánicos libres de formaldehido, halógenos, parabenos y compuestos etoxilados.

Estado físico:

- Liquido viscoso de color amarillento que posee un olor característico.

pH (actividad óptima): < 6.

Solubilidad: Soluble en el agua.

Dosificación:

- Las concentraciones de uso recomendadas van desde 0.6 -1,2%.
- Lo habitual es emplearlo con una dosis del 1%.

Modo de empleo:

- Esperar a que la mezcla o emulsión esté creada. Cuando está todo bien integrado y la temperatura de la emulsión esté por debajo de 40°C será el momento indicado para añadir las gotas de Sharomix 705 que indique la receta.
- El pH final no debe superar 5,5.

Usos: Adecuado para la conservación de cremas, lociones, champú, jabón líquido, geles de ducha y acondicionadores de cabello.

Incompatibilidades:

- Evitar su uso con agentes oxidantes fuertes, ácidos, aluminio, hierro, ácido sulfúrico o haluros no metálicos(tricloruro de fósforo).

Observaciones: Suele aportar su olor a los cosméticos.

23.7.28 Sorbato de potasio

INCI: Potassium sorbate.

Sinónimos: 2,4-Hexadienoato de potasio. E-202.

Descripción: Eficaz contra levaduras, mohos y bacterias.

Estado físico: Polvo blanco fino, sin olor.

pH (actividad óptima): 2 – 6,5.

Punto de fusión: 270ºC.

Solubilidad:

- Muy soluble en el agua.
- Poco soluble en etanol al 96%.

Dosificación:

- Si se usa solo: rango: 0,15 – 0,3%.
- Si se usa en combinación con otros conservantes: rango: 0,1 – 0,2%.

Modo de empleo:

- En emulsiones es mejor usar partes iguales del ácido y de la sal de potasio por razón del coeficiente de reparto.
- En el caso de emulsiones, se agrega en la fase acuosa.

Propiedades: Presenta propiedades antibacterianas y antifúngicas, particularmente contra mohos y levaduras,

Incompatibilidades: Surfactantes no-iónicos, algunos plásticos, agentes oxidantes y reductores, y sales de metales pesados. Álcalis en el caso del ácido sórbico.

Observaciones:

- No es un conservante de amplio espectro, por lo que es conveniente no usarlo solo. La eficacia aumenta al combinarlos con otros antimicrobianos o con glicoles como el propilenglicol.

23.7.29 Verstatil® BL

<u>INCI</u>: Aqua (and) Sodium Levulinate (and) Sodium Benzoate.

<u>Descripción</u>:

- Verstatil® BL es una mezcla que combina la sinergia del benzoato de sodio y el agente acondicionador de la piel ácido levulínico.
- Verstatil® BL tiene una excelente actividad antimicrobiana.
- Verstatil® BL es perfectamente adecuado para productos y tónicos a base de surfactantes.
- Se recomienda la combinación con sustancias tensioactivas antimicrobianas (por ejemplo, dermosoft® Octiol) para mejorar el rendimiento del producto.

<u>Estado físico</u>: Líquido.

<u>pH (actividad óptima)</u>: 4,0 – 6,0.

<u>Solubilidad</u>: Muy soluble en el agua.

<u>Dosificación</u>: 1,5 – 2,5%.

<u>Asociaciones</u>: Dermosoft® Octiol.

23.7.30 Spectrastat™ G2 Natural MB

<u>INCI</u>: Caprylhydroxamic Acid (and) Glyceryl Caprylate (and) Glycerin.

<u>Descripción</u>:

- Spectrastat ™ G2 Natural MB es un sistema de conservación alternativo de amplio espectro 100% natural elaborado a partir de una mezcla de ingredientes multifuncionales.
- Controla eficazmente las bacterias, las levaduras y los mohos en un amplio rango de pH de 4 a 8.

<u>pH (actividad óptima)</u>: 4,0 – 8,0.

<u>Solubilidad</u>: Soluble en lípidos.

<u>Dosificación</u>: 1,0 – 1,5%.

<u>Usos</u>: Sistemas de emulsión, anhidros y tensioactivos, como cremas, lociones, geles de ducha y maquillajes.

23.7.31 Verstatil® PC

INCI: Phenoxyethanol; Caprylyl Glycol

Descripción: Conservante adecuado para todo tipo de emulsión acuosa.

Estado físico: Líquido.

pH (actividad óptima): Actividad antimicrobiana independiente del pH.

Solubilidad: Muy soluble en el agua.

Dosificación: 0,8 - 1,0%

23.8 Correctores de pH

23.8.1 Ácido cítrico

INCI: Citric Acid

Sinónimos: Ácido 2-hidroxi-1,2,3-propanotricarboxílico. Ácido betahidroxitricarbalílico. E330 (forma anhidra).

Propiedades y usos: El ácido cítrico se usa:

- Como regulador del pH. La forma monohidrato potencia esta acción acidificante.
- En la preparación de comprimidos y polvos efervescentes.
- Para potenciar aromas saborizantes cítricos en la preparación de jarabes.
- Como sinérgico para aumentar la efectividad de los antioxidantes. Su mecanismo de acción se basa en formar complejo con los metales que catalizan las reacciones de oxidación.
- En preparaciones para disolver cálculos renales, alcalinizar la orina, y para prevenir la incrustación en los catéteres urinarios.
- Como componente de algunas soluciones anticoagulantes.
- En preparaciones para el tratamiento de alteraciones gastrointestinales y de la acidosis metabólica.
- La solución 1:500 de ácido cítrico en el agua puede ser utilizada como desinfectante para los pies y para la boca.

Dosificación:

- Para regular el pH de un cosmético utilizar solución al 30%.

Incompatibilidades: El ácido cítrico es incompatible con: tartrato potásico, acetatos, carbonatos y bicarbonatos alcalinos y alcalinotérreos, salicilatos, benzoatos, y sulfuros.

23.8.2 Ácido láctico

INCI: Lactic acid

Sinónimos: Ácido L(+)-láctico. Ácido 2-hidroxipropiónico. Ácido oxipropionico. E270.

Estado físico: Líquido siruposo, incoloro o ligeramente amarillento.

pH: N/A.

Densidad: 1,2 g/mL.

Solubilidad:

- Miscible con agua y etanol al 96%.
- Insoluble en lípidos.

Propiedades y usos:

- El ácido láctico es un alfa-hidroxiácido que forma parte del factor hidratante natural de la piel. Tiene importancia en el proceso de descamación fisiológico del estrato córneo, controlando su correcto desarrollo y evitando la hiperqueratinización.
- Tiene acciones similares a las del ácido acético, y ha sido usado de forma similar en el tratamiento de diversas infecciones cutáneas y de algunos desórdenes vaginales.
- Por vía tópica y asociado normalmente al ácido salicílico se utiliza en la terapia de las verrugas, en forma de colodiones.
- Debido a su capacidad de hidratar y acidificar el estrato córneo, se utiliza en casos de xerosis, ictiosis, piel seca, exfoliación cutánea, esteatosis, descamación excesiva de la piel, e hiperqueratosis.
- Se usa también en la estoamtitis aftosa grave en pacientes inmunodeprimidos en estado terminal.
- En neonatos tiene aplicación como agente bactericida.
- También se encuentra como agente conservante y acidulante en geles espermicidas.
- Finalmente reseñar que se usa para llevar a pH fisiológico distintas formas tanto farmacéuticas como cosméticas, tales como champús, emulsiones, lociones jabonosas etc....

Dosificación:

- Vía tópica, al 0,5 – 5% como agente hidratante, al 5 – 10% como antiarrugas o agente de peeling, al 10% como agente bactericida en neonatos, y a > 10% para el tratamiento de verrugas e hiperqueratosis.
- Vía vaginal, al 2% como antiséptico.
- Rango: 1 – 2% en productos espermicidas.
- Como agente acidificante: rango: 0,015 – 6,6%.
- En cosmética: rango: 0,1 – 0,5%.

Propiedades:

- Acidificante: reduce el pH de las preparaciones cosméticas.
- Muy buena afinidad con el cabello y la piel (existe naturalmente en el cuerpo).
- Queratolítico (facilita la eliminación de la caspa y la piel muerta).
- Brinda brillo al cabello.
- Hidratante y exfoliante
- Promueve la eliminación de la caspa.

Usos:

- Acidificación de productos para el cabello, especialmente acondicionadores que contienen emulsionante acondicionador.
- Acidificación de productos espumosos, especialmente a base de espuma de azúcar y / o consistencia de la base espumosa, tensioactivos que aumentan el pH.
- Acidificación de cosméticos de pH alto, especialmente aquellos que contienen vitamina C estabilizada (que aumenta el pH de las preparaciones).

Incompatibilidades:

- Agentes oxidantes, yoduros, albúmina.
- Reacciona violentamente con los ácidos fluorhídrico y nítrico.
- Geles de *Carbopol* y emulsiones aniónicas.

23.9 Dispersantes

23.9.1 Disper®

INCI: Alcohol (éthanol), water (eau), prunus amygdalus dulcis extract (extrait d'amande douce), lecithin, oleic acid, ascorbic acid (vitamine C), tocopherol (vitamine E).

Descripción: Mezcla compleja de liposomas vegetales para dispersar aceites esenciales en el agua para uso interno en bebidas o dérmica en lociones o geles acuosos.

Función: Agente dispersante.

Estado físico:

- Fluido translúcido a ligeramente turbio de color amarillo a marrón.

Densidad: 0,85 g/mL.

Dosificación:

- De 4 a 10 veces la cantidad de aceite esencial a dispersar.

Modo de empleo:

1. Diluir la cantidad deseada de aceite esencial en 4 a 10 veces su volumen de *Disper*.
2. Agregue esta mezcla a la loción o gel al final de la preparación.

Propiedades:

- Dispersa eficazmente los aceites esenciales en el agua.
- Obtención de mezclas turbias o lechosas, estables a medio plazo (agite si el aceite esencial comienza a flotar un poco).

Usos:

- Geles cosméticos perfumados con aceites esenciales.
- Lociones con aceites esenciales.

23.9.2 Huile de ricin sulfatée

INCI: Sulfated castor oil.

Sinónimos: Aceite de pavo rojo, aceite de ricino sulfonado, aceite de ricino soluble en el agua.

Composición: Aceite vegetal de ricino modificado por sulfatación.

Descripción:

- Aceite vegetal de ricino modificado por sulfatación.

Función: Dispersante de fase oleosa en fase acuosa.

Tipo: Tensioactivo aniónico.

Estado físico: Líquido.

pH (5% solución en el agua): 7.

Densidad: 1,1 – 1,2 g/mL.

Solubilidad:

- Soluble en el agua.
- Insoluble en lípidos.

Dosificación:

- Del 0,2 – 4% del total.
- A partir de 1 a 4% (del peso total de la preparación) en las "aguas micelares" y lociones eliminación.
- Del 0.2 al 3% (del peso total de su preparación) en productos espumantes.
- Del 1 al 90% en un aceite de baño.

Modo de empleo:

- Para dispersar un aceite esencial: use 1 volumen de aceite de ricino para dispersar 1 volumen de aceite esencial y luego diluya la mezcla hasta en un 4% en su preparación acuosa. Las lociones aromáticas obtenidas son dispersiones lechosas estables durante algunas horas pero tenderán a separarse a largo plazo. Entonces es suficiente agitar el producto antes de usarlo.

- Para dispersar un aceite vegetal o una fragancia aceitosa en su preparación acuosa: las dispersiones obtenidas son lechosas y estables durante algunas horas, pero tenderán a separarse a largo plazo. Entonces es suficiente agitar el producto antes de usarlo. 1 volumen de aceite de ricino sulfatado por 1 volumen de aceite vegetal ya permite obtener una buena dispersión, pero para que sea más estable será necesario aumentar a 3 - 4 volúmenes de aceite de ricino sulfatado por volumen de aceite vegetal. Esta mezcla debe diluirse hasta un máximo del 4% en su preparación acuosa (loción, producto espumante).

- Para dispersar una fase oleosa en un baño, prepare su aceite de baño con un máximo de 20% de preparación de aceite para 80% de aceite de ricino sulfatado. Vierta aproximadamente 1 cucharada de la mezcla en su baño.

Propiedades:

- Aceite soluble en el agua: se disuelve en el agua.
- Emoliente: aporta un toque rico a las fórmulas de los productos espumantes y limpiadores.
- Dispersante de aceites esenciales en el agua (baños, lociones …).
- Dispersión de aceites vegetales en el agua (baños, lociones,etc.).
- Dispersante de fragancias cosméticos aceitoso agua (baños, lociones, etc.).
- Tensoactivo: para producir productos con un ligero poder de limpieza (desmaquillante, loción, etc.).
- Poco poder espumante: adecuado para la dispersión de aceites esenciales en baños de hidromasaje.

Usos:

- Agua micelar, lociones limpiadoras.
- Aceites de baño.
- Geles nutritivos, champús y acondicionadores nutritivos.
- Productos de limpieza (especialmente en detergentes o líquidos para lavar platos).

23.9.3 Solubol

INCI: Glycerin, Cocos nucifera extract, Lecithin, Maltodextrin, Acacia gum, Tocopherol, Ascorbic acid, Rosmarinus officinalis extract.

Descripción: Dispersante sin alcohol puede dispersar eficazmente los aceites esenciales en el agua. Se usa tanto para preparar formulaciones acuosas como geles y lociones, como para preparar baños con aceites esenciales, pero también bebidas aromáticas.

Función: Dispersante.

Estado físico:

- Líquido turbio bastante viscoso de color amarillo.

Densidad: 1.15 g/mL.

Punto de inflamación: < 175°C.

Dosificación: Utilizar 4 veces la cantidad de aceite esencial para dispersar.

Propiedades y características:

- Emulsionante natural para dilución de aceites esenciales en soluciones acuosas.
- Especialmente indicado para terapéutica oral con aceites esenciales e hidrolatos.
- Permite elaborar geles o lociones acuosos con aceites esenciales.

Modo de empleo:

1. Mezclar la cantidad deseada de aceite esencial con al menos 4 veces su volumen de *Solubol*.
2. Agregue esta mezcla a la loción o gel al final de la preparación.

Propiedades:

- Dispersa eficazmente los aceites esenciales en el agua.
- Obtención de mezclas turbias o lechosas, estables a medio plazo (agite si el aceite esencial comienza a flotar un poco).
- Sin alcohol.
- Muy suave para la piel.

Usos:

- Geles cosméticos perfumados con aceites esenciales.
- Lociones con aceites esenciales.

23.10 Emulsionantes

23.10.1 Alcohol cetílico

<u>INCI</u>: Cetyl alcohol.

<u>Sinónimos</u>: Lanette 16.

<u>Descripción</u>: Emulsionante natural de origen vegetal

<u>Estado físico</u>: Escamas de color blanco.

<u>Solubilidad</u>:

- Prácticamente insoluble en el agua.
- Fácilmente soluble o bastante soluble en etanol 96%.

<u>Dosificación</u>:

- Como emulsionante: rango: 2 - 5%.
- Como emoliente: 2-5%.
- Como absorbente de agua: 5%.
- Para dar consistencia a las cremas: 2-10%.
- Aporta estabilidad a las emulsiones, ayudando a los emulsionantes para este fin, se aconseja en las emulsiones bajar un poco la tasa de uso de los emulsinantes y crear un tandem con el cetílico, con un 0,5% o un 1% es suficiente para afianzar la estabilidad y aportar propiedades a la piel.

<u>Preparación</u>: Fundir en baño maría a 45 - 50°C.

<u>Usos</u>: El alcohol cetílico en cosmética está especialmente recomendado para elaborar cremas con mayor cantidad de ingredientes grasos que de agua (W/O). Se encarga de emulsionar las cremas para integrar la fase acuosa y la oleosa. Además, les aporta nutrientes. Por eso es ideal para hacer cremas muy nutritivas para pieles secas.

<u>Incompatibilidades</u>: Agentes oxidantes fuertes.

23.10.2 Alcohol Cetoestearílico

<u>INCI</u>: Cetoestearyl alcohol, cetearyl alcohol.

<u>Sinónimos</u>: 1-Octadecanol.Octadecyl alcohol. Estenol.

<u>Obtención</u>:

- Tipo de alcohol graso presente en las plantas de forma natural. Está compuesto por una mezcla de alcoholes alifáticos sólidos, que no deben de contener menos de un 95% de octadecanol.

Estado físico: Perlas o gránulos blancos untuosos de olor característico.

Solubilidad:

- Prácticamente insoluble en el agua.
- Soluble en alcohol.
- Fácilmente soluble en éter.

Dosificación: 1 - 15% del total.

Preparación: Fundir a baño maría a 56-60°C (máximo).

Usos: El alcohol estearílico se utiliza sobre todo para espesar cremas y pomadas, especialmente a aquellas que quieren incorporar agua.

Incompatibilidades: El Alcohol cetoestearílico es incompatible con cualquier tensioactivos catiónicos. Incompatible con agentes oxidantes fuertes.

23.10.3 BTMS-50

INCI: Behentrimonium Methosulfate (and) Cetyl Alcohol (and) Butylene Glycol

Descripción:

- Emulsionante acondicionador de base vegetal derivado del aceite de colza.
- BTMS es una cera emulsionante de origen vegetal utilizada principalmente por sus propiedades de acondicionador suave para el cabello. Es ideal para hacer champús, acondicionadores y mascarillas capilares "en crema". De hecho, al unirse a la fibra capilar, el BTMS facilita el desenredado y deja el cabello suave y sedoso. Gracias a su afinidad con la queratina capilar, reduce el efecto estático observado durante el cepillado. Mejor desenredado, el cabello se rompe menos, se vuelve más brillante y más suave. El BTMS no requiere acidificación durante su implementación.

Función: Emulsionante (permite la formación y retención de una emulsión con el tiempo) y agente acondicionador del cabello (facilita el desenredado del cabello)

Estado físico: Pastillas blancas pequeñas con un ligero olor a amoníaco.

Punto de fusión: 55°C.

Solubilidad:

- Insoluble en el agua.
- Soluble en lípidos.

<u>Dosificación</u>: 2 - 10% del total. Añadirlo a la fase oleosa.

<u>Propiedades</u>:

- Autoemulsionante. Permite la producción de emulsiones estables sin la necesidad de un coemulsionante o estabilizador.
- Acondicionador capilar: reduce los fenómenos de electricidad estática y facilita el desenredado.
- Hace que el cabello sea suave, sedoso, fácil de peinar sin sofocarlo.
- Resalta y da cuerpo al cabello.
- Acondicionador de la piel: toque "satinado", deja la piel suave.
- Los productos para el cuidado del cabello que contienen BTMS son muy bien tolerados por la piel.
- Disminuye el pH de las preparaciones finales.

<u>Usos</u>: Preparación de emulsiones, en particular para el cuidado del cabello. Ideal para hacer:

- Champús acondicionadores en crema.
- Cuidado del acondicionador desenredante.
- Mascarillas fortificantes y suavizantes.
- Disciplinando sueros sin enjuagar.

Adecuado para todo tipo de cabello, especialmente cabello largo, difícil de desenredar, puntas abiertas, teñidas, rebeldes, rizadas.

23.10.4 Cera Lanette N

<u>INCI</u>: Cetearyl alcohol (and) sodium cetearyl sulfato.

<u>Sinónimos</u>: Lanette N®; Cera emulsificante aniónica; Alcohol cetoestearílico + Cetoestearilsulfato sódico (9:1).

<u>Descripción</u>:

La cera lanette N es una cera emulsionante y base autoemulsionable O/W de carácter aniónico. Son capaces de producir emulsiones por sí mismas sin necesidad de incorporar ningún cuerpo graso o agente emulsionante.

Estado físico: Escamas.

pH: 6,5 – 8,0.

Solubilidad:

- Soluble en el agua caliente.
- Prácticamente insoluble en el agua fría.
- Poco soluble en etanol al 96%.
- Dispersable en eter.

Dosificación:

- Emulsiones líquidas: 1%.
- Emulsiones fluidas: 3%.
- Cremas Blandas: 5%.
- Cremas consistentes: 10 - 15%.

Preparación: Fundir a baño maría a 65-75º (máximo).

Usos: Se emplean para hacer cremas, lociones, pomada o ungüentos con el fin de que la cera lanette N emulsione la mezcla a la vez que la estabiliza creando una crema totalmente unificada. La crema se absorberá por la piel sin dar sensación grasa.

Incompatibilidades:

- Con tensioactivos catiónicos y otros compuestos catiónicos (electrolitos fuertes) y con ácidos a pH inferior a 2,5

23.10.5 Cera Lanette O

INCI: Cetearyl Alcohol.

Descripción: La Cera Lanette O no es auto-emulsionante (no es capaz de formar emulsiones por sí misma) pero combinada con otros emulsionantes se consiguen emulsiones O/W y W/O de carácter neutro a las que aporta consistencia.

Estado físico: Láminas, escamas o gránulos de color blanco o amarillo pálido, con olor suave.

Solubilidad: Insoluble en el agua.

Dosificación:

- Se usa en el rango: 1 – 15%.
- Texturas ligeras es de un 3%.

- Cremas entre el 5 y el 8%.

Modo de empleo:

1. Fundir la cera Lanette O al baño maría junto con el resto de componentes que queremos emplear de la fase oleosa (recipiente A). La temperatura debe oscilar entre los 49 y los 56ºC.

2. Calentar en otro recipiente los ingredientes de la fase acuosa hasta que alcancen la misma temperatura.

3. Sacar ambos envases del baño maría e ir añadiendo la fase acuosa a la fase oleosa, agitando lentamente hasta que se enfríen. Debemos remover moderadamente durante toda la fase de enfriamiento.

4. Los principios activos, perfumes y demás se incorporan al final de la elaboración cuando la temperatura de la emulsión haya descendido a unos 30 o 35ºC.

Usos: Se utiliza para controlar la viscosidad en emulsiones O/W.

Incompatibilidades:

- No usar envases de hierro para calentar el producto. Los recipientes de acero inoxidable sí son adecuados.

23.10.6 Cera Lanette SX

INCI: Cetearyl Alcohol (and) Sodium Lauryl Sulfate

Descripción: La cera lanette SX es una base autoemulsionable O/W de carácter aniónico. Admite un pH de trabajo entre 5 y 9.

Estado físico: Gránulos blancos.

Solubilidad:

- Prácticamente insoluble en el agua.
- Parcialmente soluble en etanol 96%.

Dosificación:

- La cera Lanette SX se empleará según la consistencia deseada, entre un rango:1 - 15%.
- Emulsiones fluidas: 3%.
- Cremas Blandas: 5%.
- Cremas consistentes: 10 - 15%.

Modo de empleo:

1. Fundir al baño maría la cera lanette sx (una temperatura de 65-75°C máximo).
2. Incorporar el resto de componentes de la fase oleosa.
3. Calentar por separado el agua y el resto de componentes de la fase acuosa.

   Precaución: No añadir aquellos que son termolábiles y con la temperatura se degradan.
4. Sacar ambas fases del baño maría e ir añadiendo la fase acuosa sobre la oleosa, lentamente, hasta que se enfríe.
5. Cuando la temperatura sea inferior a 30°C, añadir conservante y los componentes que por temperatura en otra fase podrían degradarse.
6. Perfuma, añadiendo esencias, aceites esenciales u otros.
7. Seguir agitando hasta que se enfríe por completo y envasar en recipiente adecuado.

Usos:

- Empleada para formular cremas con mayor proporción de agua que de aceite.

23.10.7 Ecomulse®

INCI: Glyceryl Stearate (and) Cetearyl Alcohol (and) Sodium Stearoyl Lactylate.

Sinónimos: Ritamulse SCG.

Descripción: Cera autoemulsionante O/W. Espesante. Certificada por ECOCERT.

Punto de fusión: 50°C.

pH: Estable entre 5,0 y 7,5.

Solubilidad: Del 2% al 10%.

Dosificación:

Crema al 8%.

Leche al 3% con goma xantana al 0,3% añadida para garantizar la estabilidad.

Loción al 5%.

Suero al 4%.

Formulación: Añadir a la fase oleosa al comienzo de la formulación a una temperatura de 70°C.

23.10.8 Glicerilo monoestarato autoemulsión

<u>INCI</u>: Glyceryl Stearate

<u>Sinónimos</u>: Cera n.º 3. Monoestearina. Otros nombres: Glyceryl stearate and sodium stearate. Estearato de glicerilo autoemulsionable; monoestearato de glicerilo autoemulsionable.

<u>Obtención</u>: Obtenido de materias primas vegetales a partir de un proceso de esterificación.

<u>Descripción</u>: El glicerilo monoestearato es un emulsionante O/W de origen vegetal.

<u>Estado físico</u>: Escamas.

<u>Solubilidad</u>:

- Se dispersa bien en el agua caliente (58ºC)
- Soluble en alcohol absoluto.
- Soluble en vaselina líquida en caliente.

<u>Dosificación</u>:

- Para estabilizar y dar consistencia a emulsiones muy fluidas: 0,5%.
- Pomadas y cremas viscosas y estables: 5 – 20%.
- Al 3% cera textura fluida. Acepta máximo 20% de fase oleosa, y un 75% de fase acuosa. Siempre debemos añadir un espesante a la fase acuosa para mejorar la estabilidad (0,3% degoma Xantana, 0,5% de goma tragacanto.).
- Al 5% cera textura ligera a media. Estable. Acepta hasta un 30% de fase oleosa y un 60% de acuosa.
- Al 8% cera textura media a untuosa no grasa. Estable al 10, 20 y 30% de fase oleosa. Acepta hasta un 30% de fase oleosa y un 55% de acuosa.

<u>Preparación</u>:

- Si la formulación tiene fase oleosa, se mezcla junto con el resto de aceites y mantecas y se funde al baño maría a unos 70ºC. Posteriormente se agrega la fase acuosa y se agita durante unos minutos hasta alcanzar la consistencia adecuada. Por ejemplo, puedes hacer una crema con esta fórmula: 60% de fase acuosa + 30% de fase oleosa + 10% de glicerilo monoestearato.
- El monoestearato de glicerilo también se puede usar para hacer cosméticos oil free. En este caso se funde en solitario al baño maría, se le agregan los ingredientes de la fase acuosa y se agita bien.

Usos: Se emplea como factor de consistencia en ungüentos, cremas y lociones.

Incompatibilidades: Debido a la presencia de un jabón en su composición, es incompatible con ácidos, sales ionizables a elevadas concentraciones, aguas duras, compuestos de calcio, óxido de zinc y sales de metales pesados.

23.10.9 Lanolina anhidra

INCI: Lanolin.

Obtención: La lanolina anhidra es un producto obtenido por la refinación de la grasa de la lana. Químicamente es una cera, mezcla compleja de ésteres de ácidos carboxílicos con alcoholes de alto peso molecular. También tiene pequeñas cantidades de ácidos grasos libres, alcoholes e hidrocarburos.

Descripción: La lanolina anhidra es un buen emulsionante natural tanto para cremas como para lociones.

Estado físico: Consistencia sólida cerosa.

Solubilidad:

- Insoluble en el agua.
- Soluble en éter.
- Muy soluble en cloroformo.
- Poco soluble en etanol a ebullición.

Dosificación:

- En emulsiones y pomadas entre un 5 y 30%.
- En barras labiales del: 2 al 15%.

Preparación:

- Para hacer una pomada clásica de lanolina se suele utilizar conjuntamente con vaselina. Para ello, en un mortero, hay que mezclar la vaselina y lanolina batiendo hasta formar una pomada homogénea.
- Por otro lado, calienta el agua destilada hasta una temperatura de 70-65° y disuelve los principios activos que no son termolábiles. Dejar enfriar esta fase acuosa a temperatura ambiente.

Posteriormente, habrá que añadir la solución sobre la mezcla de vaselina y lanolina en pequeñas porciones, batiendo hasta la perfecta incorporación y siempre de poco en poco. Finalmente, se le incorporará el perfume y homogeneizar.

Usos: Se usa en la elaboración de champú ya que protege tanto la piel como el cabello.

23.10.10 Lanolina etoxilada

INCI: PEG-75 lanolin

Sinónimos: Ethoxylated lanolin, lanoline ethoxyleé (lanolina oxietilenada).

Obtención: Se obtiene mediante la reacción de la lanolina con óxido de etileno.

Descripción: Tensioactivo no-iónico suave con actividad emulsionante O/W, humectante y emoliente. Estabiliza la espuma formada y ayuda a prevenir la sequedad provocada por los tensioactivos aniónicos.

Estado físico: A temperatura ambiente, el producto es un líquido móvil que puede ser manipulado sin ningún tipo de calefacción.

Solubilidad: Soluble en el agua y en alcoholes.

Dosificación: 0,5 a 10% dependiendo del uso.

Usos: Se puede utilizar como un acondicionador para el cabello y la piel en una amplia gama de preparaciones acuosas tales como espumas de baño, champús y acondicionadores, geles de baño o para el lavado de manos, tintes, quitaesmaltes, lacas capilares, tónicos cutáneos, lociones capitales, colonias infantiles, cremas y leches cosméticas, y desodorantes.

23.10.11 Lecitina fluída Plus

INCI: Lecithin and Sunflower Helianthus Annuus Seed Oil.

Obtención: Lecitina, aceite de cártamo, alcohol como conservante y vitamina C (Palmitato de Ascorbilo) como antioxidante. Contiene aprox. 50% fosfatidilcolina.

Descripción: Lecitina fluida Plus es un emulsionante a base de lecitina, aceite de cártamo, alcohol como conservante y vitamina C (Palmitato de Ascorbilo) como antioxidante. Contiene aprox. 50% fosfatidilcolina.

Estado físico: Líquido viscoso de color amarillo a naranja.

Dosificación:

- Como emulsionante, rango: 5 - 7%.
- Como componente hidratante en geles de ducha, rango: 5 -10%.

Usos:

- Aceites de baño.

- Cremas.
- Geles.

23.10.12 Montanov® 68

INCI: Cetearyl Alcohol and Cetearyl Glucoside

Obtención: Emulsionante de origen vegetal derivado del extracto de glucosa de la mandioca y de las grasas extraídas del aceite de coco.

Descripción: Emulsionante no iónico tipo O/W de origen vegetal.

Estado físico: Perlas de color blanco-amarillento con un olor característico.

PH (5%): 5,5 – 7,5.

Dosificación:

- Para lociones, rango: 2 – 2,5%.
- Para champús, acondicionadores o mascarillas capilares: 1-10%.
- Para cremas, rango: 5 – 7%.

Preparación: Para preparar las emulsiones, fundir el producto a unos 75ºC. Una vez se tienen las dos fases calientes, mezclar de golpe agitando bien.

1. Fase A: calentar al baño maría a unos 75ºC la cera montanov y el resto de componentes oleosos.
2. Fase B: calentar al baño maría a unos 75ºC los conservantes y otros componentes solubles en esta fase y que no sean susceptibles de modificación en caliente. Enfriamos la muestra.
3. Verter lentamente la fase A en la fase B y agitar para que se mezclen las dos fases.
4. Dejar enfriar la mezcla a unos 30ºC.
5. Finalmente añadir el resto de componentes que hay que incorporar cuando la mezcla está fría.

Usos:

- Es muy útil para formular con grasas difíciles de emulsificar y en proporciones elevadas, como aceites vegetales (jojoba, almendras dulces, soja, cacahuete, etc.) y aceites silicónicos (dimeticona, ciclometicona, etc.), así como otras grasas (vaselina líquida, escualeno, ésteres grasos, etc.).

- Es ideal para emulsificar cremas solares, que suelen llevar aceites silicónicos. Además, la consistencia de las fórmulas preparadas varía muy poco con la temperatura, ventaja adicional para este tipo de productos.

- El complejo glucolipídico es muy adecuado para formular otro tipo de productos como cremas depilatorias, productos colorantes o blanqueantes, etc.

Incompatibilidades:

- No usar envases de hierro para calentar el producto, úsese mejor recipientes de acero inoxidable.

23.10.13 Olivem®1000

INCI: Cetearil olivate, Sorbitan olivate.

Obtención: El oliven 1000 es un emulsionente de origen vegetal, derivado del aceite de oliva.

Descripción: Cera autoemulsionante derivada del aceite de oliva. Proporciona emulsiones hidratantes y emolientes, muy finas y penetrantes. Tacto sedoso en las cremas sin sensación grasa. Para todo tipo de piel. Indicada para emulsiones de aceite en el agua. Certificado or ECOCERT.

Función: Autoemulsionante.

Tipo: Aceite autoemulsionante en el agua, no iónico, no etoxilado.

Estado físico: Escamas blanquecinas.

pH: 5 – 7.

Punto de fusión: 65 – 75ºC.

Solubilidad:

- Soluble en disolventes orgánicos.
- Dispersable en el agua, aceites, propilenglicol, glicerina o etanol.

Dosificación:

- Del 5 – 10% del total.
- Serum y lociones ligeras, rango: 1,5 – 3%.
- Cremas y lociones, rango: 3 - 8%.

Preparación:

1. Disolver el Olivem 1000 en la fase oleosa (fase B) a unos 70ºC.

2. Calentar a 70°C la fase acuosa (fase A).

3. Añadir la fase oleosa a la acuosa con agitación magnética. Agitar durante 5 minutos y homogeneizar.

4. Después mezclar ambas fases con agitación constante hasta que descienda la temperatura a unos 40°C.

5. Finalmente, incorporar la Fase C (perfume, aditivos termolábiles).

Propiedades:

- Autoemulsionante: permite emulsiones estables sin la necesidad de un coemulsionante o estabilizador.
- Formación de emulsiones con un toque fino y cremoso.
- Promueve la hidratación, piel duradera.
- Promueve la difusión progresiva de los activos.
- Toque suave pero fresco.

Usos:

- Es un excelente vehículo de principios activos, llevándolos a las capas profundas de la piel.
- Cuidado hidratante de cara y cuerpo.
- Anti-arrugas / anti-envejecimiento.
- Cremas en gel extra-ligeras sin aceite.
- Cuidado de los ojos.

Asociaciones:

- Usar como único emulsionante.
- En dosis bajas (2 - 5%), en combinación con un coemulsionante, como el emulsionante VE
- A dosis bajas (2 - 5%), también es posible producir emulsiones estables mediante la adición de un agente gelificante, como goma de xantano (0.2 - 0.3%) en la fase acuosa. Proporciona una aplicación de deslizamiento muy agradable y mejora la estabilidad de la emulsión, mientras que se espesa ligeramente.
- La adición de un 3% de Olivem 1000 a una emulsión con un 10% de fase oleosa resulta en una crema de textura ligera: de crema leche a crema fluida. Al existir riesgo de inestabilidad, para estabilizar la emulsión es aconsejable añadir del 0,2

- 3% de *goma Xantana* a la fase acuosa o bien añadir un coemulsionante como VE.

- La adición de un 3% de Olivem 1000 a una emulsión con un 20 – 30% de fase oleosa es muy inestable y no es aconsejable.

- La adición de un 5 - 6% de Olivem 1000 a una emulsión con un 10% de fase oleosa resulta en una crema ligera, fluida e hidratante. Emulsión muy estable.

- La adición de un 5 - 6% de Olivem 1000 a una emulsión con un 20% de fase oleosa resulta en una crema semiespesa, fresca y no grasa. Emulsión muy estable.

- La adición de un 5 - 6% de Olivem 1000 a una emulsión con un 30% de fase oleosa resulta en una crema suave y nutritiva muy penetrante. Emulsión muy estable.

- La adición de un 8% de Olivem 1000 a una emulsión con un 10% de fase oleosa resulta en una crema ligera y sedosa. Emulsión muy estable.

- La adición de un 8% de Olivem 1000 a una emulsión con un 20% de fase oleosa resulta en una crema cremosa y espesa. Emulsión muy estable.

- La adición de un 8% de Olivem 1000 a una emulsión con un 30% de fase oleosa resulta en una crema espesa y rica. Emulsión muy estable.

- No afecta la estabilidad de la emulsión su uso con los siguientes conservantes: Complejo Benzoato y Sorbato; *Cosgard*; Leucidal; Naticide.

23.10.14 Polawax®NF

INCI: Alcohol cetearílico y polisorbato 60

Sinónimos: Cera Emulsionante Polawax.

Obtención: Elaborada a partir de materias primas de origen vegetal (aceite de palma). Asociación de origen vegetal (alcohol cetearílico), alcohol graso y un derivado de azúcar (sorbitán) planta de alcohol graso etoxilado esterificado.

Descripción: Auto-emulsionante que permite emulsiones estables sin necesidad de co-emulsionante o estabilizante. Forma emulsiones lisas y brillantes, muy cremosas.

Estado físico: Copos.

pH (0.3% dispersión en el agua): 5,5 - 7,0

Dosificación:

- Entre un 2 y un 10% en la fase oleosa.
- Lociones, rango: 2 – 5%.

- Cremas, rango: 5 – 7%.

Preparación: Calentarla a baño maría a 53ºC.

Usos:

- Cremas y Lociones hidratantes, tipo mousse.
- Productos aftersun.
- Sistemas de protección solar.
- Cremas ABA/BHA.
- Cremas antiarrugas.
- Depilatorios.
- Antitranspirantes.
- Acondicionadores del cabello.
- Blanqueadores de cabello.
- Tintes para el cabello.

23.10.15 Trietanolamina 85%

INCI: Triethanolamine

Sinónimos: Trolamina, Trihidroxitrietilamina, Trietiloamina e TEA.

Obtención: Resultado de la reacción de dietanolamina con óxido de etileno.

Descripción:

- Trietanolamina emulsionante de grado cosmético. La *Trietanolamina 85%* emulsionante O/W es un agente emulsionante en aceite que se emplea como ingrediente para emulsionar cremas y productos cosméticos. Su función es neutralizar los ácidos grasos y ajustar el pH. Emulsiona aceite en el agua para conseguir unificar las creaciones de cosmética casera.

Estado físico: Líquido incoloro o débilmente amarillento, ligeramente viscoso y de olor característico (ligero olor amoniacal).

pH: 10,5.

Solubilidad: Miscible con agua y alcohol.

Dosificación:

- Emulsionante de aceites: 2-4% de los aceites totales empleados.

- Para formar emulsiones con la parafina líquida, la cantidad de *Trietanolamina* debe ser aumentada al 5% del peso de parafina líquida.

Usos: Se utiliza como ingrediente para balancear el pH en preparaciones cosméticas, de higiene y en productos de limpieza. Entre los productos cosméticos y de higiene en el cual es usado con este fin se incluyen lociones para la piel, geles para los ojos, hidratantes, champús, espumas para afeitar, etc.

Incompatibilidades: Incompatible con ácidos, sales de cobre y metales pesados. Las preparaciones con jabones que contienen *Trietanolamina* pueden oscurecerse en presencia de luz.

23.10.16 Polisorbato® 20

INCI: Polysorbate 20

Sinónimos: Tween® 20.

Descripción: Tensioactivo no ionico que es ideal par emulsionar aceite y agua. Hidrófilo y se suele utilizar como emulgentes primarios en las formulaciones de fase externa acuosa.

Estado físico: Líquido transparente, viscoso de color ámbar.

HLB: 16,7

Solubilidad:

- Soluble en metanol, etanol y en 2-etoxientanol.
- Dispersable en el agua destilada o con menos de 200 ppm de dureza.
- Dispersable en propilenglicol a baja concentración.
- Parcialmente soluble en aceites minerales y vegetales

Dosificación:

- Como emulgentes, rango: 1 – 15%.
- Aumentar capacidad retención de agua, rango: 1 – 10%.
- Como solubilizantes, rango: 1 – 10%.
- Como agentes humectantes, rango: 0.1 – 3%.

Usos:

- Para la preparación de cremas o pomadas lavables, y para emulsificar aceites vegetales y minerales. Además de como humectantes.
- Como solubilizantes de una gran variedad de sustancias, incluyendo aceites esenciales, perfumes y vitaminas liposolubles.
- Como surfactantes en sprays insecticidas y pesticidas, así como en detergentes industriales, y como emulgentes en cremas cosméticas.

23.10.17 Polisorbato® 80

INCI: Polysorbate – 80.

Sinónimos: Tween® 80.

HLB: 15,0

Obtención: Compuesto derivado de la etoxilación del sorbitano y su posterior monoesterificación con ácido oleico.

Descripción: El polysorbate 80 o polisorbato 80 es un emulsionante O/W y tensioactivo no iónico que se usa como ingrediente cosmético. Ayuda a crear emulsiones de fase externa acuosa, estables y de textura fina. Hidrófilo y se suele utilizar como emulgentes primarios en las formulaciones de fase externa acuosa.

Estado físico: Líquido viscoso amarillento.

Solubilidad:

- Dispersable en el agua, etanol anhidro, acetato de etilo, y metanol.
- Prácticamente insoluble en aceites grasos y en parafina liquida.

Dosificación:

- Se utiliza en el rango: 0,5 al 5%.
- Como emulsificante y solubilizante, rango: 1 – 15%.
- Como humectantes, rango: 0,1 – 3%.

Usos: Es un agente humectante en la formulación de suspensiones y un detergente y acondicionador en champús. Aumenta la capacidad de retener agua de los ungüentos. Es muy bien tolerado y no es irritante para la piel y mucosas. De hecho, reduce la irritación provocada por detergentes excesivamente agresivos para la piel.

23.10.18 Trietanolamina

INCI: Triethanolamine.

Sinónimos: Trolamina. Tris(hidroxietil)amina. TEA.

Descripción: Una base que normalmente se obtiene por reacción de amoniólisis sobre el óxido de etileno con posterior purificación.

Estado físico: Liquido límpido, viscoso, incoloro o débilmente amarillento, muy higroscópico.

Densidad: 1,120 – 1,128 g/mL.

Solubilidad: Miscible con agua y con etanol, soluble en cloruro de metileno.

Dosificación: Como agente emulsionante se emplea en concentraciones del 1 – 4% (5% si se usan aceites minerales) con una proporción de 2 – 5 veces su cantidad de ácidos grasos.

Propiedades: Tiene propiedades emolientes y bacteriostáticas.

Usos:

- Se usa como emulgente para la elaboración de preparados tópicos.

- Cuando se mezcla en proporciones equimoleculares con ácidos grasos, tales como el ácido esteárico y el oleico, forma un jabón aniónico, por lo que por lo que puede usarse como agente emulsificante, produciendo emulsiones O/W finas, estables, y con un pH de aprox. 8. Estas emulsiones son de mayor estabilidad que las preparadas con un jabón alcalino, aunque ambas se rompen en presencia de ácidos y altas concentraciones de electrolitos.

- También se usa como sustancia ablandante y desengrasante en seborreas y en la preparación de aceites hidrófilos claros (champú de aceite).

- Se ha empleado combinada con ácido salicílico en preparaciones tópicas analgésicas y también para reducir la coloración de la piel inducida por el ditranol.

- Como excipiente se usa como agente alcalinizante, p. ej. para neutralizar los geles de *Carbopol*.

Incompatibilidades: Dihidroxiacetona, sales de cobre y de metales pesados, y ácidos.

Efectos secundarios:

- Puede ser irritante para la piel, ojos, y mucosas.

- Se ha descrito dermatitis de contacto asociado a *Trietanolamina* o a algún derivado.

- La inhalación del vapor puede ser perjudicial.

- Debido a que las nitrosaminas parece que son carcinogénicas para el estómago, se está limitando su uso en preparados de uso externo.

Observaciones: Higroscópico. Fotosensible (puede oscurecer con la luz y también con el aire).

23.10.19 Xyliance®

INCI: Cetearyl wheat straw glycosides (and) cetearyl alcohol.

Descripción: Emulsionante que forma emulsiones O/W. Certificado por ECOCERT.

Estado físico: Escamas de color amarillo pálido.

Dosificación: Del 2% al 6%.

Dosificación:

Crema al 8%.

Leche al 3% con goma xantana al 0,3% añadida para garantizar la estabilidad.

Loción al 5%.

Suero al 4%.

HLB: 10,5

Formulación: Añadir a la fase oleosa al comienzo de la formulación a una temperatura de 70°C.

23.11 Espesantes

23.11.1 Ácido esteárico vegetal

INCI: Estearic Acid.

Sinónimos: Estearina.

Función: Agente de textura y consistencia: espesante y emoliente.

Estado físico: Sólido.

Punto de fusión: 70ºC.

Solubilidad:

- Insoluble en el agua.
- Soluble en lípidos.

Dosificación: Del 2 al 20%.

Propiedades:

- Espesante, incluso endurecido en bálsamos y palos.
- Emoliente: aporta suavidad y cremosidad a las fórmulas.
- Protector (formador de película).
- Coemulsionante: participa en la emulsificación y mejora la estabilidad de las emulsiones.
- Aporta dureza a los jabones.
- Factor de consistencia en velas.

Usos:

- Palitos, bálsamos y mantecas
- Cremas cremosas y espesas
- Cuidado de la piel seca
- Jabones en saponificación en frío
- Velas ambientales o de masaje.

23.11.2 Agar Agar

INCI: Agar.

Sinónimos: Agar. Agar de Japón. Cola de Bengala. Cola de Ceilán. Gelatina china. Gelatina japonesa. Gelosa. Gelatina vegetal. Ictiocola vegetal. E-406.

Obtención: El agar-agar se extrae por tratamiento de las algas con agua a ebullición; el extracto se filtra en caliente y luego se concentra y se deseca (por ejemplo, por liofilización).

Descripción: Mezcla 100% natural de polisacáridos de diversas especies de algas rodofíceas, principalmente del género Gelidium. El agar-agar tiene la particularidad de poder absorber hasta 300 veces su peso en el agua.

Estado físico: Fino polvo de color beige.

Solubilidad:

- Soluble en el agua hirviendo.
- Insoluble en lípidos.

Dosificación:

- Utilizar 0,1 - 3% del peso total de la preparación, según se desee la consistencia.
- Al 1% en el agua forma una gelatina bastante consistente.

Modo de empleo: Diluir el agar-agar en el agua hirviendo y dejar enfriar hasta la temperatura que requiera la fórmula que se va a elaborar.

Usos:

- Geles sólidos
- Parches, mascarillas gelificadas.
- Cubitos gelificados, "cubitos de hielo" de gel.En cremas, champús, jabones, geles, lociones corporales y mascarillas.

Incompatibilidades: Electrolitos (producen su deshidratación parcial y reducen la viscosidad), etanol (lo deshidrata y precipita), ácido tánico (lo hace precipitar).

23.11.3 Cera de abeja

INCI: Cera alba.

Solubilidad:

- Insoluble en el agua.
- Soluble en aceites.

Densidad: Densidad relativa a 15° de 0, 958 - 0,970 g/cm^3.

Temperatura de fusión: De 61 a 66°C.

Dosificación:

- Del 1 al 5% del total, en cremas.
- Del 1 al 10% del total, en barras y bálsamos.

Propiedades:

- Espesante y agente texturante en bálsamos y cremas.
- Endurecedor y texturizador en barra.
- Filmogénico en bálsamos, barras y cremas.
- Estabilizador en emulsiones.
- Soporte en velas.
- Agente endurecedor en jabones.

Usos: Úselo como ingrediente en sus preparaciones:

- Bálsamos
- ticks y labiales.
- Brillo (agente de textura).
- Desodorante en barra.
- Cremas y ceratos: reduce el deslizamiento de las cremas ricas y aumenta su poder protector (filmógeno), al tiempo que estabiliza la emulsión. Útil en particular en emulsiones "agua en aceite" o para aumentar el poder protector y nutritivo de cremas de manos o cremas para condiciones climáticas extremas.
- Haciendo velas.
- Jabones.

Asociaciones:

- Úselo como única cera en bálsamos o barras, mezclado con aceites y mantecas: espesa y aumenta el punto de fusión y el poder formador de película.
- En combinación con otras ceras (candelilla, abeja) en barras, labiales y lápices de maquillaje para endurecerlas y mejorar su fijación.
- En combinación con un emulsionante: agregar una pequeña cantidad (1-3%) de cera a una emulsión la espesa y aumenta su estabilidad y poder formador de película.

23.11.4 Cera de arroz

<u>INCI</u>: Oryza Sativa (Rice) Bran Wax.

<u>Descripción</u>: Extraída del salvado de arroz, esta cera tiene un punto de fusión bastante alto y, por lo tanto, un buen poder de formación de película y textura en bálsamos y lápices labiales. También es conocido por su tacto muy suave, muy agradable en emulsiones. Por lo tanto, son ideales para espesar y estabilizar cremas, al tiempo que proporcionan suavidad y poder protector.

<u>Estado físico</u>: Lentejas de color amarillo pálido.

<u>Solubilidad</u>:

- Insoluble en el agua.
- Soluble en aceites.

<u>Temperatura de fusión</u>: De 78 a 82ºC.

<u>Dosificación</u>:

- Del 1 al 5% del total, en cremas.
- Del 1 al 10% del total, en barras y bálsamos.

<u>Modo de empleo</u>: Derretir la cera en baño maría con los otros ingredientes de la fase oleosa. La fusión de la cera de arroz requiere un baño maría a fuego lento, a unos 90 °C.

<u>Propiedades</u>:

- Espesante, texturizado
- Endurecedor en barras y labiales
- Cera de alta fusión, útil en barras y lápices labiales para aumentar su resistencia al calor.
- Filmógeno. Formador de película.
- Estabilizador y agente de textura en emulsiones: espesa y aporta una sensación suave y cremosa a las cremas.

<u>Usos</u>:

- Cremas. La cera de arroz espesa y estabiliza las emulsiones mientras les da una sensación muy suave y cremosa.
- Ceratos y cold-creams, especialmente el cerato Galien.
- Bálsamos.

- Barras y labiales.

Asociaciones:

- Como la única cera, se mezcla con aceites y mantecas para crear bálsamos.
- Úselo solo, sin emulsionante, para hacer cremas del tipo "Gallien cerat": la cera permite que la emulsión se "sostenga" al espesar la fase oleosa. Estas emulsiones son bastante difíciles de producir y, a menudo, no son muy estables en el tiempo. Para hacer emulsiones estables simplemente, le recomendamos que use un emulsionante y que lo complemente con cera para un efecto protector y nutritivo.
- En combinación con un emulsionante: la adición de una pequeña cantidad (1-5%) de cera en una emulsión la espesa y aumenta su estabilidad y poder de formación de película, a la vez que le proporciona suavidad y suavidad. tocar.
- En combinación con otras ceras (candelilla, carnauba, abeja) en barras y lápices labiales.

23.11.5 Cera candelilla

INCI: Cera euphorbia cerifera

Descripción:

- La cera candelilla se extrae del arbusto euphorbia cerifera.
- Actividad protectora que contribuye a crear una barrera sobre la piel.
- Se utiliza en cosmética por su acción espesante.

Estado físico:

- Dura, quebradiza y fácil de pulverizar. Sin refinar es de apariencia opaca.
- Su color puede variar desde café claro hasta amarillo, dependiendo del grado de refinación y blanqueo.
- Pastillas redondas a ovales de color amarillo y olor ligero y característico.

Solubilidad:

- Insoluble en el agua.
- Altamente soluble en acetona, cloroformo, benceno y otros solventes orgánicos.

Temperatura de fusión: De 66 a 73°C.

Dosificación: Del 1 al 5% del total de la preparación.

Modo de empleo: Derretir la cera al baño maría con los otros ingredientes de la fase oleosa.

Propiedades:

- Acción emoliente.
- Acción barrera que permite mantener la humedad natural de la piel.

Usos:

- Labiales.
- Lapices de maquillaje.
- Mascaras y delineadores.
- Bálsamos.

Asociaciones:

- Utilizarlo como la única cera en bálsamos o barras, mezclado con aceites y mantecas: endurece y aumenta el poder de formación de película.
- Utilizarlo en combinación con otras ceras (carnauba, abeja, arroz) en barras y lápices labiales.
- Utilizarlo en combinación con goma de acacia en mascaras y delineadores.
- Utilizarlo en combinación con un emulsionante. La adición de una pequeña cantidad (1 - 3%) de cera en una emulsión la espesa y aumenta su estabilidad y poder de formación de película.

23.11.6 Goma esclerocio

INCI: Sclerotium Gum

Descripción:

- Polisacárido compuesto por monómeros de glucosa que produce la bacteria filamentosa *Sclerotium rolfssii* mediante procesos de fermentación.
- Agente espesante con textura de gel. También actúa como hidratante natural con propiedades suavizantes para la piel.
- Sclerotium Gum es una goma natural que produce una base de gel instantánea cuando se combina con agua.
- La goma Sclerotium tiene propiedades calmantes y suavizantes naturales de la piel.

pH: 2 – 11.

Dosificación: 0,2 – 2%.

Usos:

- Como espesante, gelificante, estabilizador de las emulsiones y humectante.
- Base excelente para aplicaciones tópicas diarias cuando se prefiere un gel a una loción, crema o aceite. La goma de sclerotium también es adecuada para su uso en productos para el cuidado del cabello como agente acondicionador.

23.11.7 Goma Guar

INCI: Guar Gum.

Sinónimos: Goma jaguar. Harina guar. Guar galactomanano. Goma de Cyamopsis. E-412.

Obtención: Procedente del endosperma de la planta Guar que es nativa de Pakistán y la India.

Descripción:

- De origen vegetal, la goma guar es perfecta para elaborar lociones y champús. Al ponerse en contacto con el agua, se transforma en un gel totalmente estable.

Función:

- Agente gelificante para fases acuosas, estabilizador de emulsiones, modificador táctil.

Estado físico: Polvo fino de color beige.

Solubilidad:

- Soluble en el agua, tanto fría como caliente, y ayuda a dar mayor consistencia a las elaboraciones.
- Prácticamente insoluble en etanol.
- Insoluble en lípidos.

Propiedades y usos:

- Los geles que forma normalmente son de baja consistencia. Son estables a pH = 4,0 – 10,5.
- Se utiliza también como agente suspensor en formulaciones tópicas y como espesante para estabilizar emulsiones.

Dosificación:

- Del 1 – 5% del total.
- Como estabilizante de emulsiones: al 1%.
- Como espesante de emulsiones: hasta el 2,5%.
- Geles o emulsiones hasta 0,5% del peso total.
- Champú, gel de ducha hasta 1,5% del peso total.

Modo de empleo: Disuelto en la fase acuosa, en frío o caliente.

Propiedades:

- La goma Guar origina geles opacos que van de fluidos a espesos.
- Obtención de geles de agua y soluciones acuosas.
- Agente gelificante en frío o en caliente.
- Espesante de emulsiones (cremas, leches)
- Estabiliza las emulsiones: la introducción de un agente gelificante como la goma Guar en la fase acuosa ayuda a estabilizar las emulsiones y proporciona un deslizamiento muy suave para la aplicación.
- Buena estabilidad de geles en un amplio rango de pH (3 - 11)

Usos:

- La Goma Guar se usa como gelificante y espesantes en champús, geles y lociones.
- Preparación de geles tensoriales, geles adelgazantes.
- Realización de máscaras de gel "frescura", exfoliantes gomosos.
- Realización de geles de pasta de dientes.
- Fabricación de delineadores.
- Agregue cremas o leches para estabilizarlas y espesarlas.
- En la cocina: espesante y aglutinante de salsas, cremas, postres, postres, etc.

Asociaciones:

- Usar solo en una fase acuosa como agente gelificante.
- En combinación con un emulsionante para estabilizar y espesar emulsiones.
- En combinación con goma de acacia en delineadores.

- Compatible con los siguientes conservantes: Complejo benzoato y sorbato; *Cosgard*; y Leucidal.

Incompatibilidades:

- Acetona, alcohol, taninos, ácidos y bases fuertes, boratos.
- Los geles pueden licuarse a pH < 7.

23.11.8 Goma Xantana transparente

INCI: Xanthan gum

Sinónimos: Goma Xántica.

Descripción:

- La goma Xantana transparente es un polisacárido natural de alto peso molecular y se produce por fermentación.
- La goma Xantana transparente comparte las mismas características que la xantana normal, con la diferencia de que esta variante tiene un mejor tacto en la piel y aporta una hidratación extra. Además, las formulaciones resultantes son totalmente transparentes.
- Proporciona hidratación y suavidad a la piel. Buena sinergia con galactomananos como goma guar. Compatible con prácticamente todos los espesantes y estabilizadores disponibles comercialmente.

Función: Agente gelificante para agua y fases acuosas, estabilizador de emulsión, modificador táctil.

Estado físico: Polvo fino de color crema.

Solubilidad:

- Hidrosoluble. Soluble en el agua fría y caliente y forma soluciones viscosa.
- Insoluble en lípidos.

Propiedades y usos:

- De naturaleza aniónica, con un pH de estabilidad de entre 4 y 11. Forma geles no transparentes, de color blanquecino y traslúcidos, de consistencia media, mayor o menor según la concentración de goma utilizada. La gelificación es instantánea y el aspecto del gel mejora al cabo de 24 horas. Los geles que forma son muy refrescantes y no adhesivos, soportan bastante bien los electrolitos, y admiten la incorporación de alcohol hasta un 30%.

<u>Dosificación</u>:

- Oscila entre el 0,2 y el 2% del total, dependiendo del producto final.
- Del 0,2 – 0,3% para estabilizar las emulsiones.
- Al 1% para obtener un gel de viscosidad media.
- Al 2% para obtener un gel de viscosidad elevada.
- En emulsiones y geles: 0,5% de goma Xantana.
- En geles y champús: 1% de goma Xantana.

<u>Modo de empleo</u>: Espolvorearla sobre el líquido que se va a espesar. Puede ser agua o un hidrolato de flores. Esperar unos minutos a que el polvo se moje bien y remover manualmente o con una batidora eléctrica hasta que se integre todo.

<u>Propiedades</u>:

- Origina geles en el agua y soluciones acuosas (hidrolatos, etc.).
- Origina geles transparentes, burbujeados o no (dependiendo del tipo de agitación utilizada).
- Gelifica tanto en frío como en caliente.
- Origina gel con una sensación suave y resbaladiza.

<u>Usos</u>: Se utiliza principalmente como ingrediente de cremas, geles, champús y otros preparados cosméticos.

<u>Asociaciones</u>: Compatible con los siguientes conservantes: Complejo benzoato y sorbato; *Cosgard*; y Leucidal.

<u>Incompatibilidades</u>:

- Incompatible con tensioactivos catiónicos y polímeros, ya que precipitan en solución. Los tensioactivos aniónicos y los anfóteros a concentraciones superiores al 15% provocan la precipitación de la goma Xantana en solución acuosa.
- En condiciones muy alcalinas, los iones metálicos como el calcio, provocan precipitación de la goma.
- Tensioactivos, polímeros, conservantes, iones metálicos polivalentes (p. ej. el calcio), boratos, agentes oxidantes, algunos recubrimientos de comprimidos, carboximetilcelulosa sódica, gel desecado de hidróxido de aluminio, amitriptilina, tamoxifeno, y verapamilo.

23.11.9 Hidroxipropil goma guar

INCI: Hydroxypropyl guar.

Sinónimos: Jaguar HP-8.

Descripción: La Hidroxipropil goma guar es un derivado no-iónico de la goma guar.

Estado físico: Polvo cristalino amarillento.

Solubilidad: Soluble en el agua, insoluble en disolventes apolares.

Propiedades y usos:

- La Hidroxipropil goma guar es un derivado no-iónico de la goma guar que se utiliza a dosis bajas como agente espesante y estabilizante de productos cosméticos como champús, acondicionadores de cabello, etc...., y a dosis más elevadas como gelificante.

- Se solubiliza fácilmente a pH > 7, incluso con el agua fría, y gelifica instantáneamente cuando se lleva a pH ligeramente ácido.

- Cuando el solvente es el agua los geles no son transparentes, pero puede formar geles transparentes con altos contenidos de solventes orgánicos (alcoholes, glicoles). Admite hasta un 30% de alcoholes.

- Los geles son estables a pH = 4 – 12, y son compatibles con electrolitos y con la mayoría de tensioactivos.

Dosificación: Vía tópica, habitualmente al 2 – 3%.

Usos: A dosis bajas como agente espesante y estabilizante de productos cosméticos como champús, acondicionadores de cabello, etc...., y a dosis más elevadas como gelificante.

23.11.10 Metilcelulosa

INCI: Methylcellulose.

Sinónimos: Celulosa metil éter, Methylcellulosum, Éter metílico de celulosa, E-461.

Descripción: Polímero de celulosa esterificados con grupos metoxi. Existen distintas presentaciones (metilcelulosa 1000, metilcelulosa 1500…) en función de la longitud de la cadena polimérica.

Estado físico:

Polvo o gránulos blancos, blanco-amarillentos o blanco grisáceo, higroscópicos

pH:

- El pH de una solución al 1% oscila entre el 5,5 – 8,0.
- El pH de máxima estabilidad está entre 2 y 12.

Punto de fusión: 280 – 300º (carboniza).

Solubilidad: Prácticamente insoluble en el agua caliente, acetona, etanol anhidro, y tolueno. Se disuelve en el agua fría formando una disolución coloidal

Dosificación:

- Como gelificante, emulgente, y espesante, al 1 - 5%.
- En suspensiones, al 1-2%.

Modo de empleo:

- La preparación de los geles puede realizarse humectando el polímero con glicerina o propilenglicol y añadiendo la mezcla en el agua caliente (70ºC), dejando que se agite lentamente hasta la formación del gel.
- Otra alternativa es espolvorear la metilcelulosa sobre la mitad del agua caliente y dejarla en reposo hasta que embeba todo el líquido, para luego añadir el resto del agua bajo agitación. Esta última alternativa es la que se recoge en el formulario nacional para los geles del 4%.

Propiedades:

- Las soluciones de metilcelulosa poseen una buena estabilidad a los electrólitos, pudiéndoles añadir, a concentraciones usuales en la práctica, sales, ácidos y álcalis
- Admite altas concentraciones de alcohol, hasta un 40%.

Usos: Como emulgente, suspensor, y espesante.

Incompatibilidades:

- Fenol, cloruro de mercurio, resorcinol, ácido tánico, taninos, nitrato de plata, clorocresol, parabenos, cloruro de cetilpiridinio, tetracaína, y agentes oxidantes fuertes.
- Concentraciones elevadas de electrolitos provocan un aumento de la viscosidad, y a concentraciones muy elevadas pueden precipitar completamente la metilcelulosa, así como si se calienta a partir de 60ºC.

Observaciones:

- La Metilcelulosa 1000 sólo es apta para uso cosmético, uso tópico.

- Para uso farmacéutico hay que usar la Metilcelulosa 1500.

23.12 Excipientes

23.12.1 Vaselina líquida

INCI: Paraffinum liquidum

Sinónimos: Parafina líquida. Aceite de parafina. Aceite de vaselina. Aceite mineral. Aceite de cosmolina. Petrolato líquido

Descripción: Mezcla purificada de hidrocarburos saturados líquidos (C14-C18) e hidrocarburos cíclicos,obtenida por destilación del petróleo.

Estado físico: Liquido oleoso, incoloro, transparente, desprovisto de fluorescencia a la luz del día.

Densidad: 0,827 – 0,905 g/mL.

Índice de refracción: 1,4756 –1,4800.

Viscosidad: 110 –230 mPa·s(20ºC).

Solubilidad: Prácticamente insoluble en agua, poco soluble en etanol al 96% y miscible con hidrocarburos.

Dosificación:

- Como lubricante tópico,hasta el 100%.
- Al 3 - 60% en unguentos oftálmicos.
- Al 0,5 - 3% en preparados óticos.
- Al 1 - 32% en emulsiones tópicas.
- Al 1 - 20% en lociones tópicas.
- Al 0,1 - 95% en ungüentos tópicos.

Propiedades:

- La vaselina líquida es un emoliente y protector dermatológico, que posee la propiedad de no enranciarse como las grasas animales, y por lo tanto no produce mal olor ni irrita la piel, y no descompone los constituyentes de los medicamentos que vehiculiza.

Usos:

- Se usa como excipiente de pomadas, ungüentos, y supositorios, como disolvente(por ejemplo en cápsulas de gelatina blanda), como lubricante en la fabricación de cápsulas y comprimidos, y para lubricar los moldes delos supositorios. En forma de pomada, sitúa la medicación activa en contacto más íntimo con la superficie de la lesión.

- Por vía tópica se usa como emoliente en irritaciones de la piel y para eliminar las costras. Puede añadirse un poco de lanolina fundida para facilitar la penetración de los principios activos en la piel. Tiene además una acción antiséptica que es útil vía tópica para las úlceras por decúbito, y en pulverizaciones laríngeas, faríngeas, y nasales.

Incompatibilidades: Agentes oxidantes fuertes.

23.13 Extractos

23.13.1 Extracto de lavanda

INCI: Lavandula Angustifolia Flower Extract.

Obtención: Maceración de las flores de la lavanda o espliego (Lavandula angustifolia P.Miller) con la mezcla de propilenglicol y agua.

Descripción: Extracto hidrosoluble cosmético de flores de lavanda. Extracto de Lavanda Hidrosoluble de Grado cosmético.

Solubilidad: Prácticamente insoluble en agua. Poco soluble en etanol al 96%. Miscible con hidrocarburos

Propiedades:

- El extracto de lavanda posee propiedades seborreguladoras, antisépticas, relajantes, antiinflamatorias y repelentes de insectos.

- Antisétpicas: como todos los extractos tiene un gran poder antibacteriano comparable al del árbol de té. Es por ello, por lo que es altamente recomendable para formular productos cosméticos con actividad antiséptica.

- Seborreguladoras: debido a su alto contenido en taninos, el extracto de lavanda impermeabiliza las capas más superficiales de la piel controlando que esta no elimine tan rápido los líquidos e impida las agresiones externas, para así, favorecer la regeneración de los tejidos. Ese es el motivo por el que en la cosmética natural se utiliza como seborregulador y cicatrizante.

- Relajantes: Pero si hay una propiedad que se le adjudica al espliego esa es la relajante y antiespasmódica. Siendo un buen elemento para elaborar productos cósmeticos que relajen los tejidos.

- Repelentes de insectos: Se realizó un estudio donde examinaron la actividad como repelente del aceite esencial de lavanda, entre otros aceites, frente a la especie de mosquito Culex pipiens pallens. El resultado fue que repelía de forma activa el estadio adulto de este insecto. Es por ello que se usa para formular productos con actividad repelente.

- Antiinflamatorias: el ácido rosmarínico contenido en el espliego presentó una actividad antiinflamatoria en distintos estudios. A él se le atribuye la capacidad de aliviar los síntomas de patologías como la psoriasis, dermatitis y el aczema.

23.13.2 Extracto de vainilla

INCI: Alcohol, Aqua, Vanilla Planifolia (Vanilla) Fruit Extract.

Descripción: Extracto natural de vainilla orgánica sobre alcohol orgánico y azúcar invertido orgánico.

Estado físico: Líquido viscoso, almibarado de color marrón.

Densidad: 1,26 g/mL.

Solubilidad:

- Soluble en el agua.
- Soluble en alcohol.
- Insoluble en lípidos.

Dosificación:

- Rango: 0,3 – 10%.
- Rango: 0.5 a 2% en cremas, geles, lociones.
- Rango: 2 a 5% en geles de lavado, champús.
- Rango: 5 a 10% en perfumes.

Modo de empleo: Añadirlo al final de la formulación del produto cosmético.

Usos:

- Emulsiones (cremas, leches)
- Geles y lociones
- Productos espumantes (geles de baño, espumas de baño)
- Bálsamos (en dispersión)
- Perfumes en base alcohólica, eau de toilette, nieblas perfumadas.
- Polvos gratuitos y compactos
- Bolas de baño, polvos de baño
- Champús sólidos

Asociaciones:

- Este extracto aromático está particularmente asociado con notas dulces y codiciosas para la realización de geles de ducha gourmet.
- Se combina de forma natural con las vainas BIO de vainilla para un tratamiento exfoliante suave o un jabón bellamente decorado.
- En cuanto a su aroma, este extracto combina perfectamente con:

- Fragancias gourmet: chocolate, castaña, caramelo, café, turrón. para aromas irresistibles.

- Las fragancias frutales, redondeadas y calientes: manzana, pera, albaricoque, melocotón, melón, higo.

- las fragancias exóticas: mango, coco, piña, maracuyá, papaya, granada. para perfumes de las islas.

- notas cítricas frescas y tónicas: bergamota, limón, naranja dulce. azucara y suaviza.

- las notas almizcladas, "chipre" y orientales a las que aporta un fondo balsámico: aceites esenciales o absolutos de pachulí, ambrette, musgo de roble, cisto, incienso. para aromas ricos y dulces.

- las notas amaderadas y profundas, o picante y picante completa y suaviza: aceites esenciales de sándalo, vetiver, amyris, cedro, corteza de canela, clavo, jengibre. para aromas originales y sensuales acordes masculinos u orientales vainilla.

- las notas de flores que suaviza o realza: aceites esenciales de palo de rosa, rosa de Damasco, madera de ho, rosalina, palmarosa, ylang-ylang, jazmín absoluto, frangipani, extracto de violeta tuberosa. para aromas muy femenina.

23.14 Fijador

23.14.1 Tintura de Benjuí

INCI: Styrax Benzoin, Alcohol, Aqua.

Sinónimos:

- Extracto alcohólico de benjuí, extracto hidroalcóholico de benjuí o alcoholado de benjuí.

Composición: Extracto hidroalcohólico o alcoholado de Benjuí.

Descripción:

- La tintura de benjuí es un extracto alcohólico de la resina benjuí que se extrae del árbol Styrax.

Función: Fijador de esencias.

Estado físico: Líquido transparente de color marrón rojizo.

pH (actividad óptima): 3,8 – 4,5.

Densidad: 0,91 g/mL.

Solubilidad: Soluble en el agua.

Dosificación: Al 1% en la fase acuosa.

Propiedades:

- Antiséptico, antibacteriano y antifúngico.
- Calmante.
- Cicatrizante.
- Fijador de esencias.
- Hidratante.

Usos:

- Fijar aromas en la fabricación del jabón.

23.15 Gelificantes

23.15.1 Carbopol® 940 Polymer

INCI: *Carbopol*.

Sinónimos: Carbomer. Carbómero. Carboxipolimetileno. Carpoleno. Polímero carboxivinílico. Ácido poliacrílico.

Descripción: *Carbopol®* 940 Polymer es un polímero de ácido poliacrílico reticulado de polvo blanco. Es un modificador reológico extremadamente eficiente, capaz de proporcionar una alta viscosidad, y produce geles de una claridad brillante o geles y cremas hidroalcohólicos. Sus propiedades de bajo flujo y sin goteo son ideales para aplicaciones tales como geles transparentes, geles hidroalcohólicos y cremas.

Estado físico: Polvo blanco o casi blanco, esponjoso, higroscópico.

Punto de fusión: 260ºC.

Solubilidad: Se hincha en el agua y otros disolventes polares, después de dispersión y neutralización en disoluciones de hidróxido de sodio. Neutralizada la dispersión, es soluble en el agua, alcohol, y glicerina.

Dosificación:

- Como agente gelificante, rango: 0,5 – 2%.
- Como agente emulsionante, rango: 0,1 – 0,5%.
- Como agente suspensor, rango: 0,1 – 1%.
- En ungüentos acuosos o geles base, rango: 0,5 – 5%.
- Se puede incrementar la consistencia del gel aumentando la proporción de *Carbopol* (hasta un 5%).

Modo de empleo: Es fundamental añadir una base débil como puede ser la *Trietanolamina* hasta pH 7 para que la dispersión del *Carbopol* en el agua gelifique. Es la zona de pH en donde se forma estructura de gel por repulsión entre grupos carboxilos ionizados y neutralizados de *Carbopol*.

Propiedades:

- Al 0,5% se obtienen geles fluidos adecuados por ejemplo para envase roll-on en dermocosmética.
- Al 1,5% se obtienen geles idóneos en cuanto a consistencia (media-alta).

Usos:

- El *Carbopol* se emplea como agente emulsificante, viscosizante, suspensor y gelificante, en fórmulas como soluciones suspensiones, cremas, geles, y pomadas.

- Como emulsificante se emplea en la elaboración de emulsiones O/W para uso tópico, cuando se quiere disminuir la proporción de grasas.

- Como gelificante, los carbómeros forman geles neutros transparentes (para formar el gel es necesario neutralizar el *Carbopol* con una base del tipo *Trietanolamina* o una solución de hidróxido sódico al 10%). La transparencia depende de los disolventes y de los principios activos empleados.

Incompatibilidades:

- Sustancias catiónicas (p. ej. neomicina sulfato, procaina clorhidrato, difenhidramina clorhidrato, polímeros catiónicos, etc....), electrolitos y iones metálicos (sobretodo sodio, calcio, aluminio, zinc, magnesio, y hierro), ácidos o bases fuertes (pH menor a 6 o mayor a 9-11), fenol, resorcina, y radiaciones UV.

23.15.2 Sepigel™ 305

INCI: Polyacrylamide, C-13-14 Isoparaffin, Laureth-7.

Descripción:

- Sepigel es un polímero preneutralizado en una emulsión inversa.
- Sepigel es una mezcla de polímero acrílico, isoparafina, y un emulgente.

Estado físico:

- Emulsión fluída a 25ºC.
- Líquido viscoso o ligeramente amarillento, opalescente, con ligero olor característico.

pH:

- 6.5 en dispersión al 2%.
- El rango: de pH de máxima estabilidad del gel es de 4 – 9 (pudiendo aguantar hasta 2 – 12).

Solubilidad:

- Dispersable en el agua.

Dosificación:

- Rango: 2 – 3% como gelificante.
- Rango: 0,3 – 3% para aumentar la viscosidad de las emulsiones.
- Rango: 3 – 10% en cremigeles.

Propiedades:

- Los geles tienen buena consistencia y no hay adhesividad.
- Los geles admiten la incorporación de hasta un 45% de alcohol y/o propilenglicol.
- El Sepigel 305 también tiene propiedades espesantes y estabilizantes de emulsiones. Se incorpora con agitación ligera bien templadas o ya frías.

Usos: El Sepigel 305 tiene propiedades gelificantes.

Incompatibilidades: Tiene baja tolerancia a los electrolitos.

23.16 Hidratantes

23.16.1 Hidrovitón

INCI: Water (aqua), Glycerin, Sodium lactate, Lactic acid, TEA-lactate, Serine, Urea, Sorbitol, Sodium chloride, Sodium benzoate

Sinónimos: Factor hidratante natural (FHN). Natural moisturizing factor (NMF). Hydroviton.

Composición: Water (aqua) > 50% Glycerin 1 – 5%. Sodium lactate 1 – 5%. Lactic acid 1 – 5%. TEA-lactate 1 – 5%. Serine 1 – 5%. Urea 1 – 5%. Sorbitol 1 – 5%. Sodium chloride 0,1 – 1%. Allantoin < 0,1%. Conservante: sodio benzoato

Descripción:

- Mezcla compleja de sustancias muy similares al denominado factor hidratante natural de la piel, que ejerce una hidratación activa sobre este órgano.
- Compuesto con una acción reguladora sobre la hidratación de la piel, utilizándose en todo tipo de preparados dermatológicos y cosméticos, destinados al cuidado cutáneo o capilar con una acción hidrante

Función: Humectante e hidratante.

Estado físico: Líquido límpido, incoloro o ligeramente amarillento.

pH: 3,8 – 4,2.

Densidad: 1,070 – 1,080 g/mL.

Solubilidad: Soluble en el agua y en soluciones hidroalcohólicas.

Dosificación: Normalmente al 1 – 5%, e incluso a veces hasta el 10%, en cremas y lociones.

Usos:

- Utilizado en todo tipo de preparados dermatológicos y cosméticos, destinados al cuidado cutáneo o capilar con una acción hidrante.
- Se puede combinar con colágeno, elastina, o extracto de placenta, ya que aumenta la capacidad nutritiva de estos compuestos.

Incompatibilidades: Precipita en las soluciones con un porcentaje de alcohol superior al 60%.

Observaciones:

- Agitar antes de usar.

- Es termolábil.
- Si cristalizara, calentar muy ligeramente

23.17 Humectantes

23.17.1 Glicerina vegetal

<u>INCI</u>: Glycerin.

<u>Sinónimos</u>: Glicerol. Alcohol glicérico. Propano-1,2,3-triol. E-422.

<u>Descripción</u>: La glicerina es un agente deshidratante osmótico con propiedades higroscópicas y lubricantes.

<u>Estado físico</u>:

- Liquido siruposo, untuoso al tacto, incoloro o casi incoloro, límpido muy higroscópico.

<u>Solubilidad</u>: Miscible con agua y etanol al 96%, poco soluble en acetona, prácticamente insoluble en aceites grasos y en aceites esenciales.

<u>Dosificación</u>:

- Como emoliente y humectante: hasta el 30%.
- Como conservador: hasta el 20%.
- Vehículo en geles acuosos, rango: 5- 15%.
- Vehículo en geles no acuosos, rango: 50 - 80%.

<u>Usos</u>:

- En cosmética se usa ampliamente por sus propiedades emolientes y humectantes.
- Para evitar la evaporación de la fase acuosa en las emulsiones y sistemas gelificados, mejorando además sus propiedades plásticas.
- Como agente humectante en la elaboración de pastas y suspensiones.

<u>Incompatibilidades</u>:

- Agentes oxidantes fuertes tales como el trióxido de cromo, el clorato y el permanganato potásicos, y el ácido nítrico (forma mezclas explosivas).
- En presencia de luz y óxido de zinc o subnitrato de bismuto se colorea de negro

<u>Efectos secundarios</u>: Por vía tópica puede causar prurito e irritación.

<u>Observaciones</u>:

- Es higroscópica.

- A bajas temperaturas cristaliza y no funde hasta los 20°C.

23.17.2 Lactato de sodio

<u>INCI</u>: sodium lactate.

<u>Sinónimos</u>: E325.

<u>Composición</u>: L(+)-Sodium lactate 60%. H_2O 40%.

<u>Descripción</u>: Sal sódica del ácido láctico producida naturalmente mediante la fermentación de azúcares procedentes del maíz o el betabel. Se produce artificialmente mediante fermentación de substancias azucaradas.

<u>Función</u>: Humectante.

<u>Estado físico</u>: Líquido transparente con olor característico.

<u>pH (actividad óptima)</u>: 6,5 – 7,5.

<u>Densidad</u>: 1,3 g/mL.

<u>Punto de ebullición</u>: 115°C

<u>Solubilidad</u>:

- Soluble en el agua.

<u>Dosificación</u>:

- Para endurecer el jabón hasta el 3% del total de fase oleosa.
- En cremas hasta el 5%.

<u>Propiedades</u>:

- Humectante e hidratante.

<u>Usos</u>:

- Antioxidante.
- Corrector de la acidez.
- Conservante.
- Emulgente.
- Espesante.
- Humectante.
- El lactato de sodio proporciona cremas menos grasas y más hidratantes. Se utiliza para mejorar la absorción y reducir la grasa de las emulsiones.

- En jabones de proceso en frío su uso da como resultado una curación más rápida y en jabones de proceso en caliente ayuda a que la masa sea más fluída y como resultado un jabón más duro.

23.17.3 Propilenglicol

INCI: Propylene glycol.

Sinónimos: 1,2-Propanodiol. 2-Hidroxipropanol. Metiletilenglicol. Metilglicol. E1520

Descripción: Mezcla compleja de sustancias muy similares al denominado factor hidratante natural de la piel, que ejerce una hidratación activa sobre la misma. Se trata de un compuesto con una acción reguladora sobre la hidratación de la piel.

Estado físico: Líquido viscoso, límpido, incoloro, higroscópico.

Solubilidad: Miscible con agua y con etanol al 96%.

Dosificación:

- Como solvente o cosolvente: tópicos 5 – 80%.
- Como humectante: aprox. 15%.
- Como conservante: 15 - 30%.

Usos:

- Excipiente disolvente, cosolvente, y humectante, con propiedades bactericidas y fungicidas.
- A concentraciones elevadas actúa como conservante de efectividad casi similar al etanol, sobretodo conjuntamente con parabenos, por lo que se usa en dermatología para prevenir o tratar infecciones secundarias.
- Es un buen vehículo para principios activos con insuficiente solubilidad en el agua o inestables en soluciones acuosas.
- Base hidrosoluble que tiene una acción emoliente (impidiendo la desecación de la epidermis en su capa córnea) y protectora de la piel (impidiendo la acción de irritantes).
- Tiene un efecto estabilizante de emulsiones.
- Aporta menor viscosidad que la glicerina a las fórmulas magistrales.
- Se incorpora en la fase acuosa de las emulsiones.
- Las soluciones acuosas pueden esterilizarse en la autoclave.

Incompatibilidades: Algunos agentes oxidantes como el potasio permanganato.

23.17.4 Sodio hialuronato

INCI: Sodium hyaluronate.

Sinónimos: Hialuronano (sódico).

Estado físico: Polvo blanco o casi blanco, muy higroscópico, o agregado fibroso.

Solubilidad: Bastante soluble o soluble en el agua, prácticamente insoluble en acetona y en etanol anhidro.

Dosificación: Vía tópica, al 0,01 – 3% (en ácido hialurónico).

Propiedades: Tiene 3 propiedades principales:

a) Hidratante: es una molécula muy hidrófila. Cada molécula puede coger 1000 veces su peso en el agua. Aplicado sobre la piel, forma una fina película viscoelástica transparente. Al ser un excelente hidratante y lubricante, mejora sensiblemente las características de la piel, proporcionando suavidad, tono, y elasticidad.

b) Antiinflamatoria: el ácido hialurónico tiene capacidad de disminuir el enrojecimiento, el dolor, y la inflamación, al unirse a los gérmenes a través de la quimiotripsina e impedir su acción sobre los tejidos animales, y por otro lado reducir el infiltrado leucocitario al ser el principal ligando que mantiene unidas entre sí las células de los vasos sanguíneos a través del marcador CD-44.

c) Regenerante y cicatrizante: durante el proceso de regeneración tisular, está involurado en la fase precoz de la proliferación o fibroplasia, etapa fundamental de la producción de matriz extracelular en la cicatrización. Estimula el crecimiento de las células del tejido conjuntivo y regenera el propio colágeno.

Incompatibilidades: Agentes oxidantes fuertes.

23.17.5 Sorbitol líquido 70%.

INCI: Sorbitol.

Sinónimos: D-sorbitol. D-glucitol. L-Glulitol. Glucohexita. Sorbita. Sorbol. Sionina. Sionita. 1,2,3,4,5,6-Hexanohexol. E-420.

Descripción:

- El sorbitol es un alcohol polihídrico con propiedades humectantes y estabilizantes, usándose en varios productos farmacéuticos y cosméticos, incluyendo dentífricos.

Estado físico: Líquido siruposo, límpido, incoloro.

Solubilidad: Miscible con agua.

Propiedades y usos: Por el carácter higroscópico, impide la progresiva evaporación de la fase acuosa. Al no ser absorbido por la piel, crea una capa cubriente en la misma, que confiere cierta hidratación oclusiva, suavidad, y lubricación.

Dosificación:

- Como humectante y estabilizante: 3 - 15%.
- En emulsiones tópicas: 2 – 18%.

Usos:

- El sorbitol se incorpora a las emulsiones en la fase acuosa.
- Vía tópica se usa como vehículo, emulsionante secundario, humectante en emulsiones, y para la preparación de emulgentes no iónicos.
- La solución al 70% puede reemplazar a la Glicerina, ya que es menos higroscópica.

23.17.6 Urea

INCI: Urea.

Sinónimos: Carbamida. Carbonilamida. Diamida carbónica.

Estado físico: Polvo cristalino blanco o casi blanco, transparente, ligeramente higroscópico.

Punto de fusión: 132,7°C.

Solubilidad: Muy soluble en el agua, soluble en etanol al 96%, prácticamente insoluble en cloruro de metileno.

Dosificación:

- Rango: 0,5 – 1%. Acción queratoplástica, útil en limpieza y cicatrización de heridas y úlceras.
- Rango: 5 – 25%. Acción queratoplástica e hidratante, útil en prurito y en piel seca moderadamente hiperqueratósica.
- Rango: 10 – 40%.%. Acción queratolítica, útil en psoriasis, ictiosis, eczemas, dermatomicosis, hiperqueratosis, etc.…
- Rango:40%. Acción proteolítica, usada para la eliminación indolora de uñas mediante un vendaje empapado con la preparación.

Modo de empleo: Por su difícil reducción a polvo fino, debe incorporarse en solución o en la fase acuosa a las pomadas y emulsiones.

Propiedades: Capacidad de retención de agua, hidratando el estrato córneo de la piel.

Usos: Se emplea en forma de soluciones, pomadas, cremas, lociones, geles, y champús.

Incompatibilidades:

- Ácido nítrico, nitratos, formaldehído, y álcalis.
- A concentraciones muy elevadas (>= 10%) puede comprometer la estabilidad de las emulsiones no-iónicas, ya que dan un pH básico.
- Las soluciones acuosas se hidrolizan con el almacenamiento prolongado liberando amoníaco y dióxido de carbono.

Observaciones:

- Higroscópico. En presencia de humedad puede desarrollar un leve olor amoniacal.
- Advertir en el prospecto "Puede producir irritación de la piel"

23.18 Mantecas

23.18.1 Manteca de karité

INCI: *Butyrospermum parkii*.

Propiedades organolépticas:

- Aspecto: manteca sólida a temperatura ambiente; aceitoso por encima de 37° C.
- Color: crema blanca.
- Olor : muy ligero, característico de semillas con notas de almendra.
- Tacto: bastante duro con textura rica.

Densidad:

- 0,91 a 20°C.
- 0,89 a 40°C.

Punto de fusión: 37°C.

Índice de saponificación: 160 – 200.

Propiedades:

- Acción calmante, calma y alivia las pieles tensas (fitoesteroles, alfa y beta amirina).
- Previene las alergias al sol (látex).
- Facilita la reestructuración de la piel gracias a los alcoholes terpénicos (lupeol, parkéol) y los fitoesteroles que contiene.
- Hidrata y nutre la piel en profundidad.
- Regenerador de la piel, revitaliza los tejidos y devuelve su elasticidad a la piel.
- Extiende el bronceado

Indicaciones:

- Todo tipo de piel
- Pieles propensas a irritaciones (afeitado, depilación, láser ...)
- Labios y zonas secas de la cara y el cuerpo.
- Después del cuidado solar o para pieles sometidas a condiciones climáticas extremas.

- Manos de trabajadores manuales o expuestos a lavados frecuentes (mecánicos, oficios de la construcción, etc.).

Usos:

Úselo como ingrediente cosmético en sus preparaciones:

- Emulsiones corporales o bálsamos antes y después del sol
- Bálsamos nutritivos para el cuerpo
- Bálsamos de cuidado calmante y protector para los labios.
- Cuidado facial de noche para pieles secas
- Cuidado calmante y tonificante para pieles delicadas o sensibilizadas
- Cuidado corporal satinado
- Mantecas exfoliantes de ducha mezcladas con aceites y exfoliantes
- Mezclado con una preparación aceitosa activa para aliviar las contracturas musculares antes y después del deporte.
- Bálsamos reparadores para las manos
- Como ingrediente supergrasante activo para hacer jabones "supergrasos".

Asociaciones:

- Para el cuidado de pieles delicadas o sensibilizadas: aceites esenciales de Lavanda Aspic, Manzanilla Romana o Ciprés Azul.
- Para el cuidado graso de pieles sensibles: Caléndula (extracto de CO_2 y macerado graso).
- Para una crema calmante: hidrosoles de milenrama y manzanilla romana.

23.19 Plantas

23.19.1 Jujube

<u>INCI</u>: Zizyphus Jujuba leaf powder.

<u>Sinónimos</u>: Sidr, jujuba, azufaigo, Jujube, azofeifa, azofaifo.

<u>Composición</u>: Zizyphus Jujuba polvo de hoja 100% proviene de agricultura ecológica.

<u>Descripción</u>:

- Rica en saponinas y mucílago.
- Certificación: ECOCERT.

<u>Dosificación</u>: 2 – 5%.

<u>Modo de empleo</u>: Disolver en el agua caliente.

<u>Propiedades</u>:

- Propiedades hidratantes, astringentes, antiinflamatorias y estimulantes del metabolismo celular (antienvejecimiento).
- Elimina la grasa y limpia la piel a fondo, contiene astringentes y purificantes, ayuda a mejorar diversos problemas de la piel, protege el color del cabello coloreado.
- Alivia el picor del cuero cabelludo y la piel, combate la caspa y la caída del cabello.

<u>Usos</u>: En el cabello el polvo de Jujube es un gran champú natural que limpia a fondo sin quitar el color teñido. Aporta gran belleza al cabello.

23.19.2 Shikakai

<u>INCI</u>: Acacia concinna fruta en polvo

<u>Composición</u>: Frutos (vainas) de shikakai secos, luego reducidos a polvo.

<u>Descripción</u>: Rico en saponinas vegetales, este polvo de limpieza se utiliza para preparar champús vegetales.

<u>Función</u>: Saponinas limpiadores tensioactivos no iónicos naturales.

<u>Estado físico</u>: Polvo muy fino de color marrón claro.

<u>Solubilidad</u>:

- Insoluble en el agua.

- Insoluble en lípidos.

Propiedades:

- Lava tu cabello y cuero cabelludo suavemente
- Restaura el brillo y la fuerza del cabello.
- Desenreda y da un toque sedoso al cabello
- Tradicionalmente utilizado para promover el crecimiento del cabello.
- Limita la formación de caspa.

Usos: Naturalmente rico en saponinas, este polvo agregado al agua se usa como ingrediente cosmético para hacer champús sin agregar surfactantes, limpiando así suavemente el cabello y el cuero cabelludo. Este polvo también es conocido por promover el crecimiento del cabello, pero también se desenreda mientras les da una apariencia brillante y un toque sedoso. Útil para lavar cualquier tipo de cabello, es particularmente adecuado para el cuidado del cabello enredado y cansado.

- Creación de champús para una limpieza suave de todo tipo de cabello.
- Pérdida de cabello
- Cabello enredado, opaco, cansado
- Cabello teñido, especialmente con colorantes vegetales.

23.20 Principios activos

23.20.1 Bisabolol

INCI: Bisabolol ((L)-alpha-bisabolol.

Descripción: Compuesto activo que se encuentra en varias plantas, incluidas la manzanilla y la candeia, el alfa-bisabolol se conoce como un poderoso activo calmante, muy efectivo a dosis bajas. Es una excelente opción para el cuidado de pieles sensibles e incómodas.

Función: Activo cosmético calmante y antiinflamatorio.

Estado físico: Líquido oleoso translúcido, incoloro a amarillo pálido, con un olor dulce y agradable a verduras.

Densidad: 0,9 g/mL.

Solubilidad:

- Insoluble en el agua.
- Soluble en lípidos.

Dosificación: 0,05 – 0,55%.

Propiedades: Calmante y reparador.

Usos:

- Pieles sensibles.
- Piel propensa a las molestias.
- Labios.
- Piel imperfección.
- Cuidado después del sol.

23.20.2 Cafeína

INCI: Caffeine.

Descripción: Ingrediente cosmético adelgazante (lipolítico), energizante y anti hinchazón (reafirmante alrededor de los ojos).

Función: Lipolítico.

Estado físico: Polvo blanco fino.

pH (actividad óptima): 4,5 – 5,5.

Solubilidad:

- Soluble en el agua.
- Insoluble en lípidos.

Dosificación: Del 0,5 al 2% del total.

Modo de empleo:

- Incorporar la cafeína en la fase acuosa y calentar hasta que se disuelva por completo.
- En dosis altas (1 a 2%), es posible que parte de la cafeína se cristalice en su producto. Para evitar la cristalización, limítese a una dosis del 1% como máximo o mejore la solubilidad de la cafeína probando los siguientes métodos:

    a) Incorporar una pequeña cantidad de alcohol en su gel o crema.

    b) Bajar el pH de su producto (hasta 4,5 – 5,5).

    c) Evitar exposición al aire, lo que promueve la cristalización.

Propiedades:

- Poder adelgazante: promueve la hidrólisis de los triglicéridos acumulados en los adipocitos (células grasas) y su liberación.
- Ayuda a reducir la apariencia de la celulitis.
- Estimulante: aumenta la actividad metabólica.
- Participar en el tono de la piel.
- Queratolítico: promueve la eliminación de células muertas y mejora la apariencia de la piel.

Usos:

- Cuidados especiales "piel de naranja".
- Cuidado adelgazante.
- Cuidado que ayuda a combatir la flacidez de la piel.
- Cuidado para reducir la apariencia de bolsas debajo de los ojos

23.20.3 Concentrado de fitoesteroles

INCI: Persea gratissima (avocado) oil, phytosterols, olea Europaea (olive) oil unsaponifiables.

Composición: Aceite de aguacate (más del 50%), fitosteroles vegetales (10-25%), extractos insaponificables de aceite de oliva 1-5%.

Descripción:

- Los fitoesteroles participan activamente en el mantenimiento de la estructura y función de la membrana celular y regulan los mecanismos de inflamación.
- Gracias a su composición rica en fitosteroles, este activo alivia, repara y nutre tu piel.

Función: Calmante, reparadora, protectora y emoliente.

Estado físico: Pasta untuosa a temperatura ambiente, a menudo con pequeños granos.

Densidad: 0,9 g/mL.

Punto de fusión: 80°C.

Solubilidad:

- Insoluble en el agua.
- Soluble en lípidos.

Dosificación: 1 – 5%.

Modo de empleo: Derretirlo a 80°C en baño María.

Propiedades:

Propiedades para la piel:

- Reparador, promueve la regeneración de la epidermis.
- Calmante, alivia la piel reactiva o sujeta a molestias.
- Mejora la elasticidad de la piel y la hace más suave.
- Promueve la hidratación * de la piel.
- Fortalece la barrera protectora de la piel.
- Este ingrediente activo también es un agente de textura, le da consistencia y viscosidad a sus preparaciones.

Propiedades para el pelo:

- Calma el cuero cabelludo.
- Alisa y favorece el desenredado del cabello (efecto acondicionador).
- Nutritiva y emoliente, suaviza la fibra capilar.

- Restaura la vitalidad del cabello seco y lo protege permanentemente.
- Compensa la falta de grasa en las puntas del cabello.

Usos:

Para la piel:

- Piel reactiva y propensa a las molestias.
- Piel delicada.
- Labios.
- Pieles maduras, prevención del envejecimiento.

Para el pelo:

- Cuero cabelludo sujeto a molestias.
- Cabello dañado, desvitalizado.
- Seco, dañado, puntas abiertas.
- Cabello rizado o rizado.
- Cabello seco y deshidratado.
- Cabello enredado.

Asociaciones:

Para la piel:

- Para un efecto calmante y reparador: aceites esenciales de lavanda real, geranio borbónico, manzanilla alemana y romana, macerato de caléndula oleosa BIO, extracto orgánico de CO_2 de caléndula, bisabolol, extracto orgánico de CO_2 de manzanilla alemana.
- Cuidado de la piel seca: aceites esenciales de neroli, jazmín y vainilla absoluta.

Para el pelo:

- Cuidado del cabello seco y las puntas secas: aceites esenciales de Ylang-Ylang y Geranio Egipto, aceites vegetales de aguacate, zapote, coco, baobab, nueces de Brasil, ricina, yangu y oleína de karité, mantecas de karité, murumuru y mango.
- Cuidado del cabello muy rizado: aceites vegetales de coco, yangu, kukui y zapote, manteca vegetal de mango, karité, sal, kokum y murumuru.

23.20.4 Escualano

INCI: Squalane.

Descripción:

- Debido a su estructura biomimética (similar a los lípidos que constituyen la película lipídica natural de la piel), el escualano tiene una excelente afinidad con la piel y actúa como un emoliente natural.
- El escualano fortalece la barrera lipídica cutánea, suaviza y suaviza la piel y la protege de la deshidratación.

Función: Emoliente y protector.

Estado físico: Liquido oleoso, límpido e incoloro

Densidad: 0,8 g/mL.

Solubilidad:

- Insoluble en el agua.
- Soluble en lípidos.

Dosificación:

- Del 5 – 70%.
- Del 5 – 15% en cremas y bálsamos.
- Del 30 – 70% en aceites secos.

Modo de empleo:

- Incorpore escualano vegetal en la fase oleosa antes de la formación de la emulsión, o use escualano vegetal en lugar de aceite vegetal como la única fase oleosa. El escualano vegetal es muy estable y se puede calentar fácilmente para su emulsión.
- Simplemente mezcle el escualano vegetal con los otros ingredientes oleosos, calentando si es necesario para los bálsamos.
- El escualano vegetal es insoluble en el agua y, por lo tanto, no puede disolverse en un producto acuoso, sin embargo, en un gel de consistencia suficientemente viscosa, será posible introducir, al final de la formulación, hasta 5% de escualano dispersión vegetal (posiblemente agitando el producto antes de usar si Squalane se separa).

Propiedades:

Cuidado de la piel:

- Emoliente: penetra en la piel dando una sensación suave y flexible.
- Reparador: restaura la barrera lipídica cutánea.
- Protege y previene la deshidratación: forma una película suave en la superficie de la piel y ayuda a mantener una buena piel.
- Biomimético: excelente afinidad con la piel debido a su similitud con los lípidos cutáneos naturales.
- Tacto sedoso "seco", muy buena penetración
- Incorporado en la fase oleosa, forma emulsiones muy hermosas de estructura muy fina.
- Muy estable a la oxidación.

Cuidado del cabello:

- Reparador: alisa y enfunda la fibra capilar.
- Protectora y anti-deshidratación: forma una película suave en la superficie del cabello y ayuda a mantener la hidratación.
- Tacto sedoso "seco", bajo en grasa.
- Incorporado en la fase aceitosa, forma hermosas emulsiones táctiles no grasas.
- Muy estable a la oxidación.

23.20.5 Phytokératine

INCI: Hydrolyzed wheat protein.

Función: Hidratante, fortificante y potenciador del cabello.

Estado físico: Polvo fino de color beige.

Solubilidad:

- Soluble en el agua.
- Soluble en los lípidos.

Dosificación: Del 1 al 10% del total.

Preparación:

Modo de empleo:

- Phytokératine se puede integrar como ingrediente activo en todas sus fórmulas que contienen el agua: cremas, leches, lociones, geles de limpieza, champús, acondicionadores, etc. Incorporarlo en frío al final de la formulación.

<u>Propiedades</u>:

Para la piel:

- Previene la deshidratación: mejora y mantiene la hidratación cutánea *
- Da un toque suave y flexible a la piel.

Para el cabello:

- Mejora y mantiene la hidratación del cabello.
- Fortalece la estructura del cabello, pestañas y uñas.
- Hace el cabello suave y brillante.

<u>Indicaciones</u>:

Para la piel:

- Pieles secas.
- Piel madura.

Para el cabello:

- Cabello fino y sin brillo.
- Cabello seco y deshidratado.
- Cabello dañado, teñido o con permanente.
- Puntas abiertas.
- Pestañas pequeñas.
- Uñas suaves o quebradizas.

<u>Usos</u>:

Para la piel:

- Cuidado corporal o rostro refrescante y revitalizante
- Gel de ducha suave

Para el cabello:

- Champús, acondicionadores y mascarillas fortificantes y embellecedoras.

- Suero reparador con puntas abiertas.
- Productos de estilo.
- Máscaras y cuidado de pestañas.
- Cuidado de las uñas.

23.20.6 Keratin'protect

<u>INCI</u>: Aqua, Glycerin, Zea mays starch, Cystoseira compressa extract, Glucunolactone, Benzyl alcohol, Sodium benzoate, Dehydroacetic acid, Calcium gluconate.

<u>Composición</u>: Extracto de *Cystoseira compressa* sobre un soporte de hidroglicerina.

<u>Descripción</u>: Preparado a partir de un extracto de algas marrones. Este ingrediente activo para el cabello es un termoprotector que aporta brillo y suavidad al cabello y lo protege de la deshidratación y la agresión de los alisadores y secadores de cabello. Envaina y restaura la fuerza, el brillo y suaviza el cabello áspero y dañado.

<u>Función</u>:

- Hidratante y protector que ayuda a restaurar el brillo y la salud del cabello y lo protege del calor y la agresión.

<u>Estado físico</u>:

- Líquido viscoso opalescente de color claro a marrón.

<u>Densidad</u>: 1,1 g/mL.

<u>Solubilidad</u>:

- Soluble en el agua.
- Soluble en los lípidos.

<u>Dosificación</u>: Del 1 – 5% del total.

<u>Modo de empleo</u>:

- Keratin'protect se puede integrar como ingrediente activo en todas sus fórmulas que contienen el agua: cremas, leches, lociones, geles de limpieza, champús, acondicionadores, etc. Incorporarlo en frío al final de la formulación.

<u>Propiedades</u>:

- Lucha contra la deshidratación: mantiene la hidratación natural del cabello durante mucho tiempo, formando una película suave y ligera.

- Protector térmico: ayuda a proteger el cabello del calor, por ejemplo, cuando se usan secadores o planchas para el cabello.

- Reestructuración: mejora la estructura de las proteínas contenidas en la corteza del cabello.

- Restaura el brillo y el brillo del cabello al mejorar su capacidad de reflejar la luz, incluso cuando está dañado.

- Restaura un toque suave y sedoso al cabello grueso, especialmente al cabello dañado por tratamientos químicos, decoloración, suavizado.

Indicaciones:

- Cabello seco y dañado
- Cabello áspero y sin brillo
- Cabello teñido, descolorido
- Cabello alisado, cepillado, relajado o permanente, atacado por tratamientos químicos o térmicos.

Usos: Usar como ingrediente en sus preparaciones:

- Spray protector térmico.
- Champú moldeador y reestructurante.
- Acondicionador reparador.
- Spray para el cabello hidratante resplandor y suavidad.
- Loción para el cabello.
- Brillo de gel para el cabello.

23.20.7 Perhidroescualeno

INCI: Squalane.

Sinónimos: Dodecahidroescualeno. Cosbiol. Espinacano. 2,6,10,15,19,23-Hexametiltetracosano.

Descripción: El perhidroescualeno se obtiene normalmente por hidrogenación del escualeno, un triterpeno alifático que se encuentra en algunos aceites de pescado y en el hígado de tiburón

Estado físico:

- Liquido oleoso, límpido e incoloro.

pH (actividad óptima):

Densidad: 0,807 – 0,810 g/mL.

Solubilidad:

- Prácticamente insoluble en el agua.
- Miscible en grasas y aceites.
- Fácilmente soluble en acetona y en ciclohexano.
- Prácticamente insoluble en etanol al 96%.

Dosificación: Vía tópica al 3 – 10%.

Propiedades:

- Emoliente, hidratante, y humectante.

Usos:

- Favorecedor de la penetración de algunos principios activos liposolubles en la piel al proporcionarle una mayor permeabilidad, por lo que se usa en cremas, emulsiones, pomadas, lociones, lápices labiales, y supositorios.
- Se emplea también en perfumería como fijador de perfumes.

23.20.8 Phyto'Liss

INCI: Phospholipids, Glycine Soja (Soybean) Oil.

Descripción: Activo altamente innovador 100% natural tiene un efecto suavizante y disciplinador sobre el cabello, incluso rizado y rizado. Relaja los rizos de forma suave y natural, sin ataque químico y sin dañar el cabello. Envaina y alisa la fibra capilar, limita el encrespamiento en todo tipo de cabello y tiene un efecto embellecedor y suavizante.

Función: Suavizante cosmético activo y acondicionador capilar.

Estado físico:

Líquido viscoso marrón ámbar, con olor a planta característico.

Densidad: 1,1 g/mL.

Solubilidad:

- Insoluble en el agua.
- Soluble en lípidos.

Dosificación: Del 0,5 – 2%.

Modo de empleo:

1. Incorporar Phyto'liiss active cold, al final de la formulación.
2. Agitar bien para homogeneizar bien.

Propiedades:

- Ayuda a relajar el cabello rizado, rizado o rizado, alarga el cabello.
- Acción suavizante suave y natural, no afecta la estructura interna del cabello (a diferencia de los suavizados químicos y mecánicos, como los suavizados brasileños, coreanos o japoneses, que atacan la fibra capilar).
- Reduce el frizz, restringe el cabello rebelde y disminuye la sensibilidad del cabello a la humedad.
- Envolver la fibra capilar, hace que el cabello sea más suave, suave y brillante desde la raíz hasta las puntas.

Usos:

- Úselo como ingrediente en sus preparaciones para el cuidado del cabello:
- Alisado y alargamiento del cabello rizado, rizado o rizado
- Cuidado disciplinario y "anti-encrespamiento" para todo tipo de cabello.
- Cuidado del cabello áspero, dañado y quebradizo.
- Cuidado de puntas abiertas.
- Cuidado del cabello liso.

23.21 Quelantes
23.21.1 Dermofeel® PA-3

INCI: Sodium Phytate; Aqua; Alcohol.

Descripción:

- Dermofeel® PA-3 es un agente quelante natural y sirve como una alternativa natural al EDTA. Actúa de forma sinérgica en combinación con antioxidantes cosméticos. Tiene un pH = 3.
- Aprobado por ECOCERT y COSMOS.

Estado físico: Líquido amarillento.

pH: 3 – 10. Actividad óptima a pH = 6.

Solubilidad: Soluble en el agua.

Dosificación:

- Uso general: 0,05 – 0,2%
- Emulsiones O/W: 0,05 – 2,0%
- Productos que requieren aclarado posterior a su aplicación: 0,1 - 0,2%

Usos:

Dermofeel® PA-3 protege de la oxidación.

Dermofeel® PA-3 está diseñado para su uso en aplicaciones de cuidado de la cara, el cuerpo, el sol, el cabello, las manos, los pies, los ojos y los labios. También se utiliza en cosmética decorativa, toallitas húmedas, desodorantes y productos de ducha.

23.22 Tensioactivos
23.22.1 Betaína de coco

<u>INCI</u>: Cocamidopropyl betaine.

<u>Descripción</u>: Tensioactivo anfótero suave. Recomendable para combinarla con tensioactivos aniónicos, consiguiendo una mejora dermatológica para el producto cosmético final. 100% de origen vegetal. compatible con todo tipo de surfactantes (aniónico, catiónico y no iónico).

<u>Estado físico</u>: Líquido amarillento claro.

<u>pH</u>: 6 – 8.

<u>SAL</u>: 29 – 33%.

<u>Solubilidad</u>: Muy soluble en el agua y en etanol.

<u>Propiedades y usos</u>:

- Es un derivado de los ácidos grasos del coco y de las betaínas con propiedades surfactantes, cuya molécula es un zwitterión (con un grupo amonio cuaternario catiónico y un grupo carboxilato aniónico).
- Es un buen formador de espuma (fina y estable), y su manejo es fácil dada su baja viscosidad. Es compatible con sustancias aniónicas, catiónicas, y no-iónicas.
- No presenta la relativa agresividad contra la piel y mucosas que tienen los surfactantes aniónicos. No obstante, se suele formular junto a éstos al 20 – 40%. respecto del total de mezcla de surfactantes.
- Da un efecto acondicionador y suavizante a los preparados limpiadores para la piel y el cabello. Puede usarse para la formulación de champús, preparaciones para el baño y la ducha, jabones líquidos, soluciones para la higiene íntima, etc.
...

<u>Dosificación</u>:

- Vía tópica, normalmente al 7 – 15% en combinación con surfactantes aniónicos.
- Rango: 15 – 35%.

<u>Usos</u>:

- Elaboración de jabones y champús.

- Está considerado como un surfactante leve por lo que se usa en formulaciones de higiene para niños, pieles sensibles y productos de higiene intima. También forma parte de la formulación de productos para el cabello donde actúa como agente anti-estático.

Observaciones:

- No confundir la Betaina de coco (INCI: Coco betaine) con la Tegobetaina de Coco (INCI: Cocamide DEA) o la Tegobetaina L7, (INCI: cocamidopropyl betaina).
- Cocamide DEA: Reconocido por ser tóxico para el sistema inmune humano, fuerte evidencia de ser tóxico para la piel, evidencia limitada de relación con el cáncer, estudios en animales muestran efectos sobre órganos sensitivos en dosis muy bajas, posible tóxico, uso restringido en cosméticos
- Cocamidopropyl betaine Conocido tóxico del sistema inmune humano, uso restringido en cosméticos, se sospecha que sea tóxico para el medio ambiente.

23.22.2 Decyl glucoside

INCI: Decyl Glucoside.

Descripción:

- Tensioactivo/surfactante de origen vegetal, no-ionico muy suave, muy bien tolerado y biodegradable.
- Tensioactivo y co-tensioactivo para elaborar champus y geles de ducha y es muy bien tolerado en mucosas y personas con piel sensible. Crea espuma abundante.

Estado físico: Líquido denso, translúcido a perlado.

pH: 11,5 - 12,5.

SAL: 51 – 55%.

Dosificación:

- Champú, rango: 2 - 40%.
- Gel de baño, rango: 30% - 45%.
- Limpiador Facial o lavado de bebé, rango: 15% - 25%.

Usos:

- Suele emplearse como co-tensioactivo para reducir el uso de espumantes activos o tensioactivos aniónicos fuertes, favoreciendo el acondicionamiento y manteniendo la eficacia de limpieza, la viscosidad y el volumen de espuma.
- Indicado para todo tipo de piel en champús, acondicionadores, jabones líquidos, gel de ducha, jabones, exfoliantes corporales, cabello y productos para bebés.

23.22.3 Disodium cocoanphodiacetate

INCI: Disodium cocoamphodiacetate.

Descripción:

- El cocoanfodiacetato es un tensioactivo secundario anfótero con alta tolerancia dermatológica, con buenas propiedades de espuma y humectación incluso en presencia de sales, aceites o en el agua dura.
- Se puede usar como un tensioactivo adicional para reducir las cualidades agresivas de los tensioactivos aniónicos primarios (por ejemplo, sulfato de laurel de sodio).
- Tiene propiedades acondicionadoras que lo hacen ideal incluso para el cabello más rebelde.
- Es muy suave y puede usarse como base para productos de uso diario.
- Es compatible con todo tipo de tensioactivos (aniónicos, no iónicos y anfóteros).

Función: Tensioactivo anfótero suave.

pH (solución al 20%): 8 – 9.

SAL: 45 -50%.

Solubilidad:

- Soluble en el agua y otros solventes polares dando soluciones claras.

Propiedades:

- Tensioactivo anfótero suave.
- Aumentador de espuma.
- Agente viscosante.

Usos:

- Disanium Cocoamphodiacetate se usa en champús, champús, limpiadores faciales productos, toallitas húmedas, mascaras, productos desmaquillantes, exfoliantes, exfoliantes, acondicionadores, jabones, productos para el cuidado del bebé, desinfectantes para manos, colorantes para el cabello y productos para blanquear, cremas de afeitar, productos antienvejecimiento, cremas hidratantes, geles, lociones, desenredantes, aceites controladores y ambientadores.

- Suave incluso en tejidos mucosos y, por lo tanto, es ideal para detergentes caseros para la higiene femenina.

- También se recomienda su uso en productos para el cuidado de la piel del bebé.

Asociaciones:

- Compatible con tensioactivos aniónicos, no iónicos y catiónicos.

23.22.4 Lamesoft®PO65

INCI: Coco Glucoside and Glyceryl Oleate

Sinónimos:

- Coconut Sweetness. Tensioactif douceour de coco. Sucrecoco.

Tipo: Tensioactivo no iónico. Emoliente y relipidante.

Descripción:

- Co-tensioactivo de origen vegetal para cosmética natural.

Estado físico: Pasta de color amarillo.

pH: 3 – 4.

Punto de fusión: 40ºC

SAL: 35%.

Solubilidad:

- Soluble en el agua.
- Insoluble en lípidos.

Dosificación: Rango: 1 – 5%.

Modo de empleo:

1. Mezcle el tensioactivo Lamesoft PO65 con la fase acuosa de su preparación.
2. Al final de la preparación, ajuste el pH con ácido láctico o ácido cítrico (verifique el pH con tiras de papel de pH).

Usos:

- Formulación de geles de ducha, jabones líquidos, champús, baños de burbujas, geles de limpieza para la cara, manos, higiene íntima.
- Formulación de geles de limpieza para niños y bebés.
- Se utiliza para espesar fórmulas basadas en la base de espuma Sweetness y suavizarlas al proporcionar propiedades adicionales.
- Se usa como co-tensioactivo y "engrasante" para que champus, geles de duchas, productos de baño no resequen la piel.
- Lamesoft aumenta la capa lipidica y es muy recomendado como aditivo para productos de baño para personas con piel sensible o bebés y niños.
- Además, sirve de co-emulsionante y espesante, da textura a un gel o champu casero.

23.22.5 Lauryl glucoside

INCI: Lauryl Glucoside.

Sinónimos: Base Consistance.

Descripción:

- El Lauryl Glucoside es un tensioactivo no ionico de origen vegetal que no contiene alquil-sulfatos, etil-óxidos ni conservantes, es muy suave y compatible con la piel.
- Al ser tan suave el Lauryl Glucoside se usa para la formulación de productos de higiene para bebes y pieles sensibles o atópicas, manteniendo el equilibrio de la piel y aportando una adecuada capacidad limpiadora.
- Compatible con todos lo tensioactivos incluso los catiónicos.

Tipo: Tensioactivo no iónico.

Estado físico: Liquido translucido con viscosidad media alta.

pH: 11,5-12,5.

SAL: 28 -30%.

Fusión: 45°C

Solubilidad:

- Soluble en el agua.
- Insoluble en lípidos.

Dosificación: Al 2 – 35%.

Modo de empleo:

1. Caliente ligeramente el tensioactivo Base Consistance en un baño de agua (45-50 °C) para que sea más fluido y fácil de usar.
2. Mezcle el tensioactivo Base Consistencia con la fase acuosa de su preparación.
3. Al final de la preparación, ajuste el pH con ácido láctico o ácido cítrico para obtener un pH entre 4.5 y 7.5 (verifique el pH con tiras de papel de pH).

Usos:

- Formulación de geles de ducha, jabones líquidos, champús, baños de burbujas, geles de limpieza para la cara, manos, higiene íntima.
- Formulación de geles limpiadores de pieles sensibles.
- Puede incluirse en formulaciones de geles líquidos como espesante para lograr unos geles más densos.

Asociaciones: Usar el tensioactivo Base Consistance en combinación con otros tensioactivos que proporcionarán su poder espumante como: Sweet Base, Babassu Mousse o Sugar Foam.

Observaciones: El surfactante Base Consistance tiene un pH muy básico y por lo tanto aumentará el pH de las preparaciones. En general, es necesario acidificar la mezcla al final de la formulación mediante la adición de ácido láctico o ácido cítrico, especialmente si se utiliza la Consistencia de base tensioactiva en más del 10%.

23.22.6 Plantapon®SF

INCI: Sodium Cocoamphoacetate (and) Glycerin (and) Lauryl Glucosid (and) Sodium Cocoyl Glutamate (and) Sodium Lauryl Glucose Carboxylate.

Sinónimos: Base Douceur.

Tipo: Mezcla de tensioactivos anfóteros, aniónicos y no iónicos.

Descripción:

- Mezcla básica de tensioactivo, espumante y detergente.
- Plantapon® SF es un tensioactivo con ingredientes de origen vegetal (aceite de palma, coco y semilla de maiz).
- Cumple normativa ECOCERT.

Estado físico:

- Líquido claro, ligeramente amarillento, de baja viscosidad.

pH: 6,5 – 7,5 (sin diluir).

SAL: 30%.

Densidad: 1,1 g/mL.

Solubilidad:

- Soluble en el agua.
- Insoluble en lípidos.

Dosificación:

- Geles y champus adultos, rango: 20 - 50%.
- Geles y champus bebes: 20-30%.

Modo de empleo: Mezclar con una fase acuosa y posiblemente otros tensioactivos e ingredientes activos.

Usos:

- Cuidado y limpieza del bebé.
- Limpiador facial.
- Jabón líquido.
- Champú.
- Geles de baño.

23.22.7 Pompadolsa

NCI: Decyl Glucoside.

Sinónimos: Decil glucósido. Tensioactif mousse de sucre.

Obtención: Se obtiene a partir de materias primas renovables (glucosa y alcoholes grasos del coco y del maíz). Es 100%. biodegradable e inocuo.

Descripción: Tensioactivo/surfactante de origen vegetal, no-ionico muy suave, con gran capacidad limpiadora y gran poder espumante. Libre de alquil-sulfatos (Sodium lauryl sulfate y otros irritantes) ni etil-óxidos ni conservantes.

Estado físico: Pastosa, crema blanca grumosa.

pH: 11,5 - 12,5. Controlar el pH al final de la elaboración y bajarlo a 5 - 5,4.

Solubilidad: Soluble en el agua.

Dosificación:

- Champú: 2 - 40%.
- Gel de baño: 30- 45%.
- Limpiador Facial o lavado de bebé: 15% - 25%.
- Tónico limpiador: 3%.

Modo de empleo:

- El producto suele cristalizarse a temperatura ambiente. Si fuera el caso, se toma la cantidad necesaria y se calienta al baño Maria hasta que quede líquido. Luego se le añade la fase acuosa (agua) de la preparación.
- Es importante comprobar el pH del producto final (pH ideal: 4,5-6) y ajustarlo adecuadamente con un ácido si el pH ha quedado muy bajo (con ácido láctico o cítrico) o con una base (sosa caustica o bicarbonato sódico).

Usos:

- Puede utilizarse tanto como tensioactivo único (producto con mucha espuma) o como tensioactivo secundario mezclado con un co-tensioactivo (Coco glucoside o betaina).
- Si se desea espesar la preparación, se pueden usar gomas naturales (goma Xantana, arábiga.)
- Se utiliza para elaborar champús y geles de ducha, limpiadoras faciales, jabón de manos, leches desmaquilladoras, espumas de afeitar, etc.

23.22.8 SCI

INCI: Sodium cocoyl isethionate.

Descripción:

- SCI es un tensioactivo aniónico derivado del aceite de coco en formato escamas.
- Permitido en cosmética natural por ECOCERT y BDIH.

Función: Surfactante espumante.

Tipo: Tensioactivo aniónico.

Estado físico: Escamas.

pH (actividad óptima): 6 – 8.

Solubilidad:

- Soluble en el agua.

- Insoluble en lípidos.

Dosificación:

- Rango: 1% a 20% como co-tensioactivo.
- Rango: 30% a 60% como agente tensioactivo principal.

Modo de empleo:

- Machacar en mortero o picadora hasta obtener un polvo.
- Para su elaboración se recomienda calentarlo a aprox. 75°C en la fase acuosa y combinarlo con ácido esteárico. Si la masa se pusiese sólida antes de que la pudieras verter en el molde, calentarla de nuevo al baño maría (hasta 50-60°c) hasta que se deje remover de nuevo.

Propiedades:

- Tensoactivo en forma sólida: se combina con coco sulfato de sodio para formular champús concentrados, en forma sólida
- Agente detergente que permite elaborar productos de limpieza muy suaves y bien tolerados por la piel.
- Suaviza las fórmulas a base de sulfato de coco de sodio
- Muy buen poder espumante, incluso en el aguas duras.
- Da un toque rico y cremoso y una espuma cremosa
- Efecto acondicionador sobre la piel y el cabello: deja un toque muy suave.

Usos:

- Champús sólidos en barra.
- Barras de ducha.

Asociaciones:

- Compatible con otros tensioactivos aniónicos.
- Se usa en combinación con coco sulfato de sodio en sus fórmulas de champús sólidos.
- Se usa en combinación con ácido esteárico y una manteca para preparar barras de ducha.

A este tensioactivo se le puede añadir:

- Aceites vegetales: Entre 0,1 y 10%.

- Mantecas vegetales: Entre 1 y 10%.
- Hidroqueratina: 10%.
- Hidrolizado de seda: 1%.
- Ceramidas vegetales: Entre 0,1 y 0,5%.
- Ortiga: Entre 0,1 y 0,5%.
- Aceites esenciales: Entre 0,5 y 2%.
- Fragancias: Entre 0,1 y 0,2%.

23.22.9 SCS

INCI: Sodium Coco Sulfate

Obtención: Para obtener Sodium Coco Sulfate, se utiliza el aceite de coco puro (con todos sus ácidos grasos) y se somete a un proceso de sulfatación, haciédolo reaccionar primero con ácido sulfúrico y a continuación con carbonato sódico. De esta forma, se obtiene un detergente que no produce mucha espuma, lo cual puede variar según la calidad del cultivo de coco en cuestión.

Descripción:

- El coco sulfato de sodio es un tensioactivo derivado del aceite de coco, presentado en forma sólida.
- Permitido en cosmética natural por ECOCERT y BDIH.

Función: Tensioactivo de densidad (poder de lavado y espuma).

Tipo: Tensioactivo aniónico.

Estado físico: Sólido.

pH (actividad óptima): 10 – 11.

Solubilidad:

- Soluble en el agua.
- Insoluble en lípidos

Dosificación: Rango: 10 – 80%.

Modo de empleo:

1. Calentar el sulfato de coco de sodio en un baño de agua con una pequeña cantidad de fase acuosa (aproximadamente 10% para ajustar si es necesario) y posiblemente una fase grasa (sólida o fluida), mezclando constantemente.

2. El coco sulfato de sodio no se derrite. El calentamiento debe ser suficiente para derretir la fase grasa sólida (si se usa) y suavizar el tensioactivo, lo que le permitirá amalgamarse con los otros ingredientes.

3. Agregue cualquier ingrediente activo, colorantes, perfumes. ¡a su conveniencia!

4. Amalgame todos los ingredientes triturando bien el sulfato de coco de sodio para formar una pasta casi homogénea (es probable que todavía se vean "pequeñas bolas" en el producto terminado y esto no es un problema).

5. Transfiera esta pasta a un molde previamente engrasado presionando bien.

6. Deje endurecer (posiblemente coloque el molde en el congelador durante 10 minutos) antes de desmoldar.

7. Permita que su champú sólido se seque al aire libre durante unos días si aún está suave.

Propiedades:

- Tensoactivo en forma sólida: champús concentrados formulados en forma sólida.
- Muy buen poder espumante.
- Muy buena sensación de lavado: se extiende fácilmente sobre el cabello y se lava muy bien.
- Le permite formular champús que contienen mantecas o aceites para un efecto nutritivo y acondicionador, sin perder el poder de lavado y espuma y sin apelmazar el cabello.

Usos:

- Champús sólidos en barra.
- Barras de ducha.

Asociaciones:

- Úselo como surfactante único en sus fórmulas de champú sólido, en combinación con una mantequilla vegetal.
- En combinación con otros tensioactivos sólidos para fórmulas más suaves: tensioactivo SCI, tensioactivo SLSA.
- En combinación con el tensioactivo líquido Coconut Softness (luego reducirá o eliminará el agua en la fórmula porque Coconut Sweetness ya contiene), para fórmulas con propiedades relipidantes.

Efectos secundarios: Este tensioactivo aniónico tiene una alta detergencia y puede ser irritante para ciertas personas sensibles, especialmente aquellas sensibles al laurilsulfato de sodio.

Observaciones: Producto potencialmente irritante del tracto respiratorio en estado de polvo y piel durante su calentamiento, para manejar imperativamente con guantes verticales, gafas de seguridad y una máscara en polvo.

23.22.10 SLSA. Lauril sulfoacetato de sodio.

INCI: Sodium Lauryl Sulfoacetate

Sinónimos: Lauril sulfoacetato de sodio.

Descripción:

- Tensioactivo suave y muy bien tolerado por la piel y produce una espuma abundante.
- Sodium Lauryl Sulfoacetate se permite en cosmetica natural certificada porque es de molecula grande que no pueden traspasar la piel.
- Permitido en cosmética natural por ECOCERT y BDIH.

Función: Surfactante espumante.

Tipo: Tensoactivo aniónico, no sulfatado, no etoxilado.

Estado físico: Polvo blanco.

pH (actividad óptima):

Solubilidad:

- Soluble en el agua fría o caliente.
- Insoluble en lípidos.

Dosificación:

- Rango: 1 – 20%.
- Productos espumantes líquidos: del 1 al 5% (del peso total de su preparación).
- Cremas de ducha: 4 a 8% (del peso total de su preparación).
- Productos sólidos o en polvo: 5 a 20% (del peso total de su preparación).

Modo de empleo:

1. Añadir el tensioactivo SLSA a la fase acuosa fría y mezclar vigorosamente.
2. Calentar la fase acuosa y la fase oleosa a 70°C.

3. Gradualmente, añadir la fase acuosa a la fase oleosa con agitación vigorosamente durante 3 minutos.
4. Colocar en un baño de agua fría y continuar agitando vigorosamente durante 3 minutos.

Propiedades:

- Tensoactivo para hacer que los productos de limpieza sean suaves y bien tolerados por la piel. Los productos de lavado hechos con SLSA son mucho más suaves que los productos hechos con surfactantes tales como "laurilsulfato de sodio" y "laureth sulfato de sodio".
- Excelente poder espumante, incluso en el agua dura, produce espuma abundante y estable
- Viscosidad: forma un gel con agua, o incluso una pasta según la dosis.
- Poder emulsionante ligero: permite la incorporación de aceite en fórmulas espumosas para preparar cremas de ducha o champús en crema.
- Da un toque rico y cremoso.
- Tensoactivo en forma sólida: permite fórmulas sólidas como bolas de baño, barras de ducha, champús sólidos.
- Suaviza fórmulas sólidas de champú a base de coco sulfato de sodio

Usos:

- Productos de baño espumosos y espumosos: bolas de baño, bombas de baño, dulces de baño, polvos de baño.
- Cremas de ducha y champús en crema.
- Geles de ducha y champús.
- Baños de espuma.
- Barras de ducha, rodillos de ducha u otras formas moldeadas y perfumadas según su imaginación.
- Champús sólidos: champús "bar", discos "champú".

Asociaciones:

- Con ácido cítrico y bicarbonato de sodio en bolas de baño efervescentes y espumosas.
- Con ácido esteárico y una mantequilla para preparar barras de ducha.

- Con coco sulfato de sodio y posiblemente el surfactante SCI en sus fórmulas de champús sólidos.

Observaciones: Producto en polvo, que irrita el tracto respiratorio, los ojos y, potencialmente, la piel durante su calentamiento, para manejarlo imperativamente con guantes, gafas y una máscara en polvo.

23.22.11 Tagat L2

INCI: PEG-20 Glyceryl laurate.

Descripción: Mezcla de monolaurato y dilaurato de glicerina polietoxilado producido a partir de materias de origen vegetal.

Función: Tensioactivo O/W no iónico, con un HLB de aprox. 16.

Estado físico: Líquido límpido, incoloro o ligeramente amarillento.

SAL: 16.

Densidad: 1,08 g/mL.

Solubilidad:

- Soluble en agua y en etanol.
- Insoluble en aceites vegetales y vaselina líquida.

Dosificación: Del 1 – 8%.

Usos:

- Se emplea como agente sobreengrasante en champús y detergentes corporales, sin afectar a la formación de espuma (de hecho la intensifica).
- También se usa como solubilizante de sustancias hidrofóbicas, tales como esencias, perfumes, compuestos orgánicos, etc... en vehículos acuosos de formulaciones tópicas.
- Por ejemplo se utiliza a menudo para solubilizar el ácido salicílico o la tioxolona en champús (en frío o en caliente si es necesario).
- También para preparar soluciones micelares.

23.22.12 Tegobetaína L-7

INCI: Cocamidopropil Betaina.

Composición:

- Aqua *c.s.p.* 100%.

- Cocamidopropyl betaine 25 – 50%.
- Sodium benzoate 0,1 – 0,5%.

Descripción: Cocamidopropilbetaína en solución acuosa.

Función: Tensioactivo anfótero.

Estado físico: Líquido límpido incoloro o amarillo muy pálido.

pH (actividad óptima):

Solubilidad: Muy soluble en agua y en etanol.

Dosificación:

- Del 7 – 15% en combinación con surfactantes aniónicos.
- Hasta un 35% solo.

Propiedades:

- Buen formador de espuma (fina y estable).
- Da un efecto acondicionador y suavizante a los preparados limpiadores para la piel y el cabello.

Usos: Puede usarse para la formulación de champús, preparaciones para el baño y la ducha, jabones líquidos, soluciones para la higiene íntima, etc.

Asociaciones:

- Compatible con sustancias aniónicas, catiónicas, y no-iónicas.

23.22.13 Tensioactif base douceur

INCI: Sodium cocoamphoacetate, Glycerin, Lauryl glucoside, Sodium cocoyl glutamate, Sodium lauryl glucose carboxylate.

Composición:

1. Eau.
2. Sodium cocoamphoacetate : 10 à 20%
3. Glycérine : 5 à 15%
4. Lauryl glucoside : 5 à 15%
5. Sodium cocoyl glutamate < 5%
6. Sodium lauryl glucose carboxylate < 5%

Descripción: Mezcla de tensioactivos derivados de ácidos grasos vegetales.

Función: Mezcla básica de tensioactivo, espumante y detergente.

Tipo: Mezcla de tensioactivos anfóteros, aniónicos y no iónicos.

Estado físico: Líquido amarillo translúcido ligeramente viscoso.

pH (actividad óptima): 6,5 – 7,5.

Densidad: 1,1 g/mL.

Solubilidad:

- Soluble en el agua.
- Insoluble en lípidos.

Dosificación:

- Del 20 al 50%.
- A partir de 20 a 50% (del peso total de la preparación) en productos para adultos.
- A partir 20 a 30% (del peso total de la preparación) en productos para bebés y niños.

Propiedades:

- Mezcla de detergentes para hacer productos de limpieza muy suaves y muy bien tolerados por la piel.
- Buen poder espumante.
- Ideal como base para sus champús y gel de ducha , preferiblemente combinado con otro tensioactivo como la crema de coco (0-5%) para espesar el producto y proporcionar propiedades adicionales en la piel.
- pH cercano a neutro , lo que facilita la formulación sin la necesidad de ajustar el pH.
- Biodegradable.

Usos: Formulación de geles de ducha, jabones líquidos, champús, baños de burbujas, geles de limpieza para la cara, manos, higiene íntima ...

Asociaciones:

- El uso como único surfactante en sus fórmulas de espuma es posible, por ejemplo, para una fórmula de espuma líquida para la botella de "espumador". Las fórmulas que usan surfactante Base Douceur como surfactante único son muy fluidas.

- Para espesar su preparación y modular las propiedades (espuma, suavidad, cualidades de la piel), recomendamos usar el surfactante Base Douceur en combinación con otros surfactantes: es particularmente interesante agregar el surfactante Sweetness of Coco, hasta 3 a 5%.

Observaciones:

- La principal dificultad en la formulación de geles de ducha y champús es obtener una viscosidad satisfactoria. Una fórmula que contenga solo surfactante Base Douceur será muy fluida. Para espesar la preparación, pruebe uno o más de los siguientes métodos:

    a) Agregue el surfactante Coconut Softness (3-5%): es el complemento ideal para el surfactante Base Douceur, para aumentar la viscosidad de las fórmulas al tiempo que proporciona propiedades relipidantes y una suavidad aún más marcada.

    b) Agregue el tensioactivo de consistencia base

    c) Agregue un poco de sal de cocina (1-2%)

    d) Disminuya el pH de la preparación a aproximadamente 5 (pH particularmente adecuado para champús), agregando ácido láctico

23.22.14 Tensioactif mousse de babassu

INCI: Babassuamidopropyl betaïne.

Composición: Babassuamidopropyl betaine: 34 a 38% (en solución acuosa).

Descripción: Co-tensioactivo para aumentar el poder espumante de sus fórmulas y brindarles propiedades adicionales, especialmente a nivel capilar, donde tiene un efecto acondicionador y antiestático.

Función: Refuerzo de espuma co-tensioactivo y capilar suavizante.

Tipo: Tensioactivo anfótero (eléctricamente neutro entre pH 4 y 8).

Estado físico: Líquido translúcido amarillo claro.

pH (actividad óptima):

Densidad: 1,06 g/mL.

Solubilidad:

- Soluble en el agua.
- Insoluble en lípidos.

Dosificación: Del 2 al 10%

Propiedades:

- Excelente poder espumante.
- Mejora la calidad de la mousse : la hace más delgada, más cremosa y más estable, especialmente en mezclas basadas en la espuma base dulce.
- Acondicionador y efecto antiestático en el cabello : los hace suaves y fáciles de desenredar.
- Tensoactivo para hacer productos de limpieza con propiedades suavizantes para la piel y el cabello.
- Aumenta la viscosidad de las mezclas espumosas a base de tensioactivos aniónicos (Sweet Foaming Base).
- Biodegradable.

Usos:

- Como co-tensioactivo para aumentar el poder espumante de una mezcla y proporcionar propiedades adicionales a la fórmula, en:

    a) Geles de ducha, jabones líquidos, geles de limpieza para la cara, manos, higiene íntima ...

    b) Champús, acondicionadores y lociones capilares.

    c) Baños de espuma y "empuje de espuma"

    d) Geles y champús de limpieza para niños y bebés.

    e) En una dosis baja (2-3%), Babassu Mousse se puede usar como único surfactante, sin enjuagar, en fórmulas de tipo "agua micelar", lociones limpiadoras.

Asociaciones:

- Generalmente se usa en combinación con otros tensioactivos, que incluyen:

    a) Buena sinergia con el surfactante Base Douceur.

    b) Se puede combinar con el tensioactivo Base Consistance para aumentar el poder espumante de los productos blandos.

    c) En combinación con espuma de azúcar para fórmulas de baño de espuma o "espuma" extra suave.

23.22.15 Viscosucre

INCI: Lauryl glucoside

Descripción: Tensioactivo no-iónico, muy suave, de origen vegetal (alcoholes grasos del coco y glucosa de maíz). Libre de alquil-sulfatos (Sodium lauryl sulfate y otros irritantes) ni etil-óxidos ni conservantes. 100%. biodegradable.

Estado físico: Crema densa, grumosa y blanca.

pH: pH sin diluir: 11,5-12,5

Solubilidad: Soluble en el agua.

Dosificación: Dosis de empleo en formulación:del 2 al 35%.

Modo de empleo:

- Puede calentarse ligeramente al baño María (máximo a 45°C) y así facilitar su fluidificación y mezcla posterior con el agua.

- Al ser un producto tensioactivo debe diluirse adecuadamente con agua, de lo contrario, puede producir irritación de la piel y las mucosas al entrar en contacto sin dilución.

- Debido a su pH básico, puede alcalinizar las preparaciones donde se integre, por ello, deberíamos medir el pH y ajustarlo adecuadamente al finalizar nuestra fórmula.

Usos:

- Puede utilizarse tanto como tensioactivo único o como tensioactivo secundario mezclado con un co-tensioactivo.

- Al ser un producto tensioactivo debe diluirse adecuadamente con agua, de lo contrario, puede producir irritación de la piel y las mucosas al entrar en contacto sin dilución. Debido a su pH básico, puede alcalinizar las preparaciones donde se integre, por ello, deberíamos medir el pH y ajustarlo adecuadamente al finalizar nuestra fórmula.

- Compatible con todos los tensioactivos así como con los acondicionadores catiónicos.

- Si se desea aumentar la detergencia y el poder espumante, se recomienda combinarlo con otros tensioactivos como el *Pompadolsa* y el Coco Glu.

- Si se desea espesar aun más la preparación, se pueden usar gomas naturales (como la goma Xantana).

23.23 Viscosizantes

23.23.1 Aerosil 200. Sílice coloidal anhidra

INCI: Silice coloidal anhidra. Dióxido de silicio coloidal. E-551.

Estado físico: Polvo amorfo, blanco o casi blanco, fino, ligero.

Solubilidad:

- Prácticamente insoluble en agua y en ácidos minerales a excepción del ácido fluorhídrico.
- Soluble en disoluciones calientes de hidróxidos alcalinos.

Dosificación:

- Como agente suspensor y espesante, al 2 – 10 %.
- Como estabilizador de emulsiones, al 1 – 5 %.
- Como agente lubricante, al 0,1 – 1 %.
- En aerosoles, al 0,5 – 2 %.

Propiedades:

- Forma geles transparentes, dependiendo del grado de viscosidad y de la polaridad del líquido, precisando los líquidos polares una mayor concentración que los no polares.
- La viscosidad es independiente de la temperatura, aunque a pH < 7,5 puede verse incrementada.
- Absorbe gran cantidad de agua, por lo que se utiliza como protector de sustancias higroscópicas y como excipiente en la preparación de cápsulas de estos productos.

Usos:

- Agente suspensor y espesante.
- Se usa en la preparación de pomadas, supositorios, suspensiones, como estabilizador en emulsiones, y para recubrir comprimidos.
- También puede usarse como agente granulante y lubricante en la elaboración de comprimidos.

Incompatibilidades: Dietilestilbestrol.

Efectos secundarios: Su inhalación puede producir irritación el tracto respiratorio, aunque no se ha asociado con silicosis.

Observaciones:

- Proteger la boca y los ojos del polvo, y evitar una inhalación excesiva.
- El área de trabajo ha de estar bien ventilada.

23.24 Proveedores

23.24.1 Proveedores de aceites esenciales

Aroma Zone

23 rue Bellecordière. Lyon, 69 69002. France.

web: https://www.aroma-zone.com

De Saint Hilaire

Helpac. 43390 Saint-Hilaire. France.

web: https://de-sainthilaire.com. email: contact@helpac.fr

Marnys

Pol. Ind. Los Camachos Sur. Av. del Carbono, 96. 30369 Los Camachos. Cartagena.

web: https://www.marnys.es

Naissance

web: https://es.naissance.com/

Pranarom

Avenue des Artisans, 37. 7822 Ghislenghien.

Belgique.

web: https://www.pranarom.com/es/home

VOSHUILES ELISEE SAS

web: https://www.voshuiles.com. email: service.clients@voshuiles.com

23.24.2 Proveedores de agitadores mecánicos

Silverson en España

Bonderalia Montoil SA. Calle Balmes 245, Barcelona, 8006.

Teléfono : 00-34-93-2374841. Fax: 00-34-93-2375340.

23.24.3 Proveedores de cortadoras de jabón

Web: https://www.seifenschneider-mrk-tools.com/

23.24.4 Proveedores de envases

Aroma Zone

23 rue Bellecordière. Lyon, 69 69002. France.

web: https://www.aroma-zone.com

Packfast

Tel.: 691 146 945. Web: https://packfast.es/

23.24.5 Proveedores de kits de cosmética

Gran Velada

Polígono Montecillo nave 3D. 50520 Magallón, Zaragoza.

Tel.: 976 86 74 74.

web: https://www.granvelada.com

Instituto de Dermocosmética

C/ Navarra nº50. Castellón de la Plana 12002.

Tel.: 964 24 18 25. web: https://www.institutodermocosmetica.com

Making cosmetics

web: https://www.makingcosmetics.com

23.24.6 Proveedores de material de laboratorio

Auxilab S.L

Polígono Morea Norte calle D 6. 31191 – Beriain – Navarra.

Tel: 948 310 513. Web: https://www.auxilab.es

Laboquimia

Avda. Juan Carlos I, 24. 26140 Lardero (La Rioja).

Tel.: 941 449 863. web: http://www.laboquimia.es

Omega.

web: https://es.omega.com

23.24.7 Proveedores de plantas medicinales

Herbes del Molí

Avenida Constitución, 5 03827 Benimarfull. Alicante.

Tel.: 965 530 718. web: https://www.herbesdelmoli.com

Plameca S.A.

Avda. Prat de la Riba s/n (antigua ctra. nacional II km. 600). 08780 Pallejà (Barcelona)

Tel.: 932 634 565. web: https://www.plameca.com/plantas-medicinales/

Soria Natural S.A.

Tel.: 975 25 20 46. web: https://www.sorianatural.es

23.24.8 Proveedores de prensadoras

Muddy Soap Co.

https://www.muddysoapco.com

23.24.9 Proveedores de productos de cosmética

Aroma Zone

23 rue Bellecordière. Lyon, 69 69002. France.

web: https://www.aroma-zone.com

Botanicals Group SL

web: https://www.botanicals.es/

Cremas Caseras

Tel.: 950576162. web: https://www.cremas-caseras.es

Factoría Natura

Alpedrete, Madrid.

web: https://factorianatura.es

Gran Velada

Polígono Montecillo nave 3D. 50520 Magallón, Zaragoza.

Tel.: 976 86 74 74. web: https://www.granvelada.com

Guinama

C/ Praga, s/n. P.I. Gutenberg.46185 La Pobla de Vallbona. Valencia.

Tel.:961869090. web: https://www.guinama.com

Jabonarium

C/ Manuel Saldaña, 9C. 06010 Badajoz.

Tel.: 924 25 66 66. web: https://www.jabonariumshop.com

La despensa del jabón

Av de Rioja nº1, bj. 26240 Castañares de Rioja.

Tel.: 944 657 841; 941 892 770; 941 899 765.

web: https://www.ladespensadeljabon.com

La redoma creativa

C/ Balançó i Boter nº10. 08302 Mataró, Barcelona.

Tel.: 937997399. web: http://laredomacreativa.es

Laboratorios Guinama

Carrer Praga, 46185. La Pobla de Vallbona, Valencia.

Tel.: 96 186 90 90. web: https://www.guinama.com

Making Cosmetics

web: https://www.makingcosmetics.com/

Mezcla Perfecta

C/ Hermanos Álvarez Quintero nº6. 28004 – Madrid.

Tel.: 91 292 03 36. web: https://mezclaperfecta.com

Mi cosmética casera

Calle Julio Cienfuegos Linares 9, ESC 3, 2-A. 06005, Badajoz.

Tel.: +(34) 669 69 82 06.

email: info@micosmeticacasera.es. web: https://www.micosmeticacasera.es/

Tu taller natural

C/ Santa María de Vilafortuny, 1 Local 5. 43850 - Cambrils – Tarragona.

Tel.: 977 37 76 96. web: https://www.tutallernatural.com

23.24.10 Proveedores de productos químicos de laboratorio

Fisher Scientific SL

C/ Luis I, 9. 28031 Madrid.

Tfno. 902 239 303.

Merck Life Science S.L.U.

María de Molina, 40. 2 Planta. Madrid 28006.

Tel.: 900 101 376.

Quimipur, S.L.U.

C/ Aluminio, 1. 28510 Campo Real (Madrid)

Tel.: 91 875 72 34

23.25 Bibliografía

Anna Fàbregasa, Alfonso del Pozoa. Conceptos básicos de hidratación cutánea (IV). Hidratación activa: humectantes. Offarm 2007;26:100-1.

Aranberri I., Binks B.P., Clint J.H., Fletc.her P.D.I. Elaboración y caracterización de emulsiones estabilizadas por polímerosy agentes tensioactivao. Revista Iberoamericana de Polímeros 2006; volumen 7(3):211-231.

Barbed, L.A. Acné rosácea. Farmacia profesional. 2004. Vol. 18. Núm. 8.

Barquero,S.C. y Francisco Luis Pérez Higuero, F.L. Offarm.Vol.23. Núm. 4. Pçaginas 169- 172. Abril 2004.

Bruneton J., Pharmacognosy, Phytochemistry and Medicinal Plants. 2nd edition. Paris. Lavoisier. De 1999.

Campanero M.A. Evaluación de la estabilidad de productos cosméticos: Necesidad y procedimiento. Industria cosmética. #·010: 48 - 52. Primavera 2019.

Griffin, William C (1949), «Classification of Surface-Active Agents by 'HLB'», Journal of the Society of Cosmetic Chemists 1 (5): 311-26, archivado desde el original el 12 de agosto de 2014

Griffin, William C (1954), «Calculation of HLB Values of Non-Ionic Surfactants», Journal of the Society of Cosmetic Chemists 5 (4): 249-56, archivado desde el original el 12 de agosto de 2014

Kaloustian J., Mikail C., El-Moselhy T., et al GC-MS analysis of allergens in plant oils meant to cosmetics. Oléagineux, Corps gras, Lipides (OCL); 2007; 14: 110-115.

Leranoz S. Conservantes cosméticos. OFFARM. Vol 21 Núm 7 Julio-Agosto 2002.

López García B, et al. Ungüentos, pomadas, cremas, geles y pastas: ¿es todo lo mismo?. Act Pediatr Aten Prim. 2015;8(4):183 - 7.

Nasri H, Bahmani M, Shahinfard N, Moradi Nafchi A, Saberianpour S, Rafieian Kopaei M. Medicinal Plants for the Treatment of Acne Vulgaris: A Review of Recent Evidences. Jundishapur J Microbiol. 2015;8(11):e25580. Published 2015 Nov 21. doi:10.5812/jjm.25580.

UNE-EN-ISO 16212:2017. Cosmetics. Microbiology. Enumeration of yeast and mould.

UNE-EN-ISO 21149:2017. Cosmetics. Microbiology. Enumeration and detection of aerobic mesophilic bacteria.

UNE-EN-ISO 21150:2015. Cosmetic -- Microbiology – Detection of *Escherichia coli*.

UNE-EN-ISO 22718:2015. Cosmetics. Microbiology. Detection of *Staphylococcus aureus*.

Wichtl M., Anton R., Therapeutic Plants. 2nd edition. Paris. Lavoisier. De 2003.

23.26 Glosario

Abrasivo. Elimina sustancias en diversas superficies corporales o ayuda a la limpieza dental mecánica o mejora el brillo.

Absorbente. Recoge (empapa) agua y/o sustancias liposolubles disueltas o finamente dispersadas. Sustancia que tiene gran tendencia a fijar moléculas de agua que solubilizan el principio activo, como la lactosa, el almidón o el fosfato cálcico. Sustancia, generalmente sólida, capaz de atraer y retener sobre su superficie moléculas o iones de otra sustancia.

Aglutinante. Sustancia que une las partículas entre sí (acción cohesiva) cuando la mera presión no basta para mantenerlas agrupadas en gránulos. Además, aumentan la resistencia a la rotura de los comprimidos, pero reducen su velocidad de disolución. Aunque pueden utilizarse en seco, en general se agregan a la formulación en solución o dispersión para garantizar una distribución más homogénea.

Antiagregante. Permite el libre flujo de partículas sólidas y así evita la aglomeración de los cosméticos en polvo en grumos o masas endurecidas.

Anticorrosivo. Previene la corrosión de los envases.

Anticaspa. Ayuda a controlar la caspa.

Antiespumante. Suprime la espuma durante el proceso de fabricación o reduce la tendencia de los productos terminados a producir espuma.

Antimicrobiano. Ayuda a controlar el crecimiento de microorganismos en la piel.

Antioxidante. Inhibe las reacciones provocadas por el oxígeno, evitando de esta forma la oxidación y el enranciamiento.

Antitranspirante. Reduce la transpiración.

Antiseborreico. Ayuda a controlar la producción de sebo.

Antiestático. Reduce la electricidad estática, neutralizando la carga eléctrica superficial.

Astringente. Contrae la piel.

Aglutinantes. Proporcionan cohesión a los cosméticos.

Alisante. Busca conseguir una piel lisa, disminuyendo la rugosidad o las irregularidades.

Blanqueante. Aclara el tono del cabello o la piel.

Calmante. Ayuda a disminuir las molestias en la piel o el cuero cabelludo.

c.n. Cantidad necesaria.

Coalescencia. Término por el que se conoce a la fusión de las micelas de la fase interna para dar lugar a gotas de mayor tamaño y que conlleva el riesgo de rotura de la emulsión.

Coemulgente. Sustancia anfifílica que se emplea junto con el emulgente principal para estabilizar la emulsión.

Coloide. Un coloide, sistema coloidal, suspensión coloidal o dispersión coloidal es un sistema conformado por dos o más fases, normalmente una fluida (líquido) y otra dispersa en forma de partículas generalmente sólidas muy finas, de diámetro comprendido entre 10^{-9} y 10^{-5} m.

La fase dispersa es la que se halla en menor proporción. Normalmente la fase continua es líquida, pero pueden encontrarse coloides cuyos componentes se encuentran en otros estados de agregación de la materia.

Los coloides se diferencian de las suspensiones químicas, principalmente en el tamaño de las partículas de la fase dispersa. Las partículas en los coloides no son visibles directamente, son visibles a nivel microscópico (entre 1 nm y 1 μm), y en las suspensiones químicas sí son visibles a nivel macroscópico (mayores de 1 μm). Además, al reposar, las fases de una suspensión química se separan, mientras que las de un coloide no lo hacen. La suspensión química es filtrable, mientras que el coloide no es filtrable.

Comedogénico. Se dice que un ingrediente es comedogénico si su aplicación sobre la piel origina la aparición de puntos negros (comedón abierto con sebo oxidado y negro) o comedones / pústulas (comedón cerrado con sebo blanco). Para que una sustancia sea comedogénica debe tener lipofílico.

Conservante. Sustancia que se añade a las formulaciones dermatológicas no estériles para protegerlas del crecimiento microbiano o de los microorganismos que se introducen de modo inadvertido durante o después del proceso de manufactura. Inhibe primariamente el desarrollo de microorganismos en los cosméticos. Todos los conservantes listados son sustancias en la lista positiva de conservantes (anexo VI de la Directiva de cosméticos).

Crema. Preparación dermatológica semisólida multifásica que consta de una fase lipófila u oleosa y una fase acuosa.

c.s. Cantidad suficiente.

c.s.p. Cantidad suficiente para.

Desnaturalizante. Hace al cosmético desagradable al gusto. Generalmente añadido a los cosméticos que contienen alcohol etílico.

Desodorante. Reduce o enmascara los olores corporales desagradables.

Depilatorio. Elimina el vello corporal no deseado.

Desenredante. Reduce o elimina el entrelazado del cabello producido por alteraciones de su superficie o daños, ayudando de esa forma al peinado.

Desinfección. Proceso que elimina la mayoría o todos los microorganismos sobre los objetos inanimados con la excepción de esporas bacterianas. Realizada por medio de agentes químicos, clasificados en tres categorías, según la intensidad de su acción: alta, intermedia y baja.

DIY. Do It Yourself. Hágalo usted mismo.

Emoliente. Sustancia que ablanda o suaviza la piel y le proporciona flexibilidad. También se emplea este término para referirse a aquellas sustancias que relajan una inflamación. En general las cremas emolientes se emplean en pieles secas y atópicas.

Emulsionante, **emulsificante** o **emulgente.** Sustancia que ayuda en la mezcla de dos sustancias que normalmente son poco miscibles o difíciles de mezclar.

Envase primario. Envoltura o recipiente que se encuentra en contacto directo con la formula-ción, su objetivo principal es la pro-tección y facilitar su aplicación.

Espesante. Se denomina espesante a las sustancias que aumentan la viscosidad de un preparado hasta conseguir que sea "estable" y de fácil o cómodo uso. Si se pretende aumentar la viscosidad de un preparado acuoso, el espesante será una sustancia con mucha capacidad para absorber agua (ejemplo: polímeros acrílicos como "carbopol " y "sepigen", gomas naturales, grasas parcialmente hidrosolubles, etc.). Por el contrario si se pretende aumentar la viscosidad de un preparado oleoso, se emplearán sustancias con gran capacidad de absorber grasas (ejemplo: "cera Bellina", etilcelulosa, etc.). En ocasiones los espesantes poseen propiedades emulgentes y actúan como emulgentes auxiliares (alcohol cetílico) en la elaboración de champúes, cremas y otros. Son espesantes: óxidos de amina, electrolitos (cloruros), amidas grasas, alginatos, gomas, sílice, veegum (arcilla coloidal), derivados celulosa, PEG.

Espumante. Atrapa pequeñas y númerosas burbujas de aire u otro gas en un pequeño volumen de aire modificando la tensión superficial del líquido.

Estabilizador de emulsiones. Ayuda al proceso de emulsificación y mejora su estabilidad y la vida útil.

Estabilizante. Mejora la estabilidad y vida útil de los ingredientes o la fórmula.

Esterilización. Conjunto de operaciones destinadas a eliminar o matar los microorganismos patógenos y no patógenos, incluida las esporas.

Evanescente. Término que se utiliza en los preparados que al aplicarse sobre la piel dan la sensación de que se desvaneceno esfuman. Se dice que una crema es evanescente cuando prácticamente no deja residuo graso tras su aplicación.

Exc. Excipiente.

Excipiente. Cualquier componente, distinto del principio o los principios activos, presente en un producto dermatológico o utilizado en su fabricación. La función de un excipiente es servir como soporte (vehículo o base) o como componente del soporte del principio o los principios activos, contribuyendo así a propiedades tales como la estabilidad, el perfil biofarmacéutico, el aspecto y la aceptación por parte del paciente, y para facilitar su fabricación.

g. Gramos.

Gelificante. Da la consistencia de un gel (preparación semisólida con cierta elasticidad) a una preparación líquida.

Hidratante. Aumenta el contenido de agua de la piel y la mantiene suave y lisa.

Hidrótopo. Intensifica la solubilidad de una sustancia que es sólo ligeramente soluble en el agua.

Humecatante. Mantiene y retiene la humedad.

H_2O. Fórmula del agua.

Indice de yodo mide el grado de insaturacion de un aceite o mezcla que determina la tendencia al enranciamiento.

INCI. International Nomenclature Cosmetic Ingredient. Nomenclatura internacional de Ingredientes Cosméticos.

INS. Iodine In Soap. Iodine And Saponification. Permite determinar el comportamiento de un aceite vegetal, grasa o cera en un jabón en términos de: dureza, acondicionamiento, limpieza, capacidad de generar espuma y enranciamiento.

Limpiador. Ayuda a mantener limpia la superficie del cuerpo.

Loción. Solución o suspensión para ser aplicada sobre la piel sin fricción.

Micela. Una micela es una estructura de agrupación molecular que une un conjunto de partículas de una forma peculiar. Las micelas se conforman en estructuras circulares polarizadas, donde su porción externa atrae a la parte grasa (lipófila) mientras que su porción interna atrae al agua (hidrófila).

NaOH. Fórmula del hidróxido sódico.

Oclusividad. Capacidad de impedir la evaporación transepidérmica del agua y la irradiación de calor. Las sustancias oclusivas hidratan la piel, pero producen sensación de calor.

Oclusivo. Una vez aplicado permanece en la piel y no es volátil. Sólo se retira mediante limpieza o frotamiento.

p.a. Principio activo.

Quelante. Reacciona y forma complejos con los iones metálicos que podrían afectar la estabilidad y/o el aspecto de los cosméticos.

Queratilítico. Ayuda a eliminar las células muertas del estrato córneo.

Reengrasante. Repone los lípidos del cabello o de las capas superficiales de la piel.

Refrescante. Imparte una agradable frescura a la piel.

Solución es una mezcla, física y químicamente homogénea, de dos o más sustancias.

Suspensión es una solución no verdadera en la que los solutos (de tamaño de partícula superior a 0,1 micras) se encuentran suspendidos en el solvente por la acción de cosolventes o sustancias favorecedoras de la suspensión.

Sustantividad. Capacidad que presenta una sustancia de permanecer adherida a la piel o al cabello tras su aplicación.

Syndet. Los syndets son detergentes sintéticos (synthetic detergents), también llamados jabones sin jabón, son agentes limpiantes con un pH parecido al de la piel, por lo que evita la alteración de la barrera protectora de la piel. La gran mayoría de lo geles, actualmente, son syndets. Algunos provocan más espuma que otros, aunque en general menos que los jabones habituales, y suelen tener también propiedades emolientes y humectantes.

Tamponante. Estabiliza el pH de los cosméticos.

Tensoactivo. Rebaja la tensión superficial de los cosméticos y ayuda a una mejor distribución del producto cuando se aplica.

Tónico. Produce una sensación de bienestar en la piel y el cabello.

Viscosizante. Sustancia que aumentan la estabilidad de la suspensión o facilitan la preparación de fórmulas de liberación controlada. Para ello, se usan derivados de la celulosa, gelatina hidrolizada, polivinilpirrolidona y monoestearato de aluminio.

Voluminador. Controla la densidad del cosmético terminado.

www.ingramcontent.com/pod-product-compliance
Lightning Source LLC
Chambersburg PA
CBHW080450220526

45465CB00006B/2216